全国高职高专印刷与包装类专业教学指导委员会规划统编教材

印刷质量检测与控制

李　荣　主　编
李永梅　刘全忠　谭晓清　参　编

中国轻工业出版社

图书在版编目（CIP）数据

印刷质量检测与控制/李荣主编；李永梅，刘全忠，谭晓清参编．—北京：中国轻工业出版社，2016.5

全国高职高专印刷与包装类专业教学指导委员会规划统编教材

ISBN 978-7-5019-9374-1

Ⅰ.①印…　Ⅱ.①李…②李…③刘…④谭…　Ⅲ.①印刷品—质量检查—高等职业教育—教材②印刷品—质量控制—高等职业教育—教材　Ⅳ.①TS807

中国版本图书馆CIP数据核字（2013）第163570号

策划编辑：林　媛　杜宇芳
责任编辑：杜宇芳　　责任终审：劳国强　　封面设计：锋尚设计
版式设计：宋振全　　责任校对：燕　杰　　责任监印：胡　兵

出版发行：中国轻工业出版社（北京东长安街6号，邮编：100740）
印　　刷：北京君升印刷有限公司
经　　销：各地新华书店
版　　次：2016年5月第1版第2次印刷
开　　本：787×1092　1/16　印张：15.5
字　　数：372千字
书　　号：ISBN 978-7-5019-9374-1　定价：42.00元
邮购电话：010-65241695　传真：65128352
发行电话：010-85119835　85119793　传真：85113293
网　　址：http://www.chlip.com.cn
Email：club@chlip.com.cn

如发现图书残缺请直接与我社邮购联系调换

160375J2C102ZBW

全国高职高专印刷与包装类专业
教学指导委员会规划统编教材编审委员会名单

出版说明

21世纪初，我国印刷与包装类专业的高等职业教育进入发展时期，到2011年底，全国开设印刷与包装类专业的高职院校有117所，占独立设置高职院校的9.62%，招生人数约为16000人，在校生约为45000人，分别占独立设置高职院校招生人数和在校生人数的0.51%、0.47%。目前，全国有27个省（自治区、直辖市）至少有一所开设印刷与包装类专业的高职院校，海南、西藏、青海和宁夏除外。印刷与包装高端技能型人才的培养，为印刷与包装行业的发展做出了积极的贡献。

2004年全国印刷与包装类专业教学指导委员会（以下简称教指委）成立时，组织策划了第一套开拓性的高职教材22本，2009年底完成出版。这套教材为印刷与包装类专业的高技能人才培养起了非常大的作用。随着教育部〔2006〕16号文件的贯彻执行和国家示范性高职院校建设的启动，第一套教材已不适应高职改革的需要，因此，2009年以来，教指委组织召开了四次教材建设会议，其中，2009年底的泉州会议规划了体现课程改革配套的创新教材50本，称为第二套全国高职高专印刷与包装类专业教学指导委员会规划统编教材。本套教材反映了如下特点：

一、教材建设得到国家新闻出版总署的重视与支持。教材会议总署领导到会亲临指导，给予评委、主编极大的鼓舞。

二、教材反映高职改革的成果，从形式到内容体现了“变化”。即从“学校关门”办学到校企合作的办学模式的改革；从“本科压缩饼干”到向工学结合的人才培养模式的转变；从“满堂灌”到做中学，学中做，边做边学的教学模式的形成，从“理论体系”到知识技能一体化的更新。

三、主编积极性高。教材选题申报通知下发不到20天，教指委收到教材选题145本，主编来自13所学校、2个企业。经教材编审委员会评审，最终确定50本教材立项。教材凝结着近100位学者、专家共同的智慧和劳动。

第二套规划统编教材的出版将是印刷与包装高等职业教育教学中的具有深远意义的大事。教指委希望为教材建设付出辛勤劳动的专家作者，继续探索、不断提升教材建设的水平；同时也希望广大的读者、关心印刷与包装教育发展的行业企业的有识之士，支持印刷与包装高等职业教育事业，为印刷与包装行业的科学发展贡献力量。

全国高职高专印刷与包装类专业教学指导委员会

2011年11月

前言

《印刷质量检测与控制》教材本着以学生为主体，以印刷企业生产中的典型产品为载体，采用“教、学、做”一体的教学理念组织编写，为学生提供体验实践的情境，围绕印刷企业真实工作任务展开学习，以任务的完成结果评价和总结学习过程，推动学生主动构建探究式的学习体系。

本教材内容以印刷工艺流程为主线，按照印刷流程编写了七个教学单元，依次讲授印前、印中和印后过程中影响印刷质量的因素、检测和控制质量的方法，通过学习，掌握各印刷环节质量检测及分析的内容及标准，并通过对印刷过程中典型产品的质量鉴别，培养学生在印刷的各个环节有效地控制印刷质量的能力和可持续发展的能力。

本书可作为高职高专院校印刷类专业教材，也可作为印刷、包装企业操作人员、技术人员的参考书。力求详尽、全面、新颖，具有较高的实用性、针对性、先进性。

本教材由广东轻工职业技术学院李荣教授主编和统稿。第一单元、第二单元和第七单元由广东轻工职业技术学院李永梅老师编写；导论、第三单元和第四单元由广东轻工职业技术学院李荣老师编写；第五单元由广东轻工职业技术学院谭晓清高级工程师编写；第六单元由广东轻工职业技术学院刘全忠老师编写。

由于编者水平有限，本教材难免有不足之处，恳请各位专家、学者及广大读者批评指正！

编者

2013年5月

目录

导　论

印刷产品是采用一定的印刷工艺技术，通过多个加工工艺方法，得到以还原原稿为目的的复制品。加工工艺流程中涉及到的原辅材料质量、工艺条件、设备的性能都会影响最终印刷产品的质量。

一、印刷质量检测的意义

1. 印刷企业全面质量管理的必然要求

全面质量管理，其管理宗旨是“以质量为中心”，基础是“全员参与”，目的是“顾客满意，组织成员、企业组织、社会受益”。全面质量管理，既包括对产品质量的保证、预防、提高、协调的广泛含义，也包括对工作质量的保证、协调和提高，是一种科学的管理方法。印刷企业产品全面质量管理的实质，就是加强对影响印刷产品质量的各种因素的控制，最终实现印刷产品的高质量生产。

全面质量管理把工作质量也作为管理的主要内容，并强调以改善工作质量来提高产品质量，做到以预防为主，同时降低成本，服务周到，全面满足顾客需要。产品质量的好坏，取决于产品形成的全过程，包括了需求设计、开发以及销售、服务等各个环节，而不仅仅是检验。

多数印刷产品的印制过程工序繁多，上个工序的产品往往是下个工序的加工对象，各工序之间既是独立的又是相互依存的，各工序之间责任分明，衔接紧密，既可提高工作效率又可避免相互推诿，使企业的全面质量管理上一个新的水平。

2. 印刷质量管理规范化、数据化和标准化发展的必然要求

规范化、数据化、标准化管理是技术工艺参数的数据化，质量标准的量化，生产运作规范化的过程，是在整个印刷工艺各环节中按照一定的操作程序，在一切可以用数据表达的地方，通过测试手段，测量、记录各种条件下的数据，将这些数据归纳总结出能够指导生产的规律，比如，公式、曲线、图表等，并用这些数据、曲线制定出各工序的操作标准，做到有规可循，有范可就。通过制定标准，数据控制，规范操作，达到提高和稳定产品质量的目的。

3. 沟通客户的桥梁

印刷企业在与客户进行业务沟通交往过程中，往往因种种原因，就印刷产品的质量企业与客户有较大的分歧，各持己见，互不退让。这时与客户沟通时，就需提供能够评价产品质量的标准。这时印刷质量检测的数据就是最有力的说明。

4. 企业降低成本的必然要求

目前，印刷企业的竞争已到了白热化的程度，已无太多的利润空间。在有限的利润空间要想生存和发展，必须提高产品质量，有效地降低生产的成本。通过印刷质量检测与控制，可极大地减少产品的损耗，提高生产的效率，稳定和提高产品的质量。

二、印刷质量检测评价对象

虽然印刷的目的是复制出忠实再现原稿的印刷品，但不能只关注最终的印刷产品，印刷中各个生产环节对印品的影响也都会体现在最终的产品上，故必须层层把关，才能保证最终印刷品的质量。本书重点以印刷生产各环节的产品作为研究对象进行印刷质量的控制方法和手段的介绍。

印刷各个环节的产品无外乎由两个部分组成：图文部分和空白部分。质量的控制也就是对这两部分特征参数的评价和控制。

1. 图文部分质量特征参数

图文部分指印刷的图像和文字。图像的质量参数分为阶调和色彩的再现、图像的分辨力、图像的表面特征；文字的质量参数主要是文字的密度，有无物理缺陷（如残笔断线、字符破损、字迹不清等）。图像的评价和控制较文字复杂和精细，故本教材重点介绍图像的质量特征参数。

（1）阶调和色彩的再现

是指印刷复制图像的阶调还原、色彩外观与原稿相对的情况。就黑白复制来说，通常都用原稿和复制品间的密度对应关系即复制曲线表示阶调再现的情况。就彩色复制品来说，色相、饱和度与明度数值更具有实际意义。

印刷图像的阶调与色彩再现能力不仅受到所用的油墨、承印材料以及实际印刷方法固有特性的影响，而且也常受到成本方面的制约。

（2）图像的分辨力

最佳复制中的图像分辨力问题，包括分辨力与清晰度两方面的内容。印刷图像的分辨力主要取决于网目线数，但网目线数是受承印材料与印刷方法制约的。人的眼睛能够分辨的网目线数可以达到250线/in（100线/cm），但实际生产中，并不总能采用最高网线数。此外，分辨力还受到套准变化的影响。清晰度是指阶调边缘上的反差。在扫描和图像的处理过程中，通过多种方法，能够调整图像的清晰度。但是，人们至今还不知道清晰度的最佳等级是什么。倘若增强太多，会使风景或肖像之类的图像看起来与实际不符，但像织物及机械产品的图像却能提高表现效果与感染力。

（3）图像的表面特征

即图像外观的光泽度、平整度和均匀性等，龟纹、杠子、颗粒性、水迹、墨斑等都会影响图像外观的均匀性。在网点图像中，有些龟纹图形（如十字花纹）是正常的，但当网目角度发生偏差时，就会产生不好的龟纹图形。

2. 空白部分的控制

产品空白部分是印刷的非信息区，其控制即保证其非信息化，主要指有无脏污情况、灰雾的大小等。

三、评价的方法

评价印刷质量的方法分为主观评价法、客观评价法和综合评价法。

1. 主观评价法

印刷品是一种视觉产品，其最终质量的优劣是通过人的主观评价决定的。印刷品质量的主观评价主要靠目测，使用放大镜（放大倍率 10 ~ 25 倍），观测印刷图文的套印情况和网点再现情况。

印刷品质量的主观评价是以复制品的原稿为基础，对照样张，根据评价者的心理感受做出评价，其评价的结果，随着评价者的身份、性别、爱好的不同而有很大的差别。譬如，材料生产商习惯按照印刷材料的质量评价印刷品质量；印刷操作者对印刷产品的印刷质量参数更为敏感；广告人员则从信息媒介传递的角度评价印刷品质量；一般读者没有专业性倾向，但会根据个人的兴趣、爱好、修养等对看到的印刷品图像质量进行评价。因此，主观评价方法常受评价者心理状态的支配，往往带有主观性。

印刷品对原稿的复制效果，在复制过程中将受到诸多因素的相互作用与影响。评价者对印刷质量变化的不敏感性和人在运用评判标准时的不稳定性，都会使得评价结果产生偏差。因此，对印刷品某一部分质量的评价结果可能达到统一，而对综合性的全面质量却很难求得统一的意见。评价者越是经验丰富、训练有素，评价的偏差就越小。

2. 客观评价法

对印刷产品作主观评价，很难有一个统一的标准。为此，需要采用物理量测量质量指标，建立印刷品主要质量内容的客观评价标准。

关于彩色图像的客观评价，本质上是要用恰当的物理量或者说质量特性参数对图像质量进行量化描述，为有效地控制和管理印刷质量提供依据。

对于彩色图像来说，印刷质量的评价内容主要包括色彩再现、阶调层次再现、清晰度和分辨力、网点的微观质量和质量稳定性等内容。可使用密度计、分光光度计、印刷测控条、图像处理手段等测得这些质量参数。

3. 综合评价法

综合评价法是将主观评价和客观评价相结合、定性和定量相结合的评价方法。可以量化的质量特性参数用客观数据表示，而不能量化的质量特性仍用主观的评价语言来表达，通常是客观评价为主，主观评价为辅。

四、印刷质量检测与控制技术发展

1. 印刷标准日趋完善

为规范印刷产品质量，国内外相应的机构都制定和修订了许多标准。如我国印刷标准化技术委员会近几年制定和修订了许多国家标准，《GB/T 148—1997 印刷、书写和绘图纸幅面尺寸》《GB/T 7707—2008 凹版装潢印刷品》《GB/T 17155—1997 胶印印版尺寸》《GB/T 17934. 1—1999 印刷技术网目调分色片，样张及印刷成品的过程控制—第 1 部分：参数与测试方法》《GB/T 1777934. 2—1999 印刷技术网目调分色片，样张及印刷品的过程控制—第 2 部分：胶印》《CY/T 5—1999 平版印刷品质量要求及检验方法》《CY/T 13—1995 胶印印书质量要求及检验方法》等。

2. 检测与控制技术发展迅猛

随着科学技术的进步，新工艺、新材料、新设备的不断涌现，印刷检测与控制技术也得到较大的发展。印刷品质量检测系统的应用能提高生产效率、减少印刷材料的浪费，是一种非常有效的成本和质量控制系统。印刷品质量检测系统主要有印刷质量检测与控制系统和在线检测系统。印刷质量检测与控制系统是由著名设备生产商为其生产的设备开发的质量检测和控制系统，最初应用在轮转印刷机上，近年，随着设备硬件性能的提升和软件技术的进步，广泛应用在各种印刷设备上。

（1）印刷质量检测与控制系统

国外著名的印刷设备制造商开发的系统已逐渐由单纯的印刷质量联机控制系统、离线印刷质量检测系统与整合了印刷质量在线检测与控制一体化系统方向发展。

①海德堡印刷质量与控制系统：海德堡印刷质量与控制系统由印通印刷控制中心（Prinect press center）、印通联机控制系统、印通监测控制系统组成。

②曼罗兰印刷机的自动控制系统：该控制系统由遥控调墨装置 RCI、油墨调节系统 CCI、罗兰机的 PECOM 系统、罗兰 AUPASYS 全自动纸堆传输系统、鹰眼全自动联线视像检查系统构成。

③高宝印刷质量与控制系统：由 DensiTRonic PDF 检测系统、QualiTRonic 联机印张检测系统、QualiTRonic Professional 检测系统、QualiTRonic 横向进纸检查系统、联机质量控制系统和 QualiTRonic Mark 识别系统构成。

（2）在线检测系统

国内外许多公司虽然不具备印刷设备制造能力，但依靠其先进的图像信息采集技术和图像处理技术，也开发了独立的印刷质量在线检测系统。国外的主要有：德国 BST 的 PREMIUS Digital 系统、德国 Vision Expert 4000 印刷质量检测系统、美国的视创印刷质量检测系统；国内的主要有大恒 DH－PRINT 系列印刷质量检测系统、北京凌云胶印图像检测控制系统和洛阳圣瑞 EE9200 印品质量在线检测系统。

这些检测系统应用于表格、票据、标签等印刷设备上，通过对印刷信息的质量、印刷形状和印刷色彩的检测进行质量控制，极大地提高了印刷的质量，降低了残次品率。

第一单元 测试工具

印刷品是一种依靠视觉评价的产品。长期以来，人们习惯利用目测的方法对印刷品进行质量评价。然而这种主观评价受到多种因素的影响，如评价者的心理因素、爱好、从事职业、外界环境等都会导致评价者对印刷品质量主观评价的差异。随着印刷行业对印刷品质量越来越高的要求及企业之间激烈的竞争，仪器测量这种客观的方法越来越广泛地应用在印刷品质量的检测和控制中，对提高生产效率和印刷品质量发挥了积极的作用，对印刷品质量规范管理提供了客观依据。

能力目标

1. 能够熟练操作密度计；
2. 能够利用密度计检测胶片、印张、油墨等原材料的质量；
3. 能够熟练操作分光光度计；
4. 能够利用分光光度计进行原材料质量的检测、专色油墨的调配、色彩管理、色彩控制等。

知识目标

1. 了解密度的基本概念；
2. 掌握密度计操作的方法；
3. 掌握密度测量在印刷过程中的应用；
4. 了解密度测量误差的原因及不足；
5. 掌握色度测量的基本概念；
6. 掌握分光光度计的使用方法及在印刷中的应用。

学时分配建议

8 学时（授课 4 学时，实践 4 学时）

项目一　密度计的操作使用

知识点

知识点1　密度的基本概念

一、密度

光线与物体相互作用，会发生透射、反射、选择性或非选择性吸收等物理现象。一束光线投射到一个物体上，将有一部分光被反射或透射，余下的光将被物体表面吸收。密度实质上是度量透过光（或反射光）光量大小的物理量。密度可以定义为物体表面吸收入射光的比例，可以间接表示物体吸收光量大小的特性，物体吸收光量大，表明其密度高；物体吸收光量小，则表明其密度低。

二、反射率及反射密度

1. 反射率

当一束光线照射在不透明物体上时，一部分光将被物体吸收，而另一部分光将从物体表面反射出去。如图1－1所示。

反射光通量与入射光通量的比值，称为反射率。

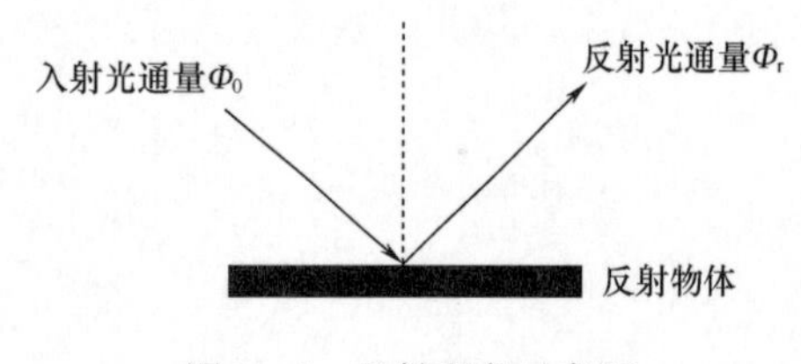

图1－1　反射现象示意图

设入射光通量为Φ_0、反射光通量为Φ_r，则反射率$\rho=\frac{\Phi_r}{\Phi_0}$。

2. 反射密度

反射密度是以10为底的反射率倒数的对数，即对反射光通量与入射光通量比值的倒数再取以10为底的对数。即

$$D_\rho=\lg\frac{1}{\rho}=\lg\frac{\Phi_0}{\Phi_r} \qquad (1-1)$$

三、透射率及透射密度

1. 透射率

当一束光线射向透明物体时，一部分光被吸收，另一部分光被透射出来。如图1－2所示。

透射光通量与入射光通量的比值，称为透射率。

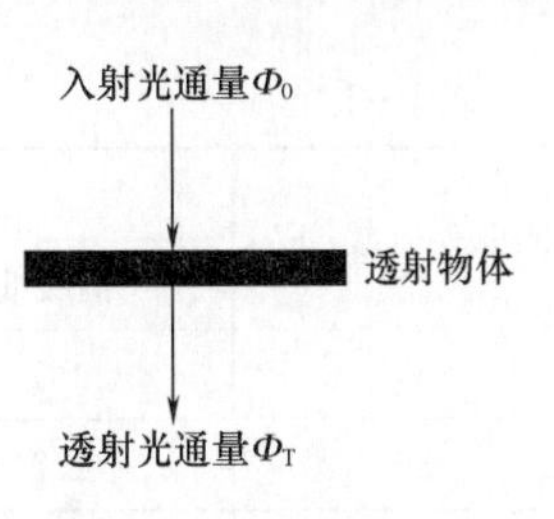

图 1－2　透射现象示意图

设入射光通量为 Φ_0、透射光通量为 Φ_τ，则透射率 $\tau = \dfrac{\Phi_\tau}{\Phi_0}$

2. 透射密度

透射密度是以 10 为底的透射率倒数的对数，即对反射光通量与透射光通量比值的倒数再取以 10 为底的对数。即

$$D_\tau = \lg\frac{1}{\tau} = \lg\frac{\Phi_0}{\Phi_\tau} \tag{1-2}$$

四、网点积分密度

网点积分密度是指一个网目调区域的密度，即这一部位的每一个网点和网点周围的空白部位对光的反射和吸收的综合度量。

1. 阳图网点和阴图网点的透射密度

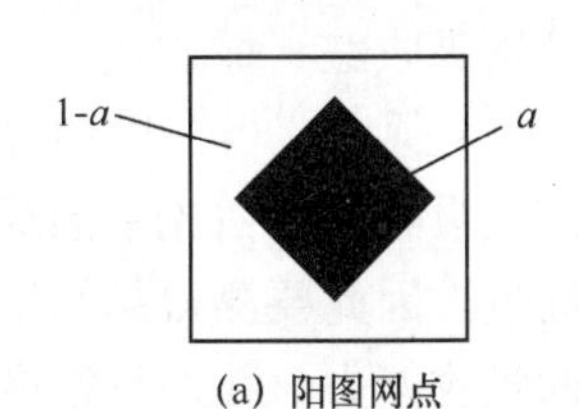

(a) 阳图网点

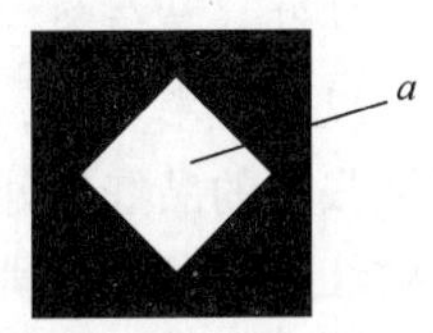

(b) 阴图网点

图 1－3　网点透射密度示意图

网目调区域的透射密度由透明网点表示，如图 1－3 所示。

设网点单位面积为 1，网点面积覆盖率为 a，网点透明区域光的透射率为 100%，不透明区域光的吸收率 100%，则阳图网点单位面积的密度 D_p 和阴图网点单位面积的密度 D_n 计算公式如下：

$$D_p = \lg\frac{1}{1-a} \tag{1-3}$$

$$D_n = \lg\frac{1}{a} \tag{1-4}$$

2. 网点印刷品的反射密度

网点印刷品的反射密度 D_r 由网点面积百分率 a 和油墨实地密度 D_s 决定。若印刷油墨对光的反射率为 0，D_s 为无限大，则 $D_r = \lg\dfrac{1}{1-a}$。

实际的生产中所使用的油墨对光不能 100% 吸收，而有一定的反射，假设其反射率为 R，则网点印刷品的反射密度为

$$D_r = \lg\frac{1}{1-a+Ra} = \lg\frac{1}{1-a\left(1-\dfrac{1}{10^{D_s}}\right)} \tag{1-5}$$

上式计算没有考虑纸张的反射特性，如以 50% 的网点为例，入射光的 50% 为网点吸收，其余 50% 的光线在网点与网点空隙中射于纸张，进入纸张内的 50% 光线在纸上被反射时又被网点和纸张所吸收，由此需修正式（1－5）。

$$D_r = C\times\lg\frac{1}{1-a+Ra} = C\times\lg\frac{1}{1-a\left(1-\dfrac{1}{10^{D_s}}\right)} \tag{1-6}$$

式中，C 为修正系数，主要与加网线数和承印物有关。如表 1－1 为实验测得的数据。

表1－1　不同网线数与纸张的 *C* 值

网线数/（线/in）	*C* 值		网线数/（线/in）	*C* 值	
	铜版纸	上质纸		铜版纸	上质纸
60	1.2	1.8	133	1.8	5.0
85	1.2	2.2	150	2.0	5.0
100	1.6	3.8			

注　1in＝2.54cm。

五、彩色密度

印刷测量中的彩色密度是指通过红、绿、蓝三种滤色片分别测量得到的青、品红、黄油墨的密度。

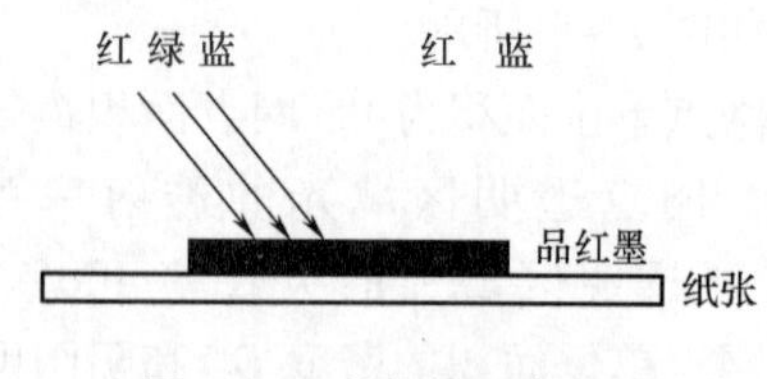

图1－4　品红墨呈色原理

青、品红、黄色料三原色分别吸收红、绿、蓝三原色光的。以品红墨为例，如图1－4所示。当一束白光照射到纸张上的品红墨处，品红墨吸收入射白光中的绿光，反射红光和蓝光，呈现品红色。因此要测得品红墨的密度，即测量品红墨对绿光的吸收能力。在进行密度测量时，要在密度计的光电管前面放置绿滤色片，利用绿滤色片可测出品红墨对绿光的吸收程度。因为绿滤色片只让绿光通过，而吸收掉三原色光中的红光和蓝光。所以，加放了绿滤色片后，光电管中接受的只有绿光，即品红墨对光进行选择性吸收后剩余的是绿光，这时密度计显示的密度值反映的是品红墨对照射光中绿光的吸收程度。很明显，密度值高，表明透过绿滤色片的绿光少，品红墨对绿光的吸收量多，说明品红墨越饱和或墨层越厚；反之，密度值低，则说明品红墨对绿光的吸收量少，说明品红墨不饱和或墨层越薄。同理，在光电管前面分别放置红、蓝滤色片可以测得青墨对红光的吸收程度和黄墨对蓝光的吸收程度。

密度本身并不能表现颜色，在测量黄、品红、青、黑色油墨时，密度计是利用互补色的原理，实际测量的是三原色油墨的明暗程度。因此，对于专色油墨的测量，密度值是不准确的。

知识点2　密度计结构及原理

一、密度计的分类

根据测量物体的不同，密度计分为：透射密度计、反射密度计和透反两用密度计。

1. 透射密度计

透射密度计主要用来测量透射物体的密度值，一般用在透射原稿的分析、输出分色片及制版工序测量分色片的密度值上。它又分为两类，即测黑白片的黑白透射密度计和测彩色片的彩色透射密度计。测彩色透射片时，需借助相应的红、绿、蓝滤色片来测量彩色片的三个色密度。

2. 反射密度计

反射密度计主要用来测量反射物体的密度值，例如反射稿、印刷品的密度值。它又分为两类，即黑白反射密度计和彩色反射密度计。测量彩色原稿（或印刷品）时，需借助相应的红、绿、蓝滤色片来测量彩色原稿（或印刷品）的密度。通过反射密度计测量实地密度能够监控墨量的多少，同时反射密度计还能检测印刷品的一些特性参数，例如网点增大、相对反差、油墨叠印率等。

3. 透反两用密度计

这类密度计即可用于透射物体也可用于反射物体密度的测量，如可测透射胶片、反射媒介（如：纸）的密度及网点百分比、测量印版（阳图或阴图）的密度和网点百分比。

二、密度计原理

1. 反射密度计原理

反射密度计原理如图 1－5 所示，光源通过透镜聚焦而照射到待测物（如印刷品）表面，光线穿过半透明的油墨层时部分被吸收，未被吸收的光线中大部分在纸张上发生散射，其中部分散射光再次穿过油墨层，再度被部分吸收，经过反复吸收，其余与入射光线成 45°未被吸收的光线透过透镜聚集照射到密度计的传感器上，传感器负责将接受到的光信号转换成电信号，然后信号处理系统再根据该电信号与测量参考白板时电信号的强弱比例，经计算显示为密度值。

2. 透射密度计原理

透射密度计原理如图 1－6 所示，光源发出的光通过透镜聚焦而照射到待测物体表面，光线穿过透射物体时部分被吸收，未被吸收的光线透过透射物体，经过透镜聚集照射到密度计的传感器上，传感器负责将接受到的光信号转换成电信号，然后信号处理系统再根据该电信号与测量参考白板时电信号的强弱比例，经计算显示为密度值。

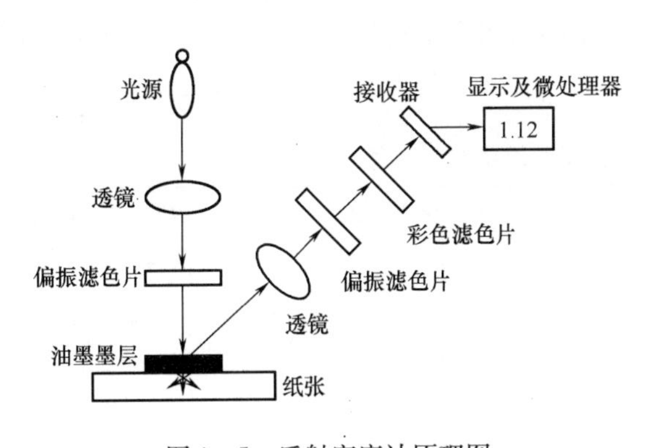

图 1－5　反射密度计原理图

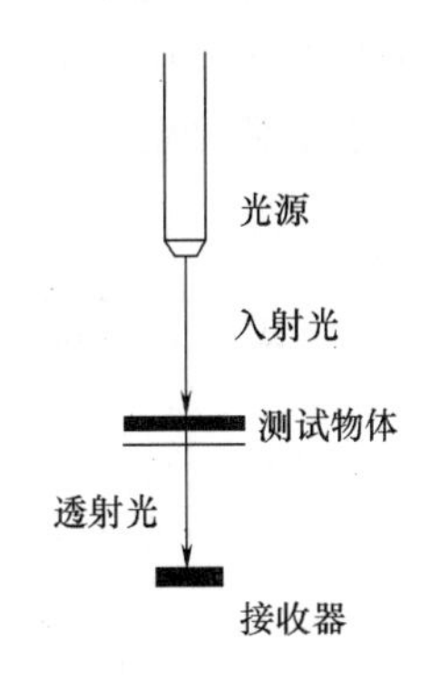

图 1－6　透射密度计原理图

三、密度计的组成

密度计一般由照明系统、采光和测量系统、信号处理系统组成。通常包括光源、透镜组、偏振滤色片、彩色滤色片、传感器、电子线路和显示器等部分。

1. 照明光源

物体表面的颜色与光源的辐射光谱分布有关。所以在测量时，各表色系统参数值的计算必须考虑到光源的种类。同一颜色样品在不同的光源下可能使人眼产生不同的颜色感觉。为了统一颜色测量标准，CIE（国际照明委员会）规定了国际上通用的A、B、C、D四种标准光源。而我国国家标准规定，观察透射样品时所用的光源为D_{50}，观察反射样品所用的光源为D_{65}。

由于新型密度计的功能强大，为适应不同的测量要求，仪器配备了多种光源。例如美国爱色丽公司生产的X-Rite530分光密度计就配有A、C、D_{50}、D_{65}、D_{75}、F_2、F_7、F_9、F_{11}和F_{12}10种光源。

2. 传感器

传感器的作用是将光信号转换为电信号，可以用对380~720nm范围内的光辐射具有足够敏感的光电传感元件作辐射接收器。密度计采用的光电传感元件主要有光电池、光电倍增管、半导体二极管等。

3. 彩色滤光片

测量滤光片应是与黄、品红、青油墨相对应的补色滤色片，即红、绿、蓝滤色片。三个滤光片的光谱通带应当与标准黄、品红、青油墨的主吸收带的范围接近。测量滤光片的最大通频位置按波长规定如下：

对于基于黄墨来说用蓝滤光片，$\lambda=430$nm；

对于基于品红墨来说用绿滤光片，$\lambda=530$nm；

对于基于青墨来说用红滤光片，$\lambda=620$nm。

4. 偏振滤色片

（1）油墨的“干退”现象

油墨的“干退”现象是指刚印出来的印刷品，当墨层还湿的时候，测得的密度较大，看起来颜色较深，光泽较好，而当墨层干了以后，密度会降低，颜色会变浅。如表1-2所示的测量数据为所用相同油墨、不同纸张印刷的印张未干时的密度和干燥后的密度，显然湿色密度大于干色密度。

表1-2 实地印迹墨层的干、湿密度差列表

纸名 / 色别 / 实地密度	$157g/m^2$ 轧纹涂料纸				$150g/m^2$ 双面涂料纸				$120g/m^2$ 胶版纸			
	Y	M	C	BK	Y	M	C	BK	Y	M	C	BK
湿色密度	1.15	1.46	1.58	1.67	1.10	1.37	1.55	1.65	1.02	1.27	1.41	1.60
干色密度	1.12	1.39	1.51	1.56	1.05	1.27	1.44	1.45	0.95	1.15	1.26	1.40
密度差	0.03	0.07	0.07	0.11	0.05	0.10	0.11	0.20	0.07	0.12	0.15	0.20

产生干退现象主要是因为印迹墨层处于湿、干两种状态时表面反射光情况不同引起的。如图1-7所示，当油墨刚被印刷时，墨层处于湿状态时，具有一定的流平性，当它被光源照射时，一些光透过墨层被纸反射回来，也有一部分光从油墨表面反射回来，由于油墨层比较光滑，表面反光以镜面反射为主，密度计的感光器件或人眼接收到的反射光量小，所以用密度计测量的密度值高，视觉上表现为色彩鲜艳，光泽好，墨色浓深。

当墨层变干时，如图 1－8 所示，表面反光以漫反射为主，密度计的感光器件或人眼接收到的反射光量大，所以用密度计测量的密度值低，视觉上表现为色泽比刚印时，显得浅而无光。

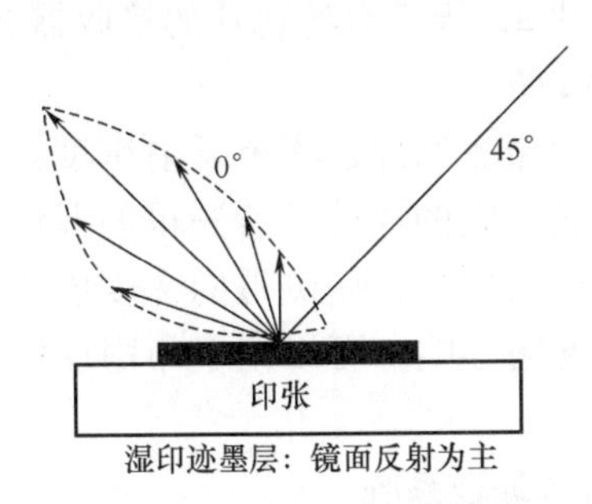

图 1－7　湿墨层反射光情况

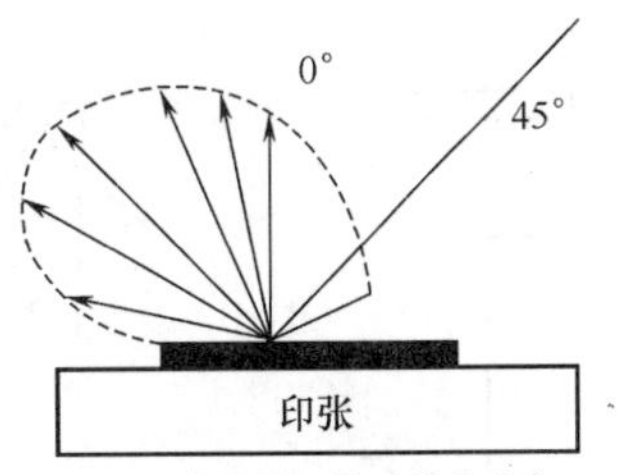

图 1－8　干墨层反射光情况

如果新印出来的印刷品的墨色和已经干燥的样张颜色一样，待印刷品的墨膜干燥以后，就会变得比样张浅，故一般都要使印刷时湿印刷品的颜色比样张的颜色深，到底深多少，操作人员要有一个比较正确的估计。为了使干退现象的影响减少到最小，使用的密度计应安装偏振滤色片。如图 1－9 所示。

（2）偏振滤色片

通常情况下，光是无偏振性的，也就是说光波在所有的平面上都是振荡的。一个偏振滤色片就可以使光波在一个平面上振荡，在光路上再放上一个偏振滤色片，其偏振方向与第一个平面垂直，这样就可能完全阻止光线的通过，如图 1－10 所示。而且，光在反射时会保持偏振，但在表面处被消弱以后，光会失去其偏振性。

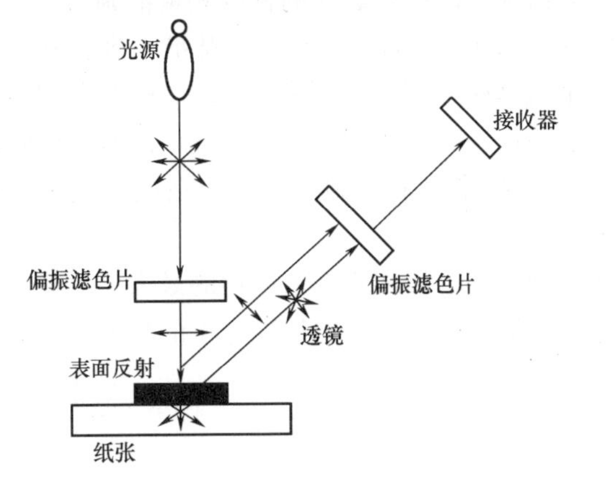

图 1－9　带有偏振滤色片的密度计

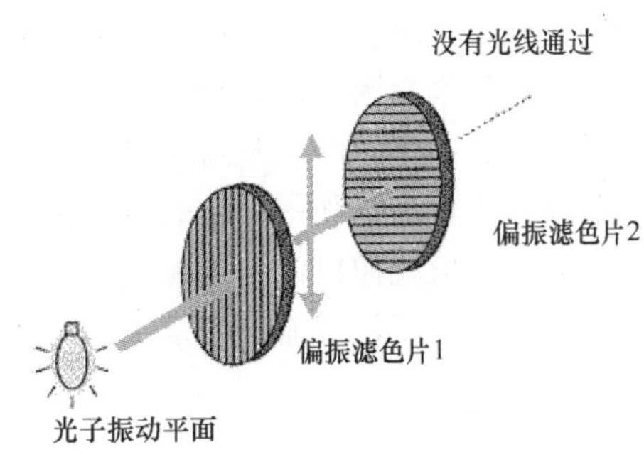

图 1－10　偏振滤色片工作原理图

如图 1－11 所示，光源 a 发出的光是非偏振光，是由无数线偏振光的无规则组合，它不呈现偏振性质，如图中 b 处所示，但经过偏振滤色片 c 后，就成了单一方向的线偏振光，当这种偏振光入射到印迹墨层上时，就会一分为二：一部分被墨层表面 d 反射出来，这部分的光仍然保持原先的线偏振状态；另一部分透过墨层 e，然后被纸张再反射出来，但这束光已经被消偏恢复成非偏振光，由于偏振滤色片 g 的偏振角度与偏振滤色片 c 相差 90°，因此，

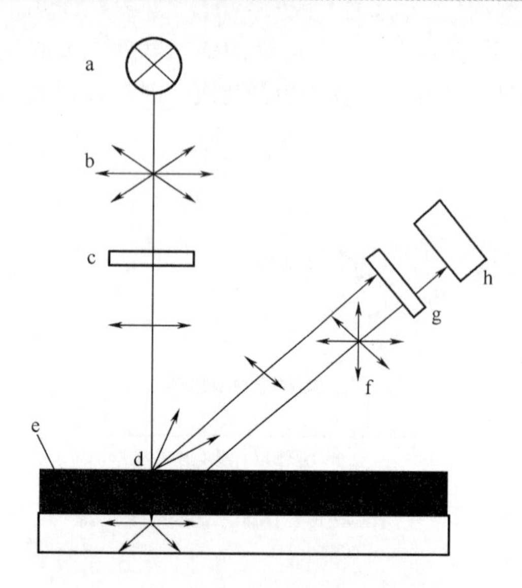

图 1－11　带偏振滤色片的彩色反射密度计测量的原理

由墨层表面 d 直接反射出来的那束偏振光，正好被偏振滤色片 g 完全阻挡不能通过；而墨层 e 由纸面反射出来的非偏振光 f，却能部分通过偏振滤色片 g，被带有滤色片的接收器 h 接收，转换成密度值。

带有偏振滤色片的彩色反射密度计，消除了墨层表面反光的成分，所测得的湿色密度与干色密度相当接近，使测得的密度值不受墨层干、湿情况的影响，可以用于印刷现场质量的测控。

5. 信号处理系统

信号处理系统将得到的电子信号进行计算和显示。这个系统可能是简单的比率检测器，连接到模拟式或数字式显示器的对数计算电路，也可包括存储功能，处理诸如网点增大和反差等功能。

知识点 3　密度计的使用

一、密度计的标定

任何密度计在使用之前都需要标定，常用标准板进行标定，包括白板标定和黑板标定，即调零和调节高密度值。调零是指将理想的完全白色的漫反射表面的密度测量值调为零。当然理想的完全白色的漫反射表面是不存在的，通常是以“参考白色”为基准，进行常规校准，即将密度值设为零。“参考白色”一般指标准白和承印物（纸张白色）。标准白调零主要用于绝对校准，测量结果与承印材料有关。承印物调零主要用于相对校准，即减去纸张的密度，排除纸张本身密度的影响。如：评价油墨在纸张上的印刷效果，应在白纸上进行调零，然后进行叠印率、网点覆盖率等参数的测定。

调节高密度值是指利用标准黑板对密度计进行标定，使密度具有最佳的最大显示值。调零和调节高密度值就像拉伸一条橡皮尺子，直到它的长度等于一把标准尺子的长度，高低密度的标定确定了密度计的输出值范围。

二、密度计的使用

这里以 IHARA 彩色反射密度计（型号为 R730）为例，介绍其使用方法。

1. 仪器结构图

如图 1－12 所示为 IHARA R730 彩色反射密度计正面和反面外观结构。

2. 功能介绍

如图 1－13 所示为 IHARA R730 彩色反射密度计测试窗口。

A 为菜单键：打开功能菜单，供用户选择想要测量的项目。

B 为功能键：三个功能键，对应屏幕上显示的功能。

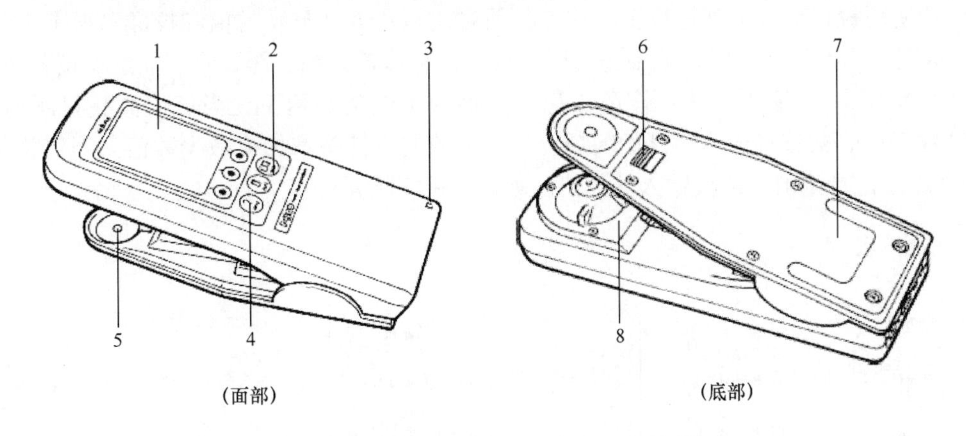

图 1－12　IHARA R730 彩色反射密度计正面和反面外观结构

1—LCD 显示屏　2—菜单键　3—电缆束附件　4—帮助键　5—目标光孔

6—解锁键　7—电池盒　8—可交换的孔径附件

C 为帮助键：显示帮助解释和测量步骤的指示灯。

D 为退出键：返回前一个屏幕内容，取消指示信息。

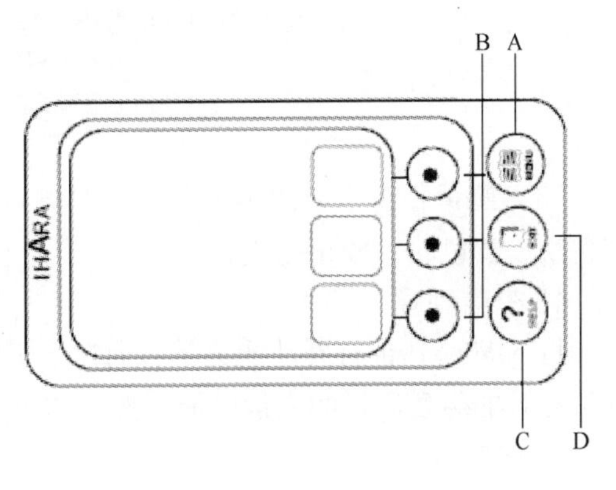

图 1－13　IHARA R730 彩色反射密度计的功能键

3. 校正

在第一次操作密度计之前，必须校准仪器。为了确保测量准确，建议定期校准仪器。校正的方法有两类：标准校准与快速校准。如果第一次校准仪器，应选择标准校准。如果不是第一次校准仪器，可选择快速校准。

步骤：

(1) 按 MENU 键打开功能菜单。通过上下箭头，滚动到校准 CALIBRATION 功能。按 ENTER 键选择校准功能。按向下箭头移到标准校准 STANDARD CAL（如图 1－14 所示），按 ENTER 键选中。

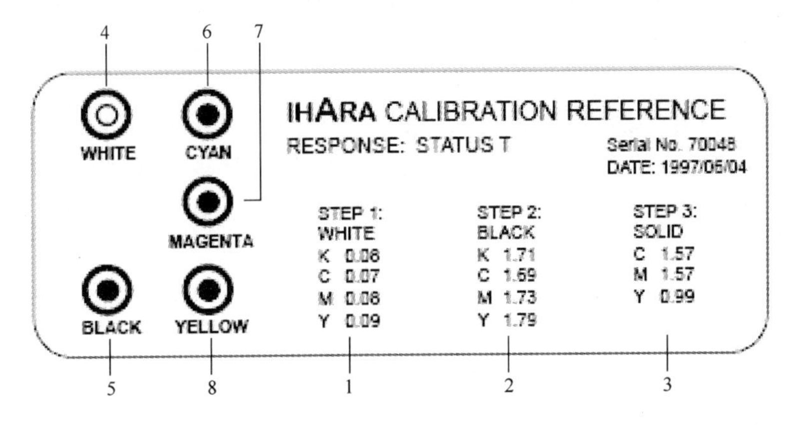

图 1－14　带校正步骤的 IHARA 校正参考卡片

1～8 指使用参考色卡的操作步骤

（2）使用校正参考卡进行校正。首先必须对比显示屏上显示的值和校准参考卡上的值。如果显示值和卡上的值不同，就要进行以下校正：依次输入白、黑、青、品红、黄各色块的值（见参考卡片）。输入方法：按箭头键移到你要更改的数值上，当该值高亮显示时，按ENTER键选中，被选择的值会开始闪烁。按向上或向下箭头增加或减少数值。当值相等后，按ENTER键记录该值，继续输入其他值。如图1－15所示。

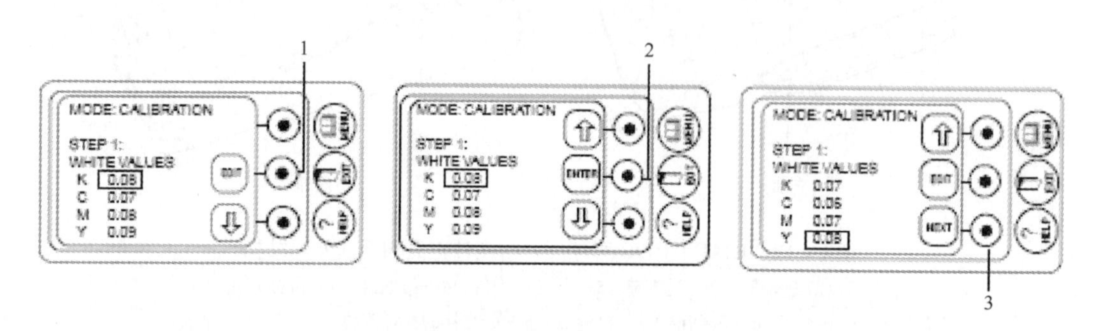

图1－15 密度计校正过程

1—使用ENTER键选中将调整的参考值（C、M、Y、K中任一个）

2—使用ENTER键确定调整后的值

3—使用上下箭头键选择下一个调整的参考值

（3）测量校正卡上的参考点。依次测量校准参考卡上的白色块、黑色块、青色块、品红色块、黄色块，校正完成。

4. 密度测量

按下MENU键打开功能菜单，通过上下箭头滚动到DENSITY，按下ENTER键选中，把测量孔对准想要测量的实地区域，按下即可完成测量，数据显示在屏幕上。

5. 密度差

按下MENU键打开功能菜单，通过上下箭头滚动到DENSITY DIFFERENCE，按下ENTER键选中。按下REF功能键，测量参考目标或者直接人工输入参考值，测量目标区域。

6. 网点面积

按下MENU键打开功能菜单，通过上下箭头滚动到DOT AREA，按下ENTER键选中。先测量纸张，再测量实地色块（要选择最接近你要测量的网点区域），然后测量网点区域注意N值，和计算公式有关，通过SETUP进行更改。

7. 网点扩大

按下MENU键打开功能菜单，通过上下箭头滚动到DOT GAIN，按下ENTER键选中。先测量纸张，再测量实地色块（要选择最接近你要测量的网点区域的实地色块），然后测量网点区域（测量过程和测量网点面积一样，先要找好确定网点面积的区域）。

8. 油墨叠印率

按下MENU键打开功能菜单，通过上下箭头滚动到INK－TRAP，按下ENTER键选中。先测量纸张，再测量青、品红、黄实地色块（要选择最接近你要测量的网点区域的实地色块），然后测量叠印区域（要注意选择叠印计算公式和印刷色序）。

9. 印刷反差

按下MENU键打开功能菜单，通过上下箭头滚动到PRINT CONTRAST，按下ENTER键选中。先测量纸张，再测量实地色块，然后测量暗调区域（一般选色度条上 70%、75% 或者 80% 的区域）。

10. 色相误差、灰度、饱和度

按下 MENU 键打开功能菜单，通过上下箭头滚动到 HUE ERROR/GRAY，按下 ENTER 键选中。先测量纸张，再测量实地色块，测量结果即显示出来，按 NEXT PAGE 键，可以看到油墨密度的读数（相对模式，不包括纸张密度值）。

11. 偏色、明度

按下 MENU 键打开功能菜单，通过上下箭头滚动到 CAST/BRIGHTNESS，按下 ENTER 键选中。测量纸张，读数即可显示出来，按 NEXT PAGE 键，可以看到反射率的值（绝对模式，包括纸张值）。

12. 网点分析

按下 MENU 键打开功能菜单，通过上下箭头滚动到 DOT ANALYSIS，按下 ENTER 键选中。通过上下箭头调到想要测量的色度条数或者颜色数，按下 ENTER 确定输入值，依次测量各色度条，从 100%，90%，80%……一直测量到 0（按 10% 递减），测量完毕后，数据即可显示在屏幕上，按 EXIT 可以返回到 DOT ANALYSIS 菜单，此时可选择以下其他选项：FILE NAME，保存或者装载文件；SCREEN VALUE，屏幕显示每个色度条的反射率、密度、网点扩大值；GRAPH，显示每个色度条的密度和网点扩大曲线；PRINT，打印测量结果。

任务 测量印张色块的密度、网点扩大值和叠印率

- 任务背景

现有一些带有测控条的印刷样张和一套印刷色谱，需要知道印刷特性参数，从而评价印刷质量。

- 任务要求

通过测试印张，熟悉密度计的操作，正确评价印张的印刷质量。

- 任务分析

印张的质量与印刷过程的特性参数（如印刷压力、供墨量等）有密切关系，必须通过测量印张的印刷特性参数来控制印刷过程，并与国家标准和行业标准进行对比，评价印张的印刷质量。

- 重点、难点

密度计操作的方法。

一、仪器和材料

带有测控条的印张多张、IHARA 730 反射密度计（或其他型号的反射密度计）、印刷色谱、放大镜。如图 1－16 所示。

二、具体操作

1. 校正密度计

将密度计的功能菜单选择到“标准校正”，并用密度计自带的标准板进行校正。

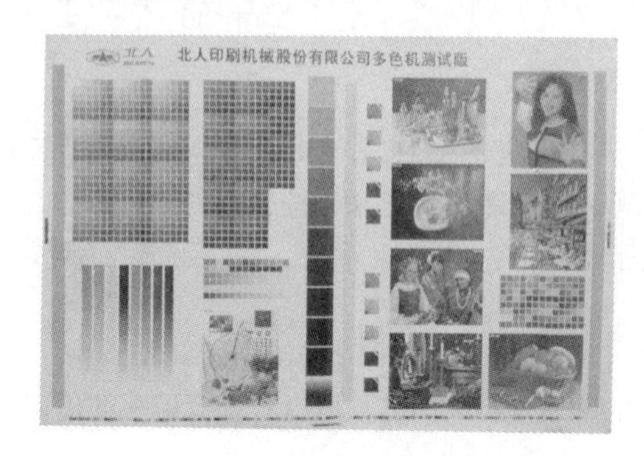

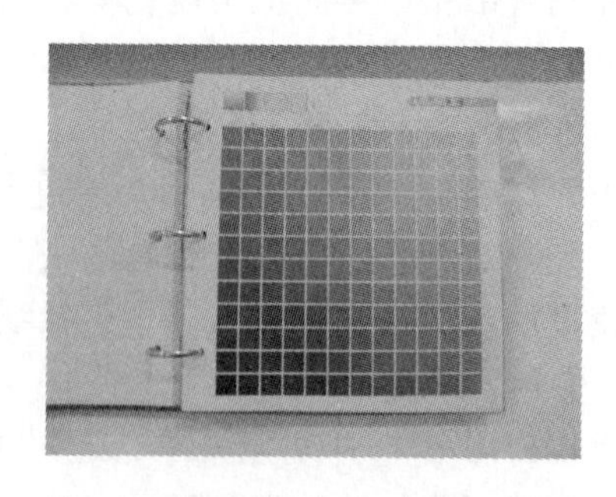

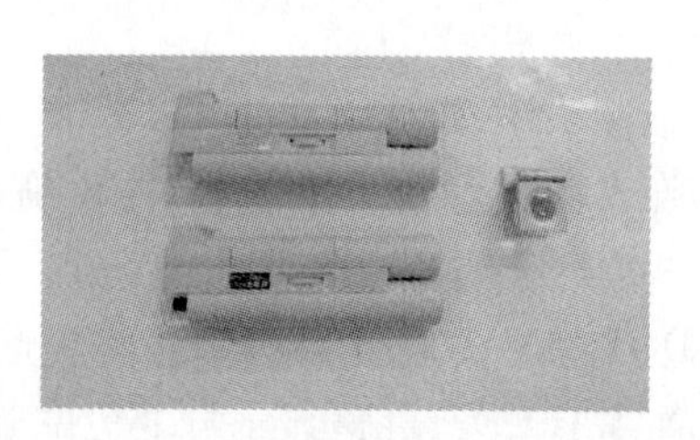

图 1 – 16　测量仪器和材料

2. 实地密度测量

用反射密度计测量印张测控条的 Y、M、C、K 实地色块的密度值，将测试的结果填入表 1 – 3。

表 1 – 3　　印刷品实地密度测量数据表

测试次数	实地密度值			
	Y	M	C	K
1				
2				
3				
4				
5				
平均值				

3. 网点面积及网点扩大值的测量

将测试计算的结果填入表 1 – 4。利用尤尔 – 尼尔森公式，已知尤尔 – 尼尔森修正系数 $n = 1.5$，则

$$F_D = \frac{1 - 10^{-D_t/n}}{1 - 10^{-D_s/n}} \times 100\% \qquad (1-7)$$

网点增大值为：$Z_D = F_D - F_F$

表 1-4 印刷品网点扩大值测量数据表

网点大小	Y		M		C		K	
	D_t	Z_D	D_t	Z_D	D_t	Z_D	D_t	Z_D
5%								
30%								
50%								
80%								
95%								
100%								

4. 叠印率的测算

叠印率是描述一种油墨粘附到前一个印刷表面上的能力。叠印状况通常是以百分比描述的，一个百分之百的叠印率意味着后印的油墨就像印在纸上一样印在先印的油墨层上。油墨叠印率通常用下式确定：

$$T_p = \frac{D_{op} - D_1}{D_2} \times 100\% \tag{1-8}$$

式中 D_{op}——第 1、2 色叠印密度减去纸张密度

D_1——第 1 色密度减去纸张密度

D_2——第 2 色密度减去纸张密度

测量时用第二印刷色的补色滤色片，因此，一定要确定印刷色序（本测试样张为 Y、M、C、K 的色序）。将测试结果填入表 1-5。

表 1-5 印刷品双色叠印率测量数据表

密度值	双色叠印色块		
	R	*G*	*B*
纸张的密度			
第一色密度值			
第二色密度值			
叠印密度值			
叠印率			

项目二　分光光度计的操作使用

知识点

知识点1　色彩的度量

一、颜色三个基本特征的度量

自然界的色彩是千差万别的，人们之所以能对如此繁多的色彩加以区分，是因为每一种颜色都有自己的鲜明特征。为了定性和定量地描述颜色，国际上统一规定了鉴别心理颜色的三个特征量即颜色的三属性，色相、明度和饱和度。而颜色的三属性可以用光谱反射率曲线来表示。如图1-17所示。曲线峰值反射率对应的波长为色彩的主波长，主波长表示该色彩的色相；曲线的峰值反射率高低可理解为不同的明度。峰值反射率越高，明度越大；曲线反射峰的宽窄可理解为色彩饱和度的高低。曲线反射峰窄，表示对光谱有较高的选择性，该颜色的饱和度就高。所以，色彩的测量可以通过测量反射率来完成。

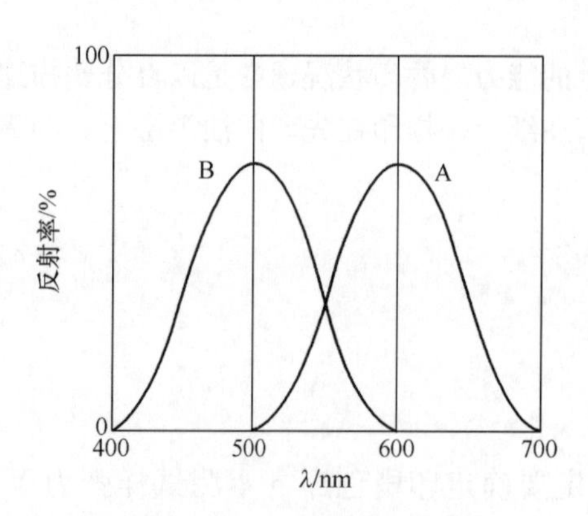

图1-17　光谱反射率曲线

二、颜色的表示

印刷工业承担色彩复制任务，颜色的种类繁多，需要有一个能为大家所熟悉的、通用的、精确的而又统一的科学表色法。目前，比较著名的描述色彩的表示方法和系统大致可分为颜色的显色系统表示法和混色系统表示法。

1. 颜色的显色系统表示法

这种表示方法是在汇集各种实际色彩的基础上，根据色彩的外貌，按直观颜色视觉的心理感受，将色样进行有系统、有规律地归纳和排列，并给各种色样以相应的文字和数字标记，以及固定的空间位置，做到“对号入座”的方法。它是建立在真实样品基础上的色序系统，如孟塞尔表色系统、瑞典自然色系统、德国DIN表色系统、奥斯特瓦尔德表色系统等均属此类。

2. 颜色的混色系统表示法

不需要汇集实际色彩样品，是基于三基色（如红、绿、蓝三原色光）能够混合匹配出各种不同的色彩所归纳的系统。目前最重要的混色系统是CIE系统，它也是国际上通用的表色、测色系统，如CIE1931-RGB色度系统、CIE1931-XYZ标准色度学系统、CIE1976

$L^*a^*b^*$表色系统。任何一个色彩的三刺激值可经简单的数学转换成不同表色系统的参数值。

目前印刷行业普遍使用的均匀颜色空间是 CIE1976 - LAB 均匀颜色空间，以及在此基础上的色差公式。

知识点2　色度的测量

一、基本原理

色度测量是利用色度测量仪器对印刷品进行测量，得到直接描述印刷品颜色的色度数据（例如三刺激值）的方法。

①色度测量是将人眼对颜色的定性颜色感觉转变成定量的描述，这个描述是基于表色系统的。

②色度测量的三刺激值计算涉及到光源能量分布、物体表面反射特性和人眼颜色视觉三个方面的特征参数，因此是一种精确的颜色测量方法。

反射物体色的三刺激值的计算如下：

$$
\begin{aligned}
X &= K\int_{\lambda} S(\lambda)\bar{x}(\lambda)\rho(\lambda)\,\mathrm{d}\lambda \\
Y &= K\int_{\lambda} S(\lambda)\bar{y}(\lambda)\rho(\lambda)\,\mathrm{d}\lambda \\
Z &= K\int_{\lambda} S(\lambda)\bar{z}(\lambda)\rho(\lambda)\,\mathrm{d}\lambda
\end{aligned}
\tag{1-9}
$$

式中　$S(\lambda)$——照明光源的光谱分布

$\rho(\lambda)$——反射物体的光谱反射率

$\bar{x}(\lambda)$、$\bar{y}(\lambda)$、$\bar{z}(\lambda)$——CIE1931 - XYZ 标准色度观察者光谱三刺激值

K——系数

$$
K = \frac{100}{\int_{\lambda} S(\lambda)\bar{y}(\lambda)\,\mathrm{d}\lambda} \tag{1-10}
$$

实际计算时

$$
\begin{cases}
X = K\sum_{400}^{700} S(\lambda)\bar{x}(\lambda)\rho(\lambda)\Delta\lambda \\
Y = K\sum_{400}^{700} S(\lambda)\bar{y}(\lambda)\rho(\lambda)\Delta\lambda \\
Z = K\sum_{400}^{700} S(\lambda)\bar{z}(\lambda)\rho(\lambda)\Delta\lambda
\end{cases}
\tag{1-11}
$$

式中　$\Delta\lambda$——波长间隔，常取 5nm、10nm 或 20nm

所以，要测量颜色，必须首先确定光源及其相对光谱能量分布，如图 1 - 18 所示。

而人眼的视觉特征由 CIE1931XYZ 标准色度观察者光谱三刺激值确定，如图 1 - 19 所示。

在三刺激值的计算公式中，除了反射率 $\rho(\lambda)$，其余参数都是常数。因此，只需测定被测样品的 $\rho(\lambda)$，就可以计算求得物体色的三刺激值 X、Y、Z。

二、密度测量与色度测量的比较

由于密度的大小直接反映了从印刷品或胶片上反射（或透射）光量的多少，因而，从该数值可以直接判断颜色的深浅、油墨的厚薄等，指导生产管理人员正确加网、确定墨量、

曝光量、水墨平衡等，进而控制彩色印刷质量。相反，任何专用的颜色测量仪器还不能做到这一点。尽管如此，密度检测的弱点也是很明显的。

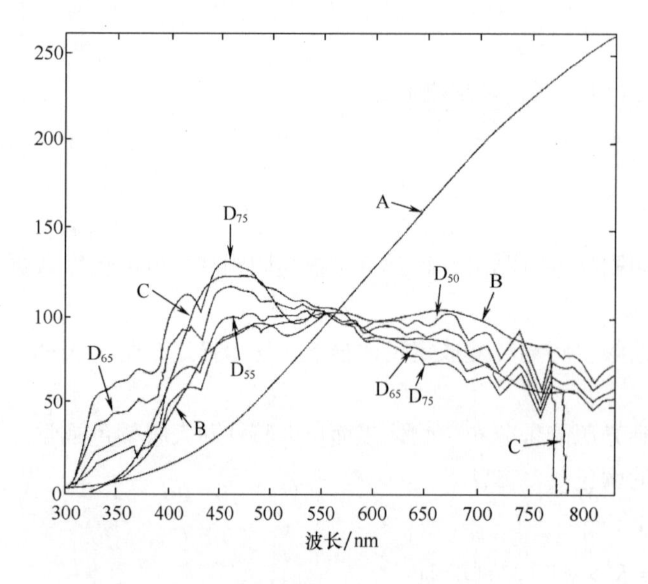

图 1－18　CIE 标准照明体的相对光谱能量分布图

图 1－19　CIE1931 标准色度观察者光谱三刺激值曲线

①无法对原稿的色度作精确测量；

②基于减色法原理的彩色分色与印刷品油墨密度之间的转换，不便对颜色再现进行精确的控制；

③密度检测与人眼的视觉效果不一致，所以存在有些色区有些颜色视觉差异极小，但密度值相差较大；而有些颜色密度值相差很小，但颜色的视觉印象却相差较大；

④密度检测不能提供与人眼灵敏度相关的心理物理测量，其分析测量能力是有限的；

⑤密度检测不能以某种形式跟 CIE 表色系统相关联，而 CIE 表色系统却是公认的色彩语言。

色度检测法由于基于光源光谱能量分布、物体表面反射性能及与人眼观察视觉相一致，因此是一种精确的颜色测量方法，它基本克服了上述密度测量的弱点，能对原稿的色度作精确的测量与描述；它基于色度平衡原理的理论，能对颜色再现进行精确的控制。

三、色度测量的方法

1. 光电色度计测色法

光电色度计的测色原理类似密度计，利用具有特定光谱灵敏度的光电积分元件，直接测量光源色或物体色的三刺激值或色度坐标。

用红、绿、蓝三滤色片模拟人眼的颜色视觉，即用三个滤色片的光谱透射率以及接收器的光谱灵敏度共同模拟 $\bar{x}(\lambda)$、$\bar{y}(\lambda)$、$\bar{z}(\lambda)$。

即：

$$\begin{cases} k_X S_0(\lambda)\tau_X(\lambda)\gamma(\lambda) = S(\lambda)\bar{x}(\lambda) \\ k_Y S_0(\lambda)\tau_Y(\lambda)\gamma(\lambda) = S(\lambda)\bar{y}(\lambda) \\ k_Z S_0(\lambda)\tau_Z(\lambda)\gamma(\lambda) = S(\lambda)\bar{z}(\lambda) \end{cases} \tag{1-12}$$

式中　$S_0(\lambda)$——仪器内部光源的光谱分布
$S(\lambda)$——选定的标准照明体的光谱分布
$\tau_X(\lambda)$、$\tau_Y(\lambda)$、$\tau_Z(\lambda)$——三个校正滤色片的光谱透射率
$\gamma(\lambda)$——接收器的光谱灵敏度
k_X、k_Y、k_Z——三个与波长无关的比例常数

光电色度计测色原理如图 1－20 所示。

2. 分光光度计测量颜色的方法

由色度学可知，不同物体表面之所以会呈现不同的颜色是因为它在光源的照射下存在不同的反射率或透射率。所以，分光光度计首先测量一个物体的整个可见光的反射率。如图 1－21 所示。

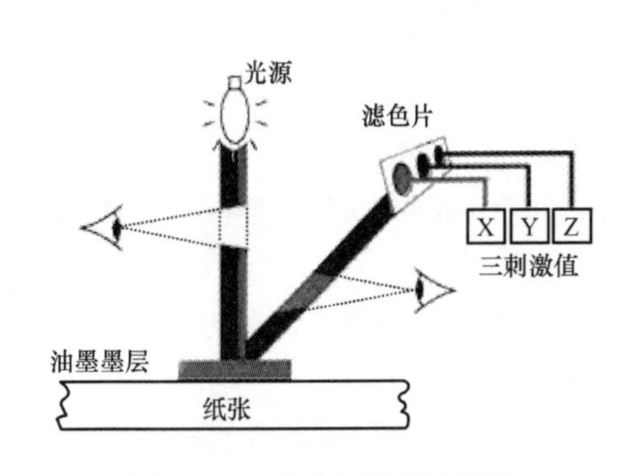

图 1－20　色度计原理示意图

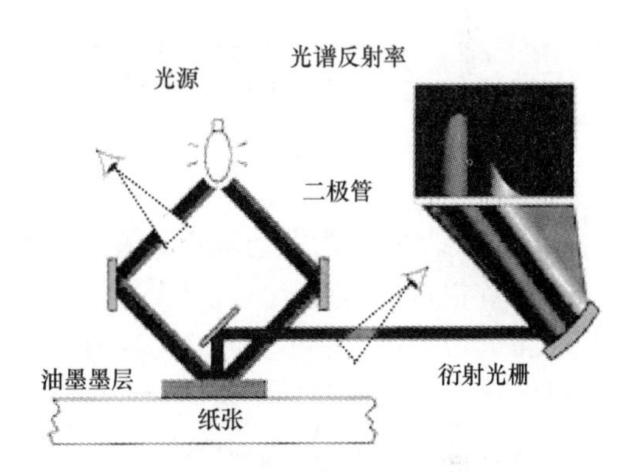

图 1－21　反射分光光度计原理示意图

通过测量物体的光谱反射率或透射率，利用 CIE 推荐的标准照明体和标准观察者，经积分计算求得颜色的三刺激值。

目前使用的分光光度计一般都是将预先给定的波长进行测量，而不能对可见光谱的全部波长连续地进行测量。分光光度计与眼睛不同，眼睛能同时感受到整个可见光谱，但是分光光度计的反射率曲线测量时只能逐波长的进行，这就需要将光源的光在各个波长上进行分解。通常分光光度计在整个可见光谱 380～780nm 范围内，选取一些离散的点进行测量，取点的多少反映测量的精度。波长间隔多为 5、10、20nm，瑞士的 Data－Color 公司的分光光度计波长间隔可达 0.8nm，这样可以达到相当高的测量精度。

知识点 3　分光光度计的结构

分光光度计一般由光源照明系统、分光系统、接收放大系统、控制和数据处理系统及样品室五个部分组成。图 1－22 所示为分光光度计的结构原理图。

1. 光源

照明所用的光源是颜色形成的重要要素，光源的好坏直接影响着人们对颜色的评价。比如一件蓝色的物品，在日光下显示是蓝色，但是拿到其他光源下，比如高压钠灯下，就会发现蓝色已经变成了黑色。因此，为了统一测量颜色的标准，CIE 规定了 A、C、D 三种标准光源。

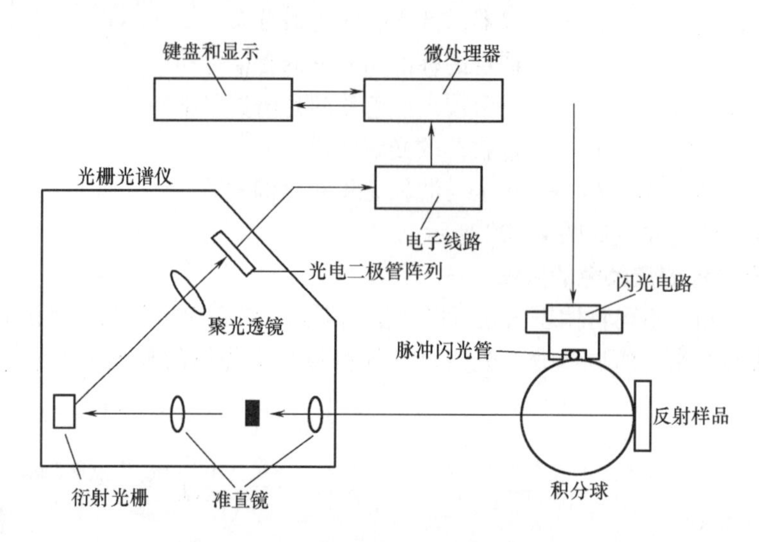

图 1-22 分光光度计的结构示意图

标准光源 A：应为完全辐射体在热力学温度 2856K 时发出的光，由相关色温为 2856K 的充气螺旋钨灯丝实现。

标准光源 C：代表相关色温大约为 6774K 的平均日光，光色近似阴天天空的昼光。光源 C 由光源 A 加上一组特定的液体滤光器过滤后得到的色光。

标准光源 D_{50}的色温为 5003K，表示典型的昼光；D_{65}的色温为 6504K，表示典型的昼光（平均日光）。D_{50}和 D_{65}目前还无法用实物制造出来，而实际使用的人工光源则是 D_{50}和 D_{65}的模拟体。

分光光度计通常配备多种光源，供不同的应用场合使用。在印刷行业中，观察原稿类的透射样本，采用 D_{50}光源；观察印刷品等反射样本时，采用 D_{65}光源。

2. 光的色散

为了逐波长地测量样本的反射率，必须对样本反射的光进行色散，将光分解为不同波长的单色光。对光进行色散的传统元件是棱镜，但在现代仪器中一般使用弯曲光栅。这种色散方法可以得到间隔相等的不同波长的光，从而使用过程中不必改变光圈，当然我们也可以采用彩色干涉滤色片来获得色散光。

3. 测量的几何条件

大多数分光光度计有一个积分球，球的内部涂以白色，壁上开有小孔，以便让照明标本所需的光线出入。光源放在球内或至少放在球旁边，以便用扩散光照明球壁。小球上有一或两个小孔，以便放置被测样本或标准白板。对着样本的孔因测量仪器不同而尺寸各异。对于带积分球的分光光度计，样本通常是在漫射照明的状态下，测量从样本某个方向反射的光，一般情况下是测量 8°方向反射的光。其优点是可以在积分球的另一个孔的旁边安装一个光泽吸收镜，这样可以使样本避免来自 8°的照明，样本的光泽在测量时被排除。如图 1-23 所示。

积分球内表面虽然是涂白的，但它还是吸收一小部分光，导致光源的辐射分布发生变化，特别是测量发荧光的样本时更是如此。因而在一些新型分光光度计中，用 45°环状光源取代了积分球，而在 0°方向进行测量，这样光泽总是被排除在外了。如图 1-24 所示。

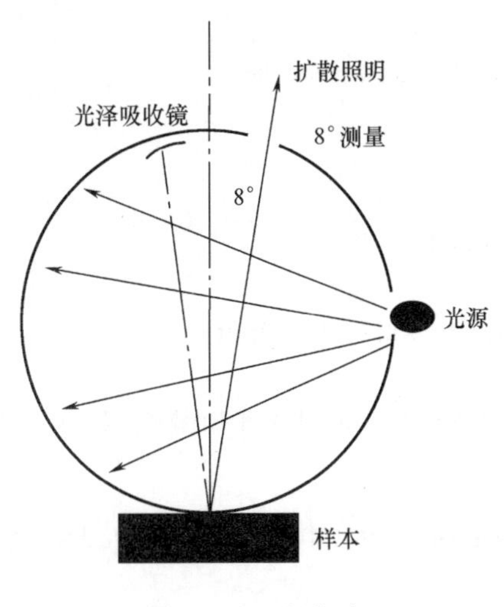

图 1－23　积分球

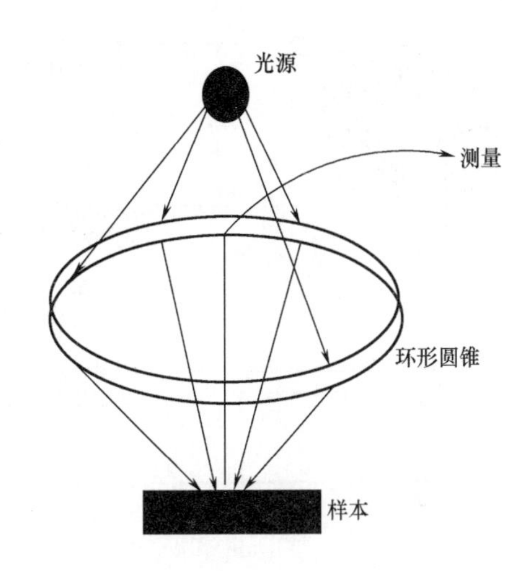

图 1－24　45°环状光源

4. 传感器

在分光光度计中，传感器是用光电池、光电二极管或光电倍增管装配而成的，可将采集到的光信号转变成电信号。

知识点 4　分光光度计的使用

一、分光光度计的标定

分光光度计在使用之前必须进行标定，这样才能保证数据的正确性和可靠性。标定的内容有 100% 线定标、0 线定标。

100% 线定标是用标准白色，常用的标准白是用硫酸钡粉压制的，其绝对反射率在全部波长范围内总计达到 98%。虽然现在的分光光度计都能长时间保持稳定，但每天至少还要定标一次，最好每天校正多次。

0 线定标是用一个黑体进行的，黑体应能吸收全部入射光，反射率为零。0 线定标同样应每天进行。

二、分光光度计密度计的使用

这里以 SpectroEye 分光光度计为例，介绍其使用方法。

1. 功能

密度测量：测量密度、网点面积、网点扩大、叠印率等。

光谱测量：测量光谱反射率。

色度测量：测量 CIE$L^*a^*b^*$、CIE$L^*C^*H^*$、色差等。

2. 组成

SpectroEye 分光光度计的外观由测量按键、控制滚轮、显示屏、测量模块、测量定位头、数据接口和铭牌等组成，如图 1－25 所示。

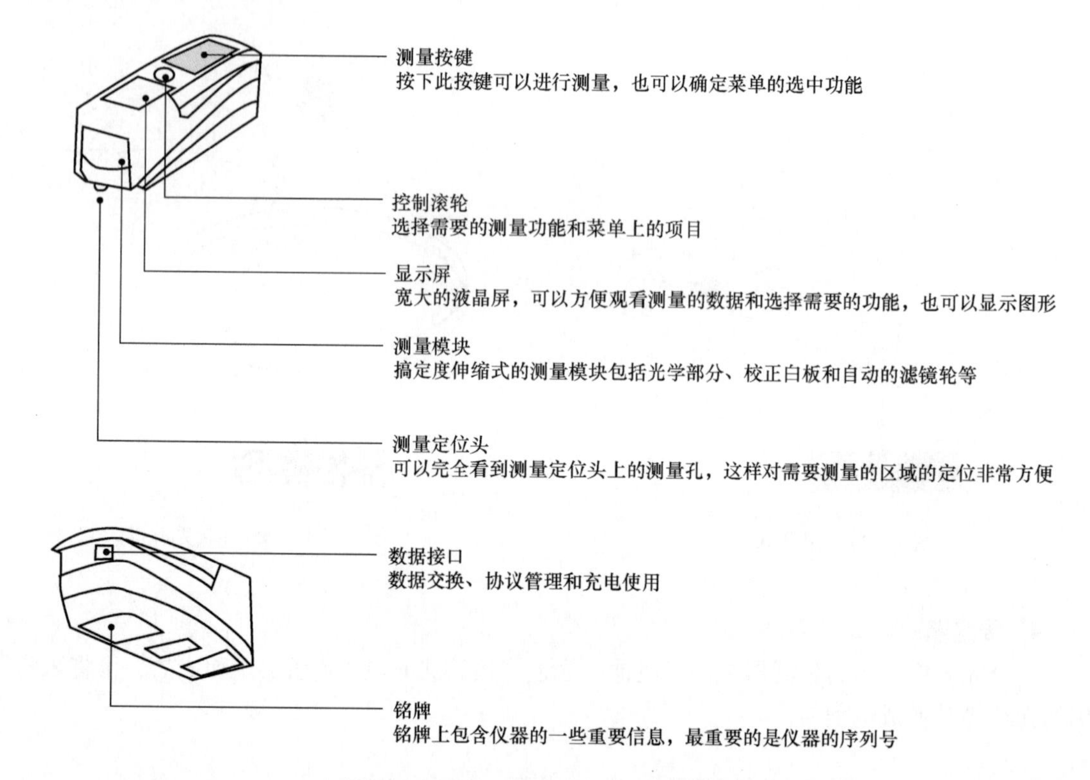

图 1－25　SepctroEye 分光光度计的组成

3. 运输保护解锁

SpectroEye 分光光度仪有一个电子的运输保护装置，使用它可以避免运输过程中由于碰撞和震动引起的测量头的运动，防止测量头因此而损坏，从而起到保护仪器的作用。

步骤如下：

①按下测量按键大约 3s，取消运输过程中由于碰撞和震动而输入的数值。

②接着轻按下测量按键后，显示屏上会出现一个数字选择菜单让用户输入数字。

③输入数字 2、5、9，每次按下测量按键输入一个数字。如果输入错误，可以选择“＜－”来删除错误的输入数字。

④输入数字 259 后，选择 OK，并按下测量按键，此时显示屏会显示菜单项目。

⑤一直选择 Return，并按下测量按键确定，直到出现主菜单。

解锁示意图如图 1－26 所示。

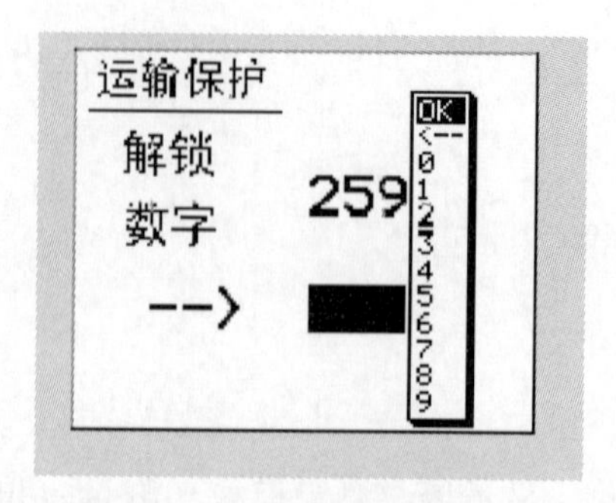

图 1－26　运动保护解锁

4. 操作

（1）色度测量

①在主菜单中选择单一测量。在图标菜单中选择测量功能，再选择 CIE$L^*a^*b^*$。

②检查测量条件。在测量窗口中图标栏的最末端显示正在使用的测量条件，如图 1－27 所示。

确保这些设置符合你的要求。如果这些设置不符合你的需要，就需要更改。更改方法如下：

在主菜单中选择设置 > 用户自定义 > 测量设定 > 测量条件

a. 物理滤镜：决定测量时是否使用物理滤镜。可用的物理滤镜如下：

No——无滤镜

Pol——偏振光滤镜

D_{65}——北窗平均日光

UVCut——UV 滤镜

b. 基准白：仪器可选设置包括：

Auto——自动选择

Pap——纸白

Abs——绝对值

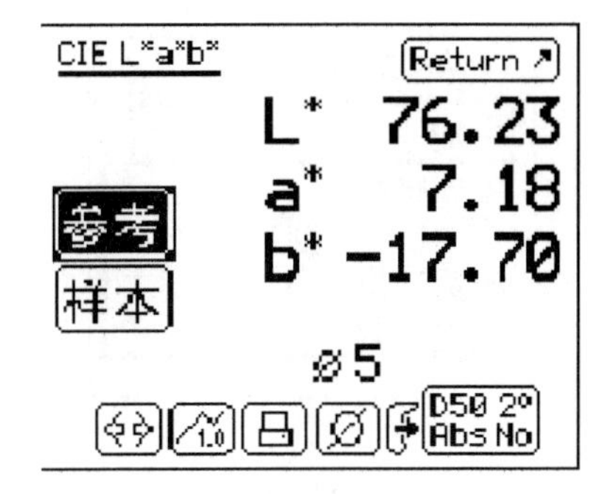

图 1－27　测量窗口

如果选择 Pap 作为白点，所有测量值都只指印刷油墨本身。也就是说，纸色的影响不包含在其中。为获得基准白的参考值，必须测量所用纸张。

如果选择 Abs，除了印刷油墨层的影响，也包含了纸张的影响，此时把仪器上的白点作为基准白。

如果你选择了 Auto，SpectroEye 会根据所选功能自动识别白点。对于密度功能，选择基于纸张白基准，而色度功能就是选择绝对白作为基准。

c. 光源：可供选择最常用的光源：A，D_{65}，D_{50}，F_2，F_7，F_{11}光源

d. 视场：在菜单栏中，选择视场，通常在 2°和 10°之间选择。

e. 密度标准：DIN，DIN NB，ANSI A，ANSI T，SPI

f. 合格/失败　容差：当用系列测量或工作时，你可以在测量完参考和样本后，立刻得到合格/失败的评估。

测量值在容差内为合格，超过容差的为失败。

选择“合格/失败 容差 > 密度”：设置印刷色最大密度的相应容差值，容差值指测量的最大密度与设置值之间相差范围。

选择“合格/失败 容差 > 色度”，在公式中，选择你想定义容差的公式。

g. 平均值：对于不均匀的样品和参考值，SpectroEye 可以计算多次测量的平均值。在“测量设定”菜单中选择“平均值”。如图 1－28 所示。

③参考和样本测量。参考通常是原稿颜色。例如，客户提供的需要被复制的原稿颜色。

样本是指要跟参考比较的复制色。

④测量值的比较。如果需要在参考和样本的测量值之间进行差值比较，样本的现实就会从样本的绝对值转换到参考和样本的差值。操作也简单，可以在图标栏上选择绝对值/差值图标 。

⑤图像显示测量结果。如图 1－29 所示。

（2）色差

①选择参考色和样本色测量，其他步骤同色度测量。

②在图标栏中选择转至差值 ，即可得到 ΔL，Δa，Δb，ΔE。

（3）光谱反射率测量

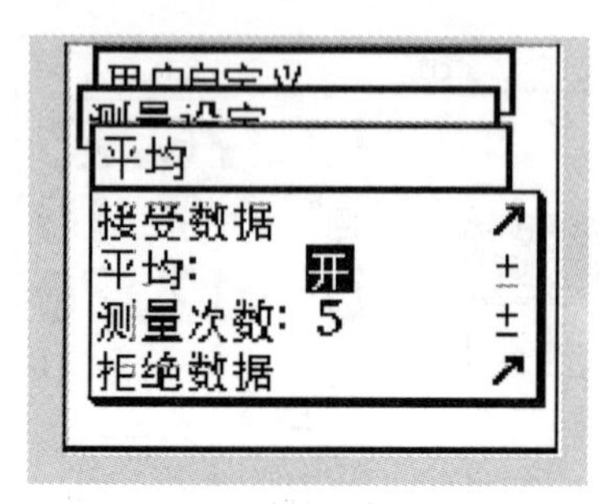

图 1－28　平均值测量窗口

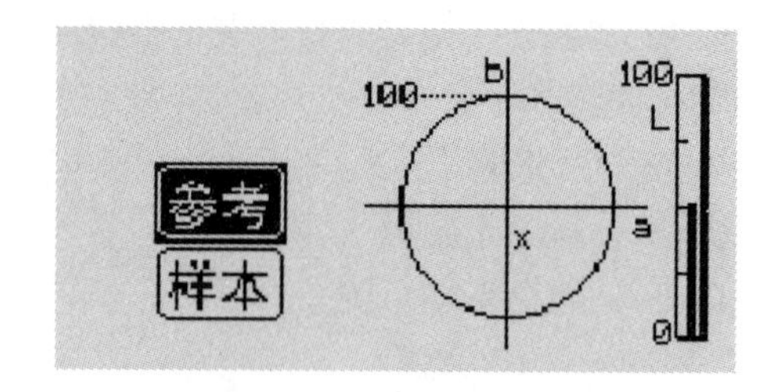

图 1－29　图像显示测量结果

①在主菜单中选择单一测量。在图标菜单中选择测量功能，再选择光谱反射率。

②检查测量条件。

③选择参考或样本测量。

④在图标栏中选择转至图像，即可得到光谱反射率曲线。

（4）密度测量

①密度

a. 在主菜单中选择设置 > 用户自定义 > 测量设定 > 测量条件，可修改密度测量的条件。如基准白：选择 Pap，密度标准：DIN。

b. 在主菜单中选择单一测量。在图标菜单中选择测量功能，再选择密度。

c. 将分光光度计的定位孔对准测量块，按测量键，即可得到测量数据。

②所有密度。显示所有密度 D_B、D_C、D_M、D_Y。

③网点扩大

a. 在主菜单中选择设置 > 用户自定义 > 测量设定 > 测量条件，可修改密度测量的条件。如基准白：选择 Pap，密度标准：DIN。

在主菜单中选择设置 > 用户自定义 > 测量设定 > 功能参数 > 网点扩大，输入印刷测控条上网点区的网点百分比，以便用于测量网点扩大。

b. 纸张白点测量。

c. 测量实地块密度。

d. 测量网目块的密度。

e. 得到网点扩大值。

④网点面积

a. 在主菜单中选择设置 > 用户自定义 > 测量设定 > 测量条件，可修改密度测量的条件。如基准白：选择 Pap，密度标准：DIN。

在主菜单中选择设置 > 用户自定义 > 测量设定 > 功能参数 > 网点面积，选择应用莫利－戴维斯和优尔－尼尔森公式。选择优尔－尼尔森公式时，需要设置 Y－N 系数。

b. 纸张白点测量。

c. 测量实地块密度。

d. 测量网点块的密度。

⑤印刷特性

a. 在主菜单中选择设置 > 用户自定义 > 测量设定 > 测量条件，可修改密度测量的条件。如基准白：选择 Pap，密度标准：DIN。

在主菜单中选择设置 > 用户自定义 > 测量设定 > 功能参数 > 印刷特性，设置印刷特性所必需的网点级。

b. 纸张白点测量。

c. 测量实地块密度。

d. 测量各级网点块的密度。

e. 在图标栏中选择转至图像，即可得到印刷特性曲线。

⑥叠印率

a. 纸张白点测量。

b. 测量第一色块的实地密度。

c. 测量第二色块的实地密度。

d. 测量叠印块的实地密度。

⑦印刷反差

a. 测量实地块的实地密度。

b. 测量网点块的密度。

任务一 测量印品的印刷特性参数

- 任务背景

现有一些带有测控条的印刷样张和一套印刷色谱，需要知道印刷特性参数，从而评价印刷质量。

- 任务要求

通过测试印张，熟悉分光光度计的操作，正确评价印刷质量。

- 任务分析

印张的质量与印刷过程的特性参数（如印刷压力、供墨量等）有密切关系，必须通过测量印张的印刷特性参数来控制印刷过程，并与国家标准和行业标准进行对比，评价印张的印刷质量。

- 重点、难点

分光光度计操作的方法

一、仪器和材料

带有测控条的印张，爱色丽 SpectroEye 分光光度计（或其他型号的分光光度计），印刷色谱，放大镜。如图 1－30 所示。

二、具体操作

1. 校准

当在用户自定义的“基准白”参数设置中，如果选择 Abs，仪器会自动开启集成白色色块进行校准。

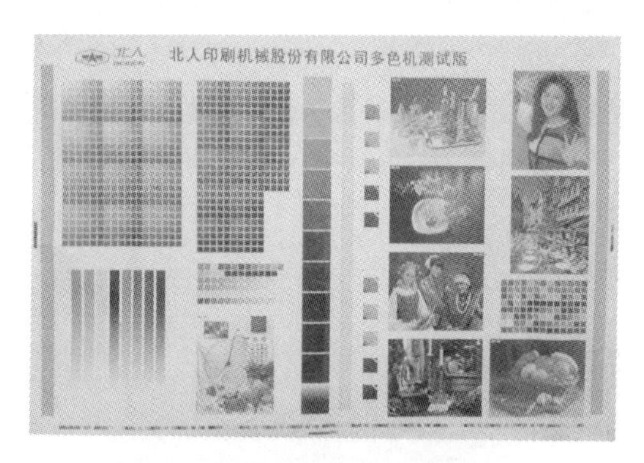

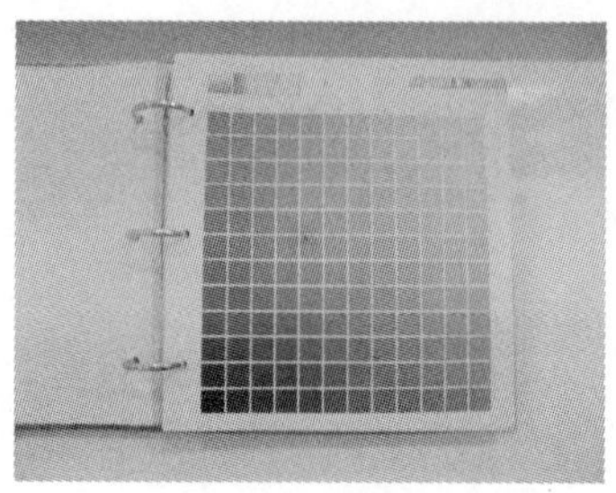

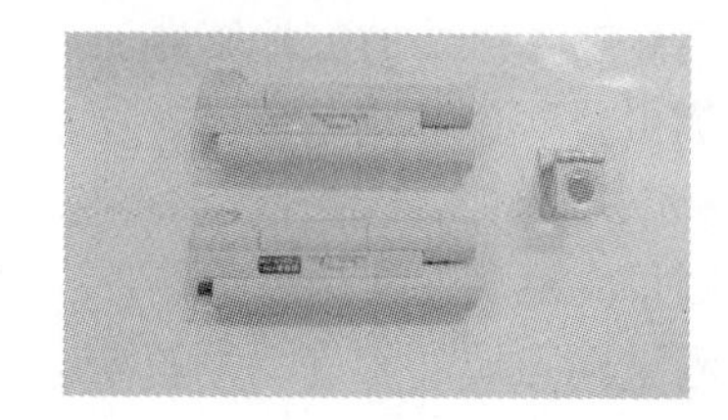

图 1－30　测试仪器和材料

2. 密度测量

使用分光光度计检测印张上测控条的 Y、M、C、K 色块的主密度，将测量结果记录在表 1－6 中。

表 1－6　　主密度测量结果

密度	青	品红	黄	黑
实地密度（主密度）				

3. 所有密度

所有密度功能是指显示测量块的所有密度，包括 D_K、D_C、D_M、D_Y。

①更改测量条件；

②在主菜单中选择单一测量。在图标菜单中选择测量功能 ，再选择所有密度；

③选择青、品红、黄、黑色实地块，将分光光度计的定位孔分别对准测量块，按测量键，即可得到测量数据；

④将测量结果记录在表 1－7 中。

表 1－7　　所有密度测量数据表

色密度 / 油墨颜色	D_K	D_C	D_M	D_Y
青				
品红				

续表

色密度 油墨颜色	D_K	D_C	D_M	D_Y
黄				
黑				

4. 网点扩大

①在主菜单中选择设置 > 用户自定义 > 测量设定 > 测量条件，可修改密度测量的条件。物理滤镜：Pol；基准白：选择 Pap；光源：D_{65}；密度标准：DIN；平均值：开，测量次数设为 3 次；

②在主菜单中选择设置 > 用户自定义 > 测量设定 > 功能参数 > 网点扩大，输入印刷测控条上网点区的网点百分比（网点 1：25%、网点 2：50%、网点 3：75%），以便用于测量网点扩大；

③在主菜单中选择单一测量。在图标菜单中选择测量功能 ，再选择网点扩大；

④测量纸张；

⑤测量实地块密度；

⑥测量 25%、50%、75% 网目块；

⑦得到 25%、50%、75% 的网点扩大值；

⑧将测量结果记录在表 1-8 中。

表 1-8　　网点扩大测试数据表

测量值 油墨颜色	实地密度	25% 网目块的网点扩大值	50% 网目块的网点扩大值	75% 网目块的网点扩大值
青				
品红				
黄				
黑				

5. 网点面积

①在主菜单中选择设置 > 用户自定义 > 测量设定 > 测量条件，可修改密度测量的条件。物理滤镜：Pol；基准白：选择 Pap；光源：D_{65}；密度标准：DIN；平均值：开，测量次数设为 3 次；

②在主菜单中选择设置 > 用户自定义 > 测量设定 > 功能参数 > 网点面积，选择优尔-尼尔森公式，设置 Y-N 系数为黑：$n=1.2$、青：$n=1.2$、品红：$n=1.2$、黄：$n=1.2$；

③在主菜单中选择单一测量。在图标菜单中选择测量功能 ，再选择网点面积；

④测量纸张密度；

⑤测量实地块密度；

⑥测量 25%、50%、75% 网目块；

⑦得到 25%、50%、75% 网目块的网点面积；

⑧将测量结果记录在表 1 －9 中。

表 1 －9　　网点面积

测量值 / 油墨颜色	实地密度	25% 网目块的网点面积	50% 网目块的网点面积	75% 网目块的网点面积
青				
品红				
黄				
黑				

6. 印刷特性

①在主菜单中选择设置 > 用户自定义 > 测量设定 > 测量条件，可修改密度测量的条件。物理滤镜：Pol；基准白：选择 Pap；光源：D_{65}；密度标准：DIN；平均值：开，测量次数设为 3 次；

②在主菜单中选择设置 > 用户自定义 > 测量设定 > 功能参数 > 印刷特性，设置印刷特性所必需的标度百分比为 10%；

③在主菜单中选择单一测量。在图标菜单中选择测量功能，再选择印刷特性；

④测量纸张密度；

⑤测量实地块密度；

⑥测量 10%、20%、30%、40%、50%、60%、70%、80%、90%、100% 的网点块；

⑦得到 10%、20%、30%、40%、50%、60%、70%、80%、90%、100% 网点块的网点面积；

⑧在图标栏中选择转至图像，即可得到印刷特性曲线；

⑨将测量结果记录在表 1 －10 中。

表 1 －10　　印刷特性测量结果

测量值 / 墨色	实地密度	10% 网目块的网点面积	20% 网目块的网点面积	30% 网目块的网点面积	40% 网目块的网点面积	50% 网目块的网点面积	60% 网目块的网点面积	70% 网目块的网点面积	80% 网目块的网点面积	90% 网目块的网点面积	100% 网目块的网点面积
青											
品红											
黄											
黑											

7. 印刷反差

①在主菜单中选择设置 > 用户自定义 > 测量设定 > 测量条件，可修改密度测量的条件。物理滤镜：Pol；基准白：选择 Pap；光源：D_{65}；密度标准：DIN；平均值：开，测量次数设为 3 次；

②在主菜单中选择单一测量。在图标菜单中选择测量功能，再选择印刷反差；

③测量纸张；

④测量实地块；

⑤测量 75% 或 80% 网点块；

⑥得到印刷反差；

⑦将测量结果记录在表 1－11 中。

表 1－11　　印刷反差测量结果

油墨颜色＼测量值	实地密度	75% 或 80% 网目块的网点面积	印刷反差
青			
品红			
黄			
黑			

8. 光谱反射率

①在主菜单中选择设置 > 用户自定义 > 测量设定 > 测量条件，可修改密度测量的条件。物理滤镜：Pol；基准白：选择 Pap；光源：D_{65}；密度标准：DIN；平均值：开，测量次数设为 3 次；

②在主菜单中选择单一测量。在图标菜单中选择测量功能 ，再选择光谱反射率；

③测量纸张；

④测量所选颜色；

⑤得到 380～730nm 范围的各波长的光谱反射率；

⑥在图标栏中选择转至图像 ，即可得到光谱反射率曲线；

⑦将测量结果记录在表 1－12 中。

表 1－12　　光谱反射率测量结果

波长/nm＼反射率	90% 品红色块的光谱反射率	波长/nm＼反射率	90% 品红色块的光谱反射率
380		480	
390		490	
400		500	
410		510	
420		520	
430		530	
440		540	
450		550	
460		560	
470		570	

续表

反射率 波长/nm	90%品红色块的光谱反射率	反射率 波长/nm	90%品红色块的光谱反射率
580		660	
590		670	
600		680	
610		690	
620		700	
630		710	
640		720	
650		730	

任务二　测量印张与印样的色度值及色差

- 任务背景

现有一些带有测控条的印刷样张和一套印刷色谱，需要知道印张的颜色值及与标准样张的颜色差别，从而评价印刷质量。

- 任务要求

通过测试印张，熟悉分光光度计的操作，正确评价印刷质量。

- 任务分析

印张的质量与色块的颜色值有密切关系，必须通过测量印张的色度值来控制印刷过程，并与国家标准和行业标准进行对比，评价印张的印刷质量。

- 重点、难点

分光光度计操作的方法。

一、仪器和材料

带有测控条的印张，印刷样张，爱色丽 SpectroEye 分光光度计（或其他型号的分光光度计），印刷色谱，放大镜，显微镜。

二、具体操作

1. 校准

当在用户自定义的“基准白”参数设置中，如果选择 Abs，仪器会自动开启集成白色色块进行校准。

2. 色度测量

①在主菜单中选择设置>用户自定义>测量设定>测量条件，可修改密度测量的条件。物理滤镜：无；基准白：选择 Abs；光源：D_{65}；视角：10°；平均值：开，测量次数设为 3 次；

②在主菜单中选择单一测量。在图标菜单中选择测量功能 ，再选择 CIE$L^*a^*b^*$；

③测量标准样张上测控条处的测控块，如青、品红、黄、黑实地块；

④可以用图像显示测量结果。方法：在图标栏中选择转至图像 ，即可显示该色块的颜色在 $L^*a^*b^*$ 的位置，如图 1－31 所示；

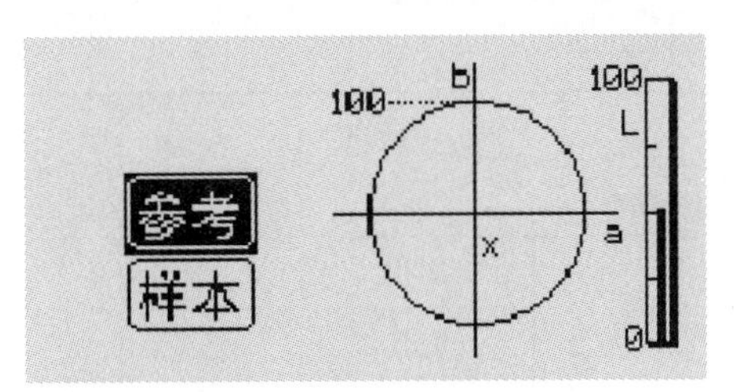

图 1－31 图像显示测量结果

⑤将测量结果记录在表 1－13 中。

表 1－13 **色度测量结果**

测量值 油墨颜色	L^*	a^*	b^*
青			
品红			
黄			
黑			

3. 色差测量

①在主菜单中选择设置 > 用户自定义 > 测量设定 > 测量条件，可修改密度测量的条件。物理滤镜：无；基准白：选择 Abs；光源：D_{65}；视角：10°；平均值：开，测量次数设为 3 次；

②在主菜单中选择单一测量。在图标菜单中选择测量功能 ，再选择 CIE$L^*a^*b^*$；

③在显示屏上选择参考，将仪器的测量定位头对准标准样张进行色度测量；然后在显示屏上选择样本，将仪器的测量定位头对准印刷样张进行色度测量；

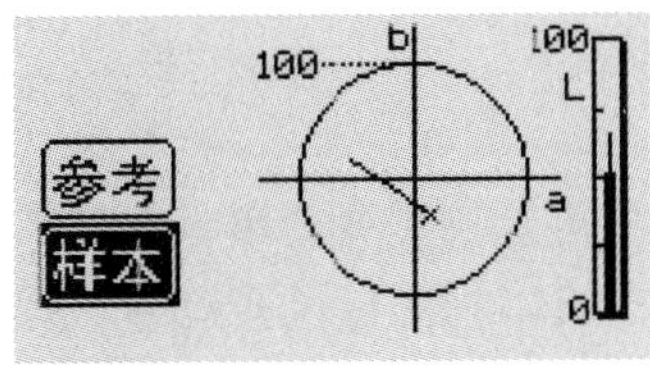

图 1－32 图像显示测量结果

④在图标栏中选择转至差值 ，即可得到 ΔL^*、Δa^*、Δb^*、$\Delta E_{\mathrm{Lab}}{}^*$；

⑤可以用图像显示测量结果。方法：在图标栏中选择转至图像 ，即可显示该色块的颜色与样本的颜色偏差，如图 1－32 所示；

⑥将测量结果记录在表 1－14 中；

表 1－14 **色差测量结果**

测量值 油墨颜色		L^*	a^*	b^*	ΔL^*	Δa^*	Δb^*	$\Delta E_{\mathrm{Lab}}{}^*$
青	印张							
	样张							

续表

油墨颜色＼测量值		L^*	a^*	b^*	ΔL^*	Δa^*	Δb^*	$\Delta E_{Lab}{}^*$
品红	印张							
	样张							
黄	印张							
	样张							
黑	印张							
	样张							

⑦分析测量结果。

在彩色复制质量要求上，国家标准《GB 7705—2008 平版装潢印刷品》《GB 7706—2008 凸版装潢印刷品》《GB 7707—2008 凹版装潢印刷品》中对彩色装潢印刷品的同批同色色差规定为：一般产品 $\Delta E_{ab}^* \leqslant 5.00 \sim 6.00$；精细产品 $\Delta E_{ab}^* \leqslant 3.00 \sim 4.00$。

知识拓展

色度测量的其他应用方面

1. 对原材料的质量控制

尤其是油墨和纸张的控制，原材料采购进来之后，在使用前要对其进行测试，看油墨和纸张的颜色是否符合相应的国家标准、行业标准和企业标准。此外，色度测量还可分析打样用纸的颜色和印刷用纸的匹配情况，预打样工艺中所用颜料的色度特征；分析一套油墨再现的色域与其他各套油墨再现色域的不同。

《GB/T 17934.2—1999 印刷技术 网目调分色片、样张和印刷成品的加工过程控制 第2部分：胶印》中规定：

（1）承印物的颜色

打样用的承印物应与印刷用的承印物相同。若有困难，应尽可能选用光泽度、颜色、表面特性（涂料或非涂料、压光等）、单位面积克重等方面与生产承印物接近的承印物。对于印刷机打样，应从表1－15中列出的5种典型纸张中选取最接近的纸张；对于非印刷机打样，应选用尽可能与表1－15所列的典型纸张（与生产用纸接近）特性参数接近的承印物。应注明纸张类型。

表1－15　典型纸张的CIE L^*、a^*、b^*值、光泽度、亮度及允差

纸张	L^*	a^*	b^*	光泽度/%	亮度/%
有光涂料纸，无机械木浆	93	0	－3	65	85
亚光涂料纸，无机械木浆	92	0	—	38	83
光泽涂料卷筒纸	87	－1	－3	55	70
无涂料纸，白色	92	0	－3	6	85

续表

纸张	L^*	a^*	b^*	光泽度/%	亮度/%
无涂料纸，微黄色	88	0	6	6	85
允差	±3	±2	±2	±5	—

（2）承印物的光泽度

用于打样的承印物的光泽度应尽量与生产用的承印物的光泽度相近。如不可能，印刷机打样应从表1－15列出的典型纸张中选择尽量与生产用的承印物相近的纸张。

印样的承印纸张必须采用无光学增亮剂、无机械木浆的有光涂料纸。规定纸张的三刺激值为 $X=85.32$，$Y=88.71$，$Z=67.96$，色度为 $L^*=95.46\pm2.0$；$a^*=-0.4\pm1.0$；$b^*=4.7\pm1.5$，光泽度为70%～80%，pH为8～10。

（3）油墨颜色和透明度

行业标准《CY/T 31—1999 印刷技术 四色印刷油墨颜色和透明度 第一部分：单张纸和热固型卷筒纸胶印》规定如表1－16和表1－17。

表1－16　四色油墨的色度值

油墨颜色	三刺激值			CIE*LAB*			误差			
	X	Y	Z	L^*	a^*	b^*	ΔEab^*	ΔL^*	Δa^*	Δb^*
黄	73.21	78.49	7.40	91.00	－5.08	94.79	4.0	—	—	—
品红	36.11	18.40	16.42	49.98	76.02	－3.01	5.0	—	—	—
青	16.12	24.91	52.33	56.99	－39.16	－45.99	3.0	—	—	—
黑	2.47	2.52	2.14	18.01	0.80	－0.56	—	18.0	±1.5	±3.0

表1－17　四色油墨的透明度

油墨颜色	透明度	油墨颜色	透明度
品红	0.12	青	0.20
黄	0.08	黑	—

（4）墨层厚度

一般印刷品的墨层厚度为1μm左右，因此要求制备样张时，也要控制在本标准规定的0.7～1.1μm或0.7～1.3μm（表1－18）。

表1－18　不同类型油墨的墨层厚度　单位：μm

油墨类型	青	品红	黄	黑
氧化干燥/渗透型	0.7～1.1	0.7～1.1	0.7～1.1	0.9～1.3
光固化	0.7～1.3	0.7～1.3	0.7～1.3	0.9～1.3
卷筒纸热固型	0.7～1.3	0.7～1.3	0.7～1.3	0.9～1.3

2. 专色油墨的调配

包装印刷中的专色印刷很多，需要配制很多不同颜色的专色墨，这已经成为包装印刷中确保印品质量的重要工作。当需要进行颜色匹配时，一般使用色度测量。配墨是保证油墨颜色一致性的前提，油墨的调配通常使用分光光度计在油墨厂或印刷车间完成。表 1 – 19 列出了如何根据色差进行油墨配色。

表 1 – 19 油墨配色调配

$\Delta L^* > 0$（试样颜色比标准样颜色浅）		$\Delta L^* < 0$（试样颜色比标准样颜色深）	
$\Delta a^* > 0$　$\Delta b^* > 0$	增加青墨	$\Delta a^* > 0$　$\Delta b^* > 0$	加入白墨和青墨
$\Delta a^* > 0$　$\Delta b^* < 0$	增加黄墨和青墨	$\Delta a^* > 0$　$\Delta b^* < 0$	加入白墨、黄墨和青墨
$\Delta a^* < 0$　$\Delta b^* > 0$	增加品红墨和青墨	$\Delta a^* < 0$　$\Delta b^* > 0$	加入白墨、品红墨和青墨
$\Delta a^* < 0$　$\Delta b^* < 0$	增加品红墨和黄墨	$\Delta a^* < 0$　$\Delta b^* < 0$	加入白墨、品红墨和黄墨
Δa^* 和 Δb^* 接近于零	增加黑墨	Δa^* 和 Δb^* 接近于零	加入白墨

3. 包装印刷中印刷色彩的质量控制

在包装印刷中，当印刷样张与标准样张之间的色差较小，但视觉仍可感觉细微差别时，此时就应使用色度测量法对印刷质量实施精确调控。此外，包装印刷品经常使用专色油墨印刷，比如大红色或墨绿色，此时使用密度计已经不能准确测量专色油墨的密度值，要使用色度值来标定，而且验收产品是否合格的标准也要使用色差值来判定。例如烟标验收的标准是 ΔE^*_{ab} 不大于 4.0。

专色油墨主要用于包装装潢产品的印刷，如烟、酒及化妆品的外包装。包装产品大多数属于长版活件，每隔一段时间就需要重新印刷，这就要求同批或不同批印刷的同一产品色彩要一致。例如食品的外包装，如能使每一批食品的外包装都能保持相同的颜色，则不会出现由于包装外观褪色而使顾客产生食品存放过时的感觉。在大型超市，商品包装颜色一致还能产生货架整体效应。

在彩色复制质量要求上，国家标准《GB 7705—2008 平版装潢印刷品》《GB 7706—2008 凸版装潢印刷品》《GB 7707—2008 凹版装潢印刷品》中对彩色装潢印刷品的同批同色色差规定为：

一般产品　$\Delta E^*_{ab} \leqslant 5.00 \sim 6.00$

精细产品　$\Delta E^*_{ab} \leqslant 4.00 \sim 5.00$

从视觉上看，当 $\Delta E^*_{ab} \geqslant 1.5$ 时，人眼就能明显地分辨出两个样品的色差。色度测量能够准确地表现色差，因此，当需要通过实地块或网目调叠印块颜色的变化来确定印刷效果时，应采用色度测量（表 1 – 20）。

表 1 – 20 不同的色差时人眼对颜色差别的感觉程度

色差值	感觉色差程度	色差值	感觉色差程度
0.0 ~ 0.5	（微小色差）感觉极微	3 ~ 6	（较大色差）感觉很明显
0.5 ~ 1.5	（小色差）感觉轻微	6	（大色差）感觉强烈
1.5 ~ 3	（较小色差）感觉明显		

4. 采用色度检测系统在印刷机上控制色彩复制

在海德堡的 CPC 色彩控制系统中，把色度测量引入印刷过程，在印刷车间就可以直接确定色彩，对任何一张反射图像，如照相原稿、预打样样张、在印刷机上抽取的样张都可以进行测量，这样就可以利用印刷机的输墨控制和调节系统惊醒快速调节，使印刷中的色彩波动保持在公差范围之内。目前，大多数印刷机控制系统都采用基于分光光度计测量的色彩测量系统，如海德堡 CPC 系统的 CPC2 质量控制装置从 CPC2 - S 开始采用分光光度计进行色彩测量代替原来的密度测量。分光光度计应用于印刷机色彩控制的优势在于，通过进行光谱测量正确定义颜色，得到更多的颜色控制信息。不仅可以得到光谱反射率曲线、CIE 色度值，还能测得密度、相对反差、灰度值等常用控制参数。

CPC2 - S 能进行光谱测量和分光光度鉴定，而且能根据 CPC 测控条的灰色、实地网目和重叠区计算出 CPC1 装置的油墨控制量。

CPC23 在线图像控制系统：采用高分辨率的 CCD 检测扫描头对整个印张进行数据扫描采样。

5. 进行色彩管理时要用到色度测量

分光光度计在色彩管理中主要应用于显示器的校准及特性化和印刷设备的特性化，一般都采用专门用于校准和特性化的分光光度计。例如：

显示器的校准及特性化：辐射测量型的分光光度计与校准屏幕的校准软件配合使用。如爱色丽公司的 DTP92 屏幕优化器。

对打印机、数码印刷机等输出设备或工艺的色彩特征化文件测量：爱色丽公司的 DTP41 自动扫描分光光度计测量色彩。

如图 1 - 33 以扫描仪特征文件制作为例：

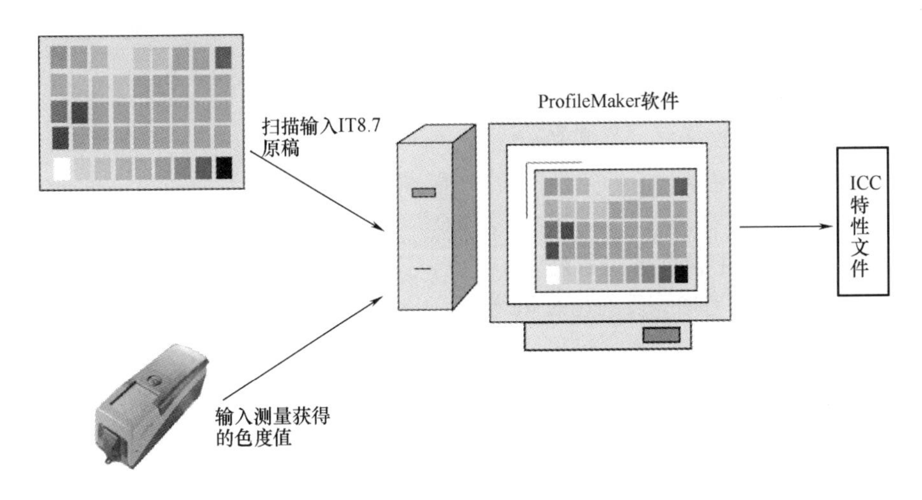

图 1 - 33　扫描仪特性文件制作过程

利用特征文件制作软件将 IT8. 7 原稿扫描输入，同时利用分光光度计测量 IT8. 7 原稿，并将测量结果输入特性文件制作软件中，在特征文件制作软件的窗口中同时选择扫描输入的 IT8. 7 原稿图像和测得的 IT8. 7 原稿色度值，点击特征文件生成，软件就可以自动生成扫描仪的特征文件，保存后备用。

6. 标准样张的管理

包装印刷的特点之一是印刷数量大、批次多，一种产品有时要通过多台印刷生产线来完成，或要经过不同的时间段，多次重复印刷，因此确保不同批次产品颜色的均一性极其重要，使用色度测量法可以很好地完成该项工作，将最初客户确定的标准样张的色度值 L^*、a^*、b^* 记录存档，计算不同批次的印刷样张与标准样张之间的色差 ΔL^*、Δa^*、Δb^*，根据色差值对印刷质量实施精确控制。

总之，利用色度测量与计算可进行印刷全过程的色彩质量控制，提高标准化生产的程度，以达到节省材料、减少差错、提高产品质量的目的。

技能知识点考核

1. 填空题

（1）根据测量物体的不同，密度计分为________和________。

（2）用反射密度计测量品红色油墨的实地密度，应选择________滤色片。

（3）我国国家标准规定：观察透射样品，选择标准光源________；观察反射样品，选择标准光源________。

（4）密度计的标定分为________、________和________三方面内容。

（5）色度检测系统通过________来调节印刷机的墨量。

（6）评价油墨呈色效果的指标有________、________、________和________。

2. 选择题

（1）可见光的波长范围是（ ）。

A. 380～780nm　B. 400～600nm　C. 600～750nm　D. 380～700nm

（2）绿色滤色片吸收（ ）单色光。

A. 自然界中所有单色光　B. 黄色光

C. 红色光和蓝色光　D. 青色光

（3）墨层厚度和反射密度的关系是（ ）。

A. 随着墨层厚度的增加，反射密度值增加

B. 随着墨层厚度的增加，反射密度值减少

C. 随着墨层厚度的增加，反射密度值增加，但当墨层厚度达到一定值后，反射密度值不再增加

D. 墨层厚度与反射密度成线性关系

（4）用密度计测量品红色叠印到青色上的叠印率时，密度计应选择（ ）滤色片进行测量。

A. 品红色　B. 蓝色　C. 红色　D. 绿色

3. 判断题

（1）色度计的测量精度高于分光光度计。（ ）

（2）密度计在使用之前必须进行校准。（ ）

（3）密度计测量的几何条件是 d/8°。（ ）

（4）测量印版上小网点再现情况时，可以选用密度计。（　　）

4. 简答题

（1）密度计在印刷中如何应用?

（2）色度测量工具有哪些?

（3）什么是“干退”现象?

（4）密度测量与色度测量的区别?

（5）分光光度计在印刷领域的应用有哪些?

第二单元

原稿质量

原稿是印刷复制的依据和基础，原稿质量的好坏直接影响到印刷品的质量。如果原稿的质量不适合印刷，那么在印刷中即使使用最好的设备、最先进的技术都不可能获得高质量的印刷品，因此必须正确判别原稿的质量。正确评判原稿会使我们对印刷的每个过程的处理思路更加清晰，各个过程参数的设置更准确，同时做好原稿的正确评判处理还可以使印刷成品的图像还原更真实、色彩层次更加丰富。所以在印刷之前，一定要选择和制作适合于制版、印刷的原稿，以保证印刷品的质量。

能力目标

1. 能够正确区分各种类型的原稿；
2. 能够正确鉴别反射原稿、透射原稿和电子原稿的质量；
3. 能够对不符合印刷质量的原稿进行修复。

知识目标

1. 了解原稿的分类；
2. 掌握反射原稿的质量要求及鉴别的方法；
3. 掌握透射原稿的质量要求及鉴别的方法；
4. 掌握电子原稿的质量要求及鉴别的方法；
5. 掌握原稿修复的方法。

学时分配建议

12 学时（授课 4 学时，实践 8 学时）

项目一　反射原稿质量要求与鉴别

知识点

知识点 1　反射原稿的类型

图像原稿一般都是客户提供或者设计人员根据需要制作而成。图像文件的种类较多，处理方法各有不同，处理时不能千篇一律。如表 2-1 所示，对常见的原稿进行了分类。

表 2-1　　原稿类型

原稿类型	透射片	正片（反转片、俗称为幻灯片）
		负片（照片底片）
	反射片	照片
		国画
		油画
		水彩画
		印刷品
	数码图片	数码相机、磁盘（非印刷文件）、网上图片
	实物类	产品、零件等

1. 照片

照片有光面纸照片、布纹纸照片及过塑照片之分。布纹纸照片由于纹路感很强，扫描效果欠佳。过塑照片如不拆分的话，一方面较硬，上机困难；另一方面，过塑面反光，会直接影响到扫描质量。

2. 绘图艺术品

绘图艺术品即各种绘图作品的总称。根据所使用的技法、材料、工具和载体的不同，分为图画、油画、水彩画、水粉画、素描、版画、装饰画等类型。如图 2-1 所示。

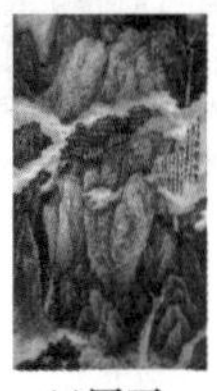
(a)国画

(b)油画

(c)油彩画

图 2-1　各类艺术品

由于各种绘图作品的写意手法不同，对图像的处理方法也有所不同。

3. 印刷品

印刷品包括彩色印刷品、灰度印刷品、黑白（标志、文字、线条）印刷品。印刷品作为自制原稿在印前工作中是非常普遍的，印刷品的密度范围基本都在0.1～1.8，与再复制的密度范围一致。由于印刷品有网点，在扫描时要进行去网。否则将形成彩色的网点都清晰地扫出来，则视觉效果很差，再输出时会因两次加网而形成撞网现象。

图2－2 印刷品样品

知识点2 反射原稿质量要求

为了保证印刷的效果，反射原稿需要满足以下条件。

1. 原稿的密度范围要适合印刷复制的要求

原稿密度范围是指原稿中最高密度和最低密度之间的变化值。原稿的密度范围比较大，对应着图像层次丰富且包含的细节多；反之，原稿的密度范围比较小，图像层次单调且包含的细节少。

反射原稿的密度范围为0.3～2.1，反差为1.8最为合适。若原稿反差（最大密度与最小密度之间的差值）小于2.5，复制时对层次进次合理压缩，复制效果将比较理想。若原稿反差大于2.5，即使复制时对层次进行合理压缩，也会造成图像层次丢失过多并且层次并级现象严重，复制效果欠佳。

(a)偏红和偏黄原稿

(b)色彩再现正常原稿

图2－3 色彩正常与偏色的原稿

2. 原稿色彩再现正常

在原稿制作中，由于曝光不足或者曝光过度、照相设备和光照条件的影响、冲洗过程中的技术问题、相纸本身的问题等都会造成原稿偏色。原稿偏色通常有整体偏色、低调偏色、高调偏色和高、低调各偏不同的颜色（交叉偏色）等几种情况。现代印前技术可以通过扫描软件或图像处理软件对原稿偏色现象进行校正。

3. 清晰度

图像的清晰度指画面的清晰程度，影响清晰度的因素很多，例如：原稿拍摄时照相机镜头的抖动、感光材料的解像力以及照明条件。在现代印前工艺中可以利用扫描软件或图像处理软件来调节图像的细微层次，提高图像的清晰度，使得复制品更加逼真地反映原稿。但是，如果原稿本身的清晰度不高，即使利用软件进行大幅度地调节，也不会获得高清晰度的复制品。

清晰度是评判原稿非常重要的技术指标，如果原稿的图像清晰自然，则扫描出的图像就会轮廓清晰、层次丰富，给人赏心悦目的感觉。如果原稿清晰度过低，扫描出的图像就会无细节、无层次，给人视觉模糊的感觉。

对于反射原稿，清晰度通常和原稿的介质有很大关系。

（1）摄影原稿

摄影原稿图像的清晰度与感光材料、拍摄时的抖动、照相机镜头的解像力、被摄对象的自然条件等因素有关。其中材料的颗粒度与清晰度有很大的关系，颗粒越细所得的图像清晰度越高，原稿质量就越好，原稿的放大倍率也可以适当增大。

（2）艺术作品原稿和印刷品原稿

艺术作品可直接利用专用照相机拍摄获得电子原稿或照相原稿再对照相原稿进行扫描。因此一定要非常重视拍照的技术及自然环境，否则会影响艺术品的真实再现。

另外，还有许多艺术作品是不允许或不方便拍照的，因此只能使用艺术作品的印刷品作为原稿扫描复制，通常称之为“二次原稿”。由于印刷品本身具有网点，一般的印刷品密度在0～1.8，其反差小，清晰度较低，原稿质量相对差。所以尽量减少采用印刷品，如果必须使用印刷品作为原稿，一定要选择质量好的印刷品，进行二次原稿的还原。

4. 图像层次

原稿的层次是指复制密度范围内视觉可识别的明度级别，级数越多，其层次越丰富。原稿图像分为三个层次范围：高光调、中间调和暗调。

高光调指图像中最亮或较亮的部分，一般颜色较浅，对应印刷品上的网点在10%～30%；暗调是图像中最暗或较暗颜色的部分，一般颜色很深，对应印刷品上的网点在70%～90%；中间调指图像的高光、暗调部分以外的其他地方都属于图像的中间调。一般印刷品图像中网点百分比在40%～60%的部分被划分为中间调。

如图2－4所示原稿，层次清楚，高光调、中间调、暗调分布合理，其对应的“色阶”分布图如图2－5所示，高光调、中间调、暗调分布合理，曲线流畅，波峰波谷分配合理。

正常原稿应整个画面不偏亮也不偏暗，高中低调均有，色彩感觉自然顺畅，密度变化级数少，层次丰富。

如图2－6所示。整个原稿密度过高，没有高光点，暗调和中间调接近而缺乏层次。

目前，印前生产中“崭”、“闷”、“平”的原稿屡见不鲜，所谓“崭”是指图像最暗处密度大，中间调和暗调层次损失较多，整个画面反差比较大，如图2－7所示；

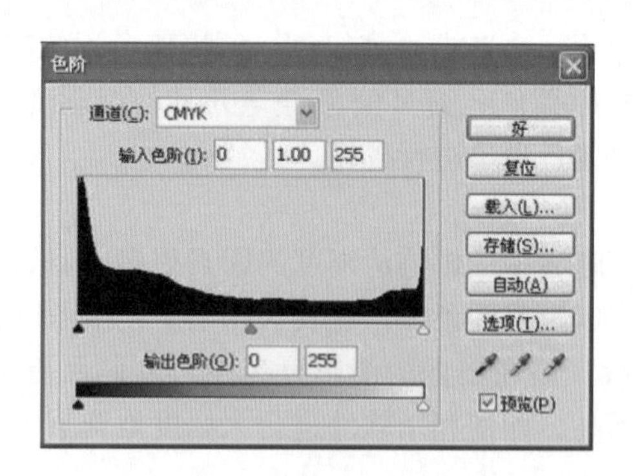

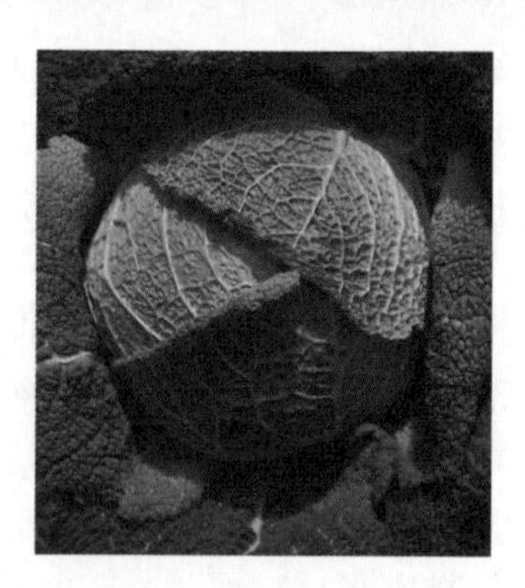

图 2-4 正常原稿　　图 2-5 原稿色阶分布图　　图 2-6 密度过高的原稿

所谓“闷”是指图像上没有高光点，暗调和中间调接近而缺乏层次，整个画面密度过高，如图 2-8 所示；

所谓“平”是指图像最暗处密度不大，高调和暗调的密度相差不大，整个画面的反差比较小，如图 2-9 所示。

图 2-7 “崭”的原稿　　图 2-8 “闷”的原稿　　图 2-9 “平”的原稿

5. 原稿颗粒细腻

原稿的颗粒细腻也是图像质量的重要因素之一。复制时，不同的缩放率对原稿的颗粒度要求不同。放大倍率越大，要求原稿颗粒越细越好。然而，目前原稿颗粒粗的现象很常见。在 20 倍放大镜下，可明显地观察到图像粗糙，使图像轮廓的清晰度和阶调的连续性受到影响。原稿的颗粒粗细，主要取决于呈现图文材料本身的颗粒结构类型与感光材料的冲洗加工。

知识点 3　反射原稿质量鉴别的方法

1. 目测鉴别

在标准光源下，目测观察鉴别原稿。

（1）适用原稿

是指不必加工即可复制的原稿。如图 2－10 所示。须满足以下条件：

①原稿的密度范围为 0.3～2.1，高、中、低调层次丰富；②图像好，清晰度高；③颗粒细腻，图面干净整洁；④画面色彩平衡，色彩鲜艳；⑤复制时，放大倍率不超过 3～4 倍；⑥反射原稿及图画原件要平整，无破损污脏。

（2）非适用原稿

是指需经过大量修正和加工后才能复制的原稿。如图 2－11 所示。主要存在以下问题：

①图像虚晕不实，有双影，清晰度差；②颗粒细，图面污损；③反差过大，调子过闷，淡薄；④偏色，色彩陈旧；⑤放大倍率超过 10 倍以上。

图 2－10 适用复制原稿

(a)调子过闷原稿

(b)清晰度差的原稿

图 2－11 非适用原稿

（3）不能复制的原稿

是指应退稿的原稿。主要存在以下问题：

①图像严重虚晕，轮廓层次不清；②颗粒过分粗糙，倍率放得过大；③图面严重皱损，污染。图像上有明显的脏点、道子、霉点等；④严重偏色，色彩完全失真。

2. 仪器测量

①用彩色密度计对原稿进行密度测量，以确定其复制范围和色调再现情况。

②测量图像总体阶调的密度反差，即测量原稿的最亮处和最暗处的密度，确定阶调复制的范围。

③测量原稿中性灰区域的密度值，确定原稿的偏色情况，以便校正原稿的色彩偏差，实现颜色复制的平衡再现。

任务一 印刷品反射原稿质量鉴别

- 任务背景

现有多张印刷品反射原稿，需要知道哪些反射原稿能够用于印刷。

- 任务要求

能够正确区别各种反射原稿是否符合印刷要求。

- 任务分析

反射原稿的种类有很多，但不管是哪一种类型的原稿，都需从原稿的密度、色彩、清晰度、层次、颗粒状等几个方面鉴别反射原稿是否符合印刷要求。

- 重点、难点

反射原稿的质量要求和鉴别。

一、给定反射原稿

准备多张有质量问题的反射原稿，如图 2－12 所示的类似原稿。

图 2－12 反射原稿

二、仪器

显微放大镜、反射密度计。

三、方法

①使用密度计对各个反射原稿的最高密度和最低密度进行测量，确定其密度范围。

如第一幅图的密度范围为 0.11～4.00，原稿反差很大，由于印刷品受油墨和纸张等材料的限制，能够再现的密度范围在 0～1.8，所以在复制时对层次进行压缩。

②目测原稿的色彩或用密度计测量原稿上的中性色区域。

③目测原稿的层次。

④借助放大镜视觉评价原稿的清晰度。

⑤借助放大镜视觉评价原稿的颗粒状。

⑥通过鉴别，确定原稿是适用原稿、非适用原稿还是不能复制的原稿。

⑦将学生分成3个学习小组，每组分配一些反射原稿，小组讨论，得出最终结论，如表2－2所示。

表2－2　　反射原稿鉴别记录表

分组	鉴别方法	适用原稿	非适用原稿	不能复制原稿	过程得分	总分
一组						
二组						
三组						

任务二　彩色照片的质量鉴别

- 任务背景

现有多幅彩色照片，需要知道这幅彩色照片是否能够用于印刷。

任务要求

能够使用正确方法鉴别反射原稿是否符合印刷要求，掌握修整原稿的方法。

- 任务分析

彩色照片是在天然色照相纸上形成图像的反射原稿，是由多层感光材料构成的彩色图像，是目前印刷制版中经常采用的一种原稿。鉴别时，可以在标准光源下，根据原稿特点，利用目测从以下几个方面进行鉴别：看照片的整个画面是否偏色；看照片还原是否饱和；看主体物的主要色彩是否准确；看照片的反差是否适宜。如图2－13所示的这张照片要尽量减少现代的成分，突出古老、淳朴以及雨后清新透亮的意境，同时要尽可能在现有的灰暗调处理中有些突出的亮点和颜色，使得画面的视觉效果更佳。

- 重点、难点

反射原稿的质量要求和鉴别。

一、原稿

准备多张类似如图2－13的彩色照片，要求多张照片有一定的缺陷，如偏色、有的反差过高或过低、清晰度不够等。

图2－13　调整前的照片

图2－14　调整后的效果图

二、鉴别分析

（1）看照片的整个画面是否偏色

首先看照片上白色或浅灰色黑色等消色部分。如果这些消色中，没有受其他颜色干扰，说明照片的色彩还原比较准确。若消色中含有什么色，整个照片就偏向此色。

（2）看照片还原是否饱和

照片上的颜色一般比实际景物的色彩略有夸张，要看画面中主要部分的主要色彩是否饱和。

（3）看主体物的主要色彩是否准确

以人物为主的照片主要应以人物面部的颜色为标准来看色彩是否准确。

（4）看照片的反差是否适宜

彩色照片的反差包括亮度差、色反差和反差平衡。只有反差适中，照片才有过渡的色彩层次，色彩变化会比较多，这样照片才会有深度和立体感，不至于显得单调

按照以上方法鉴别照片，图2－13照片整体比较灰暗，尤其是照片右下侧的人物基本看不出来，只能看清一顶斗笠，反差过大，属于非适用原稿，需经过大量修正和加工后才能复制。

三、调整方法

要求经过调整之后，达到：①原稿高、中、低调层次丰富，反差适中；②图像好，清晰度高，可以进行加工复制。调整后的效果如图2－14。

方法提示：可在Photoshop采用图章工具、修复画笔工具、色阶的调整、羽化、蒙版等工具。

项目二　透射原稿质量要求与鉴别

知识点

知识点1　透射原稿的类型

透射原稿是透明的，光源照射在原稿的背面，用透射光进行扫描采集图像信息。例如产品包装设计、珠宝饰品、家电产品、工艺产品等最好将它们拍摄成彩色正片，才可以进行印刷的扫描。透射原稿分为正片和负片。

1. 正片

也称为反转片，是一种彩色透明胶片。感光层是涂布在透明片基上的，所以影像用透射光观察。正片的彩色显示部分与真实物品显示相同，可以用幻灯片直接投射到屏幕上或在观片灯箱上观赏，还可以冲洗照片。利用正片作为原片，图像颜色鲜艳，层次丰富，清晰度好，直接用于制版其印刷的效果相当好。常见正片规格可分为135、120、4in×5in三种。如图2－15所示。

图 2－15　正片

图 2－16　负片

2. 负片

彩色负片即天然色负片（如日常照相用的底片），是供印放彩色照片用的感光片。在经过冲洗之后，可获得明暗与被摄体相反，色彩与被摄体互为补色的带有橙色色罩的彩色底片。由于彩色负片的反差系数小，所以形成的彩色透明影像的反差也偏低，颜色与实物的颜色互成补色，因此在观察时要正确判断彩色负片上图像的质量不如判断天然色正片容易。负片在制版中不常见，客户通常会将负片晒成照片后拿来扫描。常见的负片规格一般分 120 和 135 等。如图 2－16 所示。

知识点 2　透射原稿质量要求

透射原稿的质量主要应从以下四个方面进行鉴别：

1. 密度

原稿高光部分和暗调部分都应有层次，中间调部分的层次也很丰富，且具有高清晰度和低颗粒性，这样的透射原稿便是一张感光正确、密度适中的原稿。

2. 灰雾度

透射稿上应该透明的地方不纯净，整个版基上像有一层雾状的色彩，说明原稿灰雾度大，颜色不纯。无论是偏向哪种颜色的灰雾，都将影响色彩的正确还原及色彩的反差和彩度。

3. 反差

原稿最亮部分与最暗部分的密度之差称为原稿的反差。反差是原稿表现明度和色彩变化的极限，是印刷品再现的密度范围。反差大，层次就少；反差小，颜色便不饱和、不鲜艳，层次也出不来。灰雾度大会影响反差；同时还应观察反差是否平衡，某种颜色在强光部位和暗调部位反应是否一致，如果一致证明反差平衡，色彩能够正确还原。

4. 颜色的饱和度

每一种颜色是否受其他颜色干扰，是否具有较高的纯度。如果颜色不饱和，就会产生色偏。

知识点 3　鉴别透射原稿质量的方法

1. 目测鉴别

在标准光源下，可利用放大镜目测观察鉴别原稿。

（1）色调

看原稿景物中的中性灰色，如白、灰、黑是否再现正确。若景物中的白、灰、黑无色偏，说明该原稿的色调还原是正确的。如果中性灰区域偏红，则说明原稿色调偏红色。

看原稿色彩的饱和度是否高，色彩是否鲜艳。如画面中的重要色，如红花、绿叶、蓝天等的鲜艳程度，是否符合人们的印象色。如果色彩暗脏，则说明原稿色调中含有的相反色太多。如果色彩淡薄，则说明原稿色调含有的基本色太少。

看最熟悉部位的颜色，如人物肤色是否符合人物特征，是否符合人们心里所预期的肤色，有无偏黄、偏红、偏灰暗等缺陷。

（2）反差

①曝光正常的原稿。这类原稿主体部分都处在亮调，中调，属于最佳视觉明度范围。所以这类原稿的白场、黑场定标按标准密度值设定，则原稿上的亮调、中调全部信息在分色片上能正确再现出来。

②曝光过度的原稿。这类原稿密度反差小，色调淡薄，其主体部分偏亮、偏薄，明度高。

③曝光不足原稿。这类原稿密度反差大，色调厚重，其主体部分偏暗、偏深，明度低。

（3）灰雾度

观察原稿应该透明的地方，如果有密度，说明灰雾度大，如果灰雾偏向哪种颜色，原稿就偏向哪种颜色。

（4）颗粒度

透射原稿的颗粒粗细，主要取决于感光材料本身的颗粒结构类型与感光材料的冲洗加工。反转片的颗粒粗细也是影响图像质量的重要因素之一。

2. 原稿数据测量

用透射密度计对原稿进行密度测量，以确定其复制范围和色调再现情况。

①测量图像总体阶调的密度反差，即测量原稿的最亮处和最暗处的密度，确定阶调复制的范围。

②测量原稿中性灰区域的密度值，确定原稿的偏色情况，以便校正原稿的色彩偏差，实现颜色复制的平衡再现。

③测量灰雾度。灰雾度要求小于0.05。

任务　透射原稿质量鉴别

• 任务背景

现有一些透射原稿，需要知道哪些透射原稿能够用于印刷。

• 任务要求

能够正确判别透射原稿的类型，区别各种透射原稿是否符合印刷要求。

• 任务分析

透射原稿需从原稿的密度、色彩、清晰度、层次、颗粒状等几个方面鉴别反射原稿是否符合印刷要求。

• 重点、难点

透射原稿的质量要求和鉴别。

一、透射原稿

准备多张如图 2－17 所示的透射原稿，合格原稿一张，其余原稿有一定的不足，如偏色、反差过小等。

图 2－17 透射原稿

二、仪器

放大镜、透射密度计。

三、方法

①使用密度计对各个透射原稿的最高密度和最低密度进行测量，确定其密度范围；

②目测原稿的色彩或用密度计测量原稿上的中性色区域；

③目测原稿的层次；

④借助放大镜视觉评价原稿的清晰度；

⑤借助放大镜视觉评价原稿的颗粒状；

⑥通过鉴别，确定原稿是适用原稿、非适用原稿还是不能复制的原稿；

⑦将学生分成 3 个学习小组，每组分配一些透射原稿，小组讨论，得出最终结论，如表 2－3 所示。

表 2-3　　透射原稿鉴别记录表

分组	原稿类型	鉴别方法	适用原稿	非适用原稿	不能复制原稿	过程得分	总分
一组							
二组							
三组							

项目三　电子原稿质量要求与鉴别

知识点

知识点 1　电子原稿的类型

数字原稿是指以光、电、磁性材料作为载体的用于印刷的数字形式原稿，此类原稿不再需要数字化过程。数字原稿主要有四大类：数字照片、光盘图像、网上图片和视频图像。

数字照片是由数码相机拍摄得到的。只要数码相机的分辨率、镜头的分辨率高，拍摄参数设定的准确，数字照片的质量，无论是层次、颜色，还是分辨率，均能够得到保证，如图 2-18 所示。

光盘图像是由专业人员制作、存储在 CD-ROM 光盘和 Photo-CD 上的数字图像，也被称为数字图像库。其图像的内容、分辨率一般归类存放，供客户选择。光盘图像的内容繁多，有花、草、动物、建筑物、风景等，可作为各种创作的素材使用。

网上图片是从网络上下载下来的图片，如图 2-19 所示。常见网上图片的分辨率为 72dpi，像此类图片不能直接用作印刷复制。网上图片要作为印刷复制的原稿，必须检查图片的分辨率，分辨率要达到 300dpi 以上。

图 2-18　数码照片

图 2-19　网上图片

视频图像是由视频捕获卡从正在播放的动态影像中捕获的数字图像。这种方法既方便又迅速。但图像的质量受到限制，主要是分辨率较低，比较适合于在新闻印刷中使用，也可在电子出版物的制作中应用，不适合于作为高档印刷品的原稿。

知识点 2　电子原稿清晰度的鉴别

对数字图像而言，数字原稿的清晰度、分辨率是衡量其清晰度的重要指标。若仅对数字原稿进行单纯的清晰度评价，可直接根据其分辨率的高低得出结论，分辨率越高，图像越清晰，图像质量就越好。

通过图 2－20（a）、图 2－20（b）可以看出不同分辨率的图像中药片的轮廓对比效果。印刷中需要数字原稿的分辨率通常设为 300dpi，并不是越高越好。

而在实际的应用中数字原稿都要按一定缩放比例进行复制，数字原稿经过不同比例的缩放，复制得到的复制品的分辨率是不相同的。放大倍率越高，其复制品分辨率越低，反之则分辨率越高。因此实际操作中尽可能不要放大处理图像，一定要考虑缩放比例。

图 2－20　不同分辨率的电子原稿

图 2－21　用于分辨细微层次的原稿

图像的清晰程度，通常指人眼对图像的感受，判断图像的清晰度需要人眼去观察。通常图像的清晰度可以通过以下几个方面来判断：

①分辨出图像线条间的区别，观察远处（近实远虚）的点的分辨率或者细微层次的精细程度。如图 2－21 所示，远处山脉轮廓清晰。

②确认线条边缘轮廓是否清晰，图像边界的虚实程度，边界密度变化大就是虚，边界密度变化小就是实。边界密度变化小的图像清晰。如图 2－22 所示，木纹和线条清晰可见。

③观察图像的明暗层次间，尤其是细部的明暗对比或细微反差是否大，即图像相邻点之间是否有密度差以及密度差的大小，图像相邻两点之间的差别越大图像就越清晰。如图 2－23 所示近处的荷花与远处的荷叶遥相呼应，对比明显、突出花朵。

图2－22 用于辨别轮廓虚实的原稿

图 2－23 用于辨别明暗层次的原稿

知识点 3 电子原稿图像层次的鉴别

1. 图像层次

原稿的层次是指图像上从最亮到最暗部分的密度分级，级数越多，其层次越丰富。

原稿图像分为三个层次范围：高光调、中间调和暗调。

正常阶调是指整个画面既不偏亮也不偏暗，高、中、暗调层次均有，而且中间调居多，密度变化级数多，层次丰富。中间调占面积 50%～60%。如图 2－24 所示。

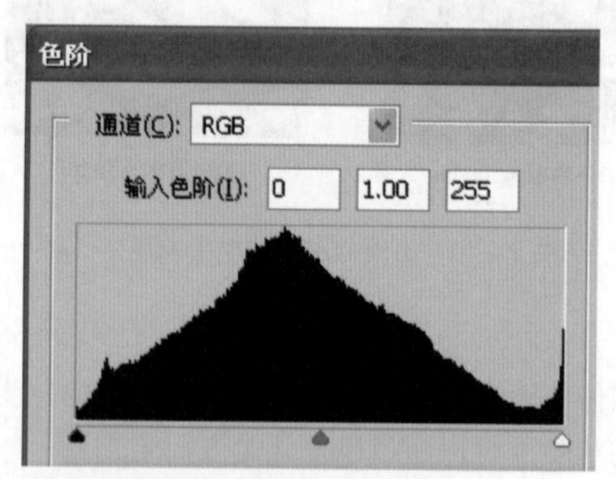

图 2－24 正常阶调原稿的色阶示意图

亮调原稿是指画面大部分是高调，暗调很少。高、中调所占面积在 60%～80%。如图 2－25 所示。

暗调原稿画面是以暗调为主。中、暗调占画面 60%～80%。如图 2－26 所示。

2. 图像层次的鉴别

数字原稿的层次效果可以通过其灰度直方图来评价。灰度直方图反映的是一幅数字图像中各灰度级像素出现的频率。由灰度直方图可判断数字图像各部分层次段的分布状况。若灰度直方图没有大起大落的波峰和波谷，则整幅图像的层次分布较均匀、丰富。

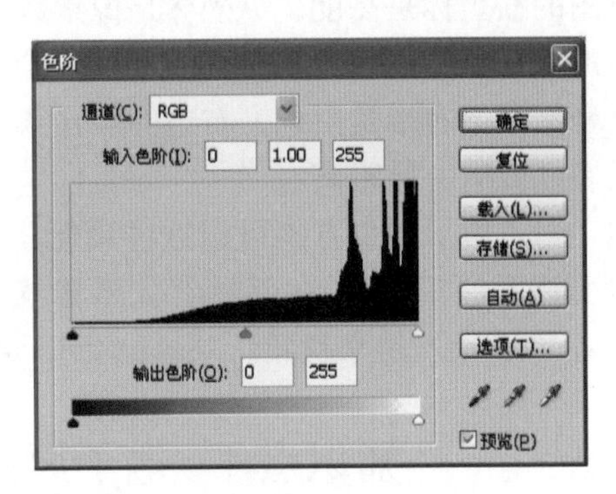

图 2－25 亮调原稿的色阶示意图

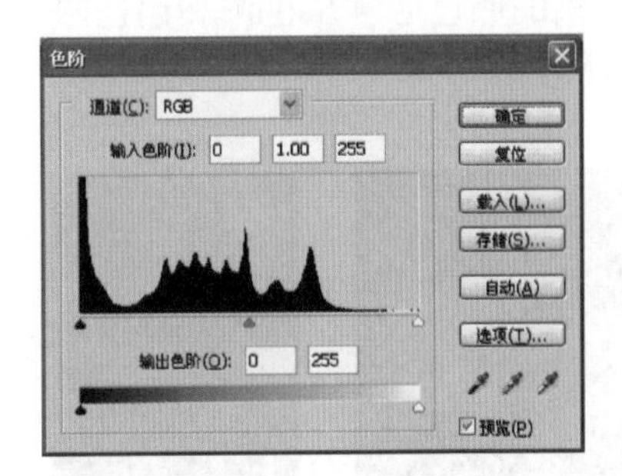

图 2－26 暗调原稿的色阶示意图

若灰度直方图中出现大面积的波谷，则图像中对应波谷的灰度级的层次较少，出现不连续的效果；若灰度直方图中出现大面积的波峰，则图像以对应波峰的灰度级的层次为主。

利用灰度直方图还可判断一幅数字图像的层次范围是否合理。灰度直方图说明图像用全部可能的灰度级表现了图像层次的变化。如果一幅灰度直方图表明图像灰度的变化范围在50～200，那么原景物中亮调（0～49）和暗调（201～255）的层次都被损失了，这些信息是无法被重新恢复的；而有些灰度直方图表明图像用超出了正常的0～255的亮度范围来表现原景物的亮度的变化，那么经复制后图像对应亮度低于0或高于255的密度层次都将分别被归为0或255，也就是说图像的这部分高调和暗调层次将被损失掉。如图2－27所示。

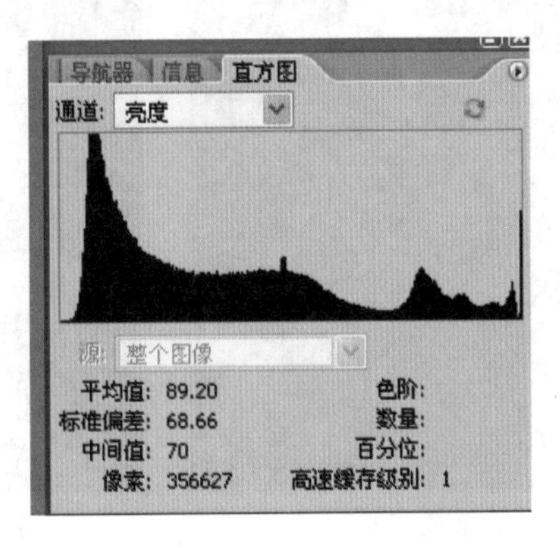

图 2－27 图像的灰度直方图

直方图的横坐标是亮度，纵坐标是像素数，从左向右亮度增加，整个坐标系的左端是黑色，左边的“山脚”是图像的黑场，黑场不够黑时，“山脚”与坐标系的左端就有一段距离；整个坐标系的右端是白色，右边的“山脚”是图像的白场，白场不够白时，“山脚”与坐标系的右端就有一段距离。

如图 2－27 所示的直方图可以这样理解：从左往右看，黑场达到了纯黑（左边的“山脚”达到坐标系的左端），在暗调有大量像素（出现最高的“山峰”），往中间调和亮调，像素减少（“山峰”越来越低），白场达到了纯白（右边的“山脚”到达坐标系右端）。

知识点 4　电子原稿图像色彩的鉴别

衡量一幅原稿图像的优劣，除了层次和清晰度之外，颜色也是一个很重要的技术指标。一幅图像原稿的颜色通常从色调和偏色两个角度来评价。

1. 冷暖色彩

(a)暖色调原稿

(b)冷色调原稿

图 2－28　不同主色调的原稿

原稿的色彩多种多样的，但是画面的主色调通常不是属于暖色调（黄、橙、红色等），就是属于冷色调（青、蓝、紫色等）。绿色为中性色调，不给人以冷暖感觉。但是，如果绿色偏黄的黄绿色则倾向暖色调，而偏青的翠绿色则倾向冷色调。由此可见，中性色调是很少的。原稿的冷暖色调分析对确定以后印刷的色序十分重要。如图 2－28 所示，图（a）整个画面以黄色调为主，画面的主色调为暖色调，而图（b）整个画面以蓝色为主，画面的主色调为冷色调。

2. 原稿的偏色

在拍摄时因环境或光线的限制，经镜头获得的影像，多数都带有偏色。还有因拍摄彩色反转片过程中曝光不正确，显影、冲洗等技术没有掌握好等，都会造成原稿偏色。如图 2－29 的（a）为正常的效果，但原稿偏色通常有整体偏色［如图 2－29（b）］、暗调偏色［如图 2－29（c）］、高调偏色和高低调各偏不同的颜色（即交叉偏色）等情况。

(a)正常原稿

(b)整体偏青色原稿

(c)暗调偏红色的原稿

图 2－29　偏色原稿

图像偏色一般通过眼睛观察或在 Photoshop 中通过信息调板工具测量图像中某点的颜色值来判别。

（1）眼睛观察

一般先观察图像的亮调部分，因为人眼对较亮部分的色偏较为敏感；其次看图像的黑、白、灰构成的中性灰区域，这部分对颜色最敏感；第三是观察一些常见颜色，例如人的肤色，看看是否符合心理所希望的颜色；最后看图像中重要的记忆色，例如风景色，看其是否符合真实色彩。

（2）信息调板工具测量图像中的颜色值

在 Photoshop 中用吸管工具和信息调板工具分别测量显示数字图像中颜色值，如果本应是中性灰的区域，其值却不是灰平衡的值，则说明图像发生了色偏，根据灰平衡的比例来判断哪种颜色多了，哪种颜色少了。

任务一　电子原稿层次鉴别

• 任务背景

现有一些数字原稿，需要知道哪些数字原稿能够用于印刷。

• 任务要求

能够正确判别数字原稿的层次，区别各种数字原稿是否符合印刷要求。

• 任务分析

数字原稿的层次可以在直方图中鉴别，通常可以看到的问题有：

亮：黑场不够黑。

暗：白场不够白。

闷：反差不足，常常是黑场和白场均不足。

崭：亮调失去层次感，一片白。

焦：暗调失去层次感，糊版。

• 重点、难点：鉴别使用直方图

1. 原稿

准备多张如图 2－30 所示的质量不足的原稿，包括过亮、过暗、过闷、过崭、过焦等。

2. 鉴别

任务要求：分析上述六种原稿质量有何问题。将检测分析情况填入表 2－4。

(a)　(b)　(c)　(d)　(e)　(f)

图 2－30　层次不足的电子原稿

表 2-4　　层次不足的原稿检测统计表

原稿编号	层次不足类型	直方图检测情况	原稿编号	层次不足类型	直方图检测情况
(a)			(d)		
(b)			(e)		
(c)			(f)		

提示：用 Photoshop 打开上述原稿，采用直方图检查。

任务二　电子原稿清晰度、色彩鉴别

- 任务背景

现有一些数字原稿，需要知道哪些数字原稿能够用于印刷。

- 任务要求

能够正确判别数字原稿的清晰度和色彩，区别各种数字原稿是否符合印刷要求。

- 任务分析

数字原稿的清晰度可以通过目测的方法进行鉴别；色彩可以通过目测或借助 Photoshop 信息调板和吸管工具进行鉴别。

- 重点、难点

偏色的鉴别。

1. 原稿

准备多张如图 2-31 所示的有偏色或清晰度不佳的原稿。

(a)　(b)　(c)　(d)　(e)　(f)

图 2-31　有偏色或清晰度不够的原稿

2. 方法

①使用目测鉴别清晰度。

②使用目测或借助 Photoshop 信息调板和吸管工具鉴别原稿颜色，将其结果填入表2－5。

表2－5　　原稿偏色和清晰度检查结果

原稿编号	偏色情况	清晰度情况	原稿编号	偏色情况	清晰度情况
(a)			(d)		
(b)			(e)		
(c)			(f)		

项目四　原稿的修复

通过对各类原稿的鉴别，对于非适用原稿必须经过大量修正和加工后才能用于印刷复制。传统原稿需通过扫描仪或数码相机两种手段将图像信息转换成计算机能够处理的数字信息。输入计算机的数字信息通常通过专业的图像处理软件，如 Photoshop，进行图像处理。图像调节主要是调节图像的层次、色彩、清晰度、反差。

层次是从亮调到暗调之间的密度等级，为图像中视觉可分辨的密度级次，层次数目多少决定画面上色彩的变化，它是组成阶调的基本单元。层次调节就是调节图像的高调、中间调、暗调之间的关系，使图像层次分明。色彩调节主要是纠正图像的偏色，使颜色与原稿保持一致或追求特殊设计效果对色彩的调节。清晰度调节主要是调节图像的细节，以使图像在视觉上更清晰。反差就是调节图像的对比度。

知识点

知识点1　层次的调整

1. 层次调整

由于印刷复制图像的缺陷，印刷图像的反差一般在1.8左右，而2.0以上高密度反差范围的原稿，就必须在复制时做密度范围的压缩，图像在复制的过程中，必须随着密度范围的压缩，对各层次加以重新调整。在图像复制中，一般将原稿白场与黑场之间的层次分为三大段，即高调、中间调和暗调。图2－32所示为层次曲线，可以看出，原稿上的三大段层次与样图上的三大段层次相对应，层次调整就是分别对图像的三大段层次做非线性调整，（a）图对暗调压缩较多，（b）图对亮调压缩较多。

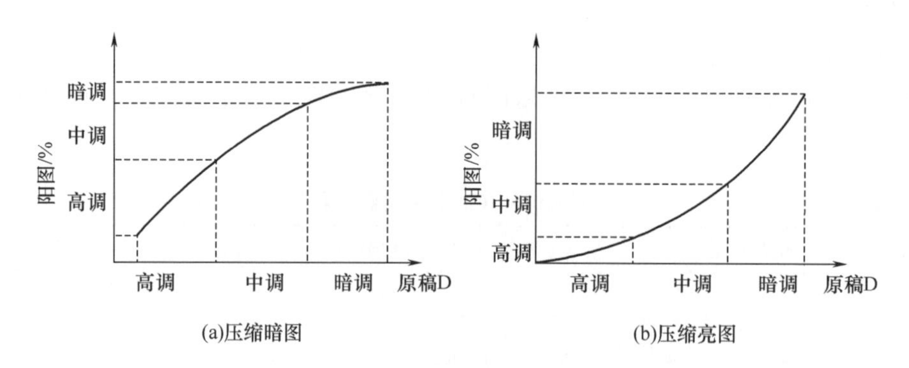

(a)压缩暗图　　(b)压缩亮图

图 2－32　层次曲线

2. 层次调整方法

（1）色阶（自动色阶）

在 Photoshop 中，色阶是图像阶调调节工具，它主要用于调节图像的主通道以及各分色通道的阶调层次分布。

①确定黑、白场。在 Photoshop 中可以针对扫描后的图像或数字图像，重新进行黑/白场定标，从而调整图像的阶调层次。这里所说的黑白场并不是画面中无网点的最白点及实地黑，而是可印刷的有层次的最亮点及最暗点，即要选择图像中真正可用的亮部与暗部，这样才能保证图像的细部可以被表现出来。如图 2－33 所示，选择不同的白场，对图像层次再现的影响。

(a)原图

(b)白场选择A点　　(c)白场选择B点

图 2－33　设置不同白场对图像层次再现的影响

在 Photoshop 中进行黑、白场定标，通常有两种方法：一种是通过色阶对话框设置，如图 2－34 所示；另一种是通过曲线设置，如图 2－35 所示。

黑场的确定应选择图像中的黑色位置，且选择的点应有足够的密度。

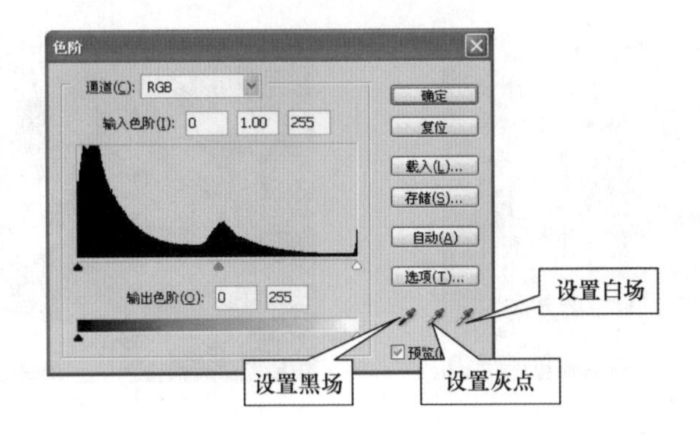

图 2－34　采用色阶设定黑白场示意图

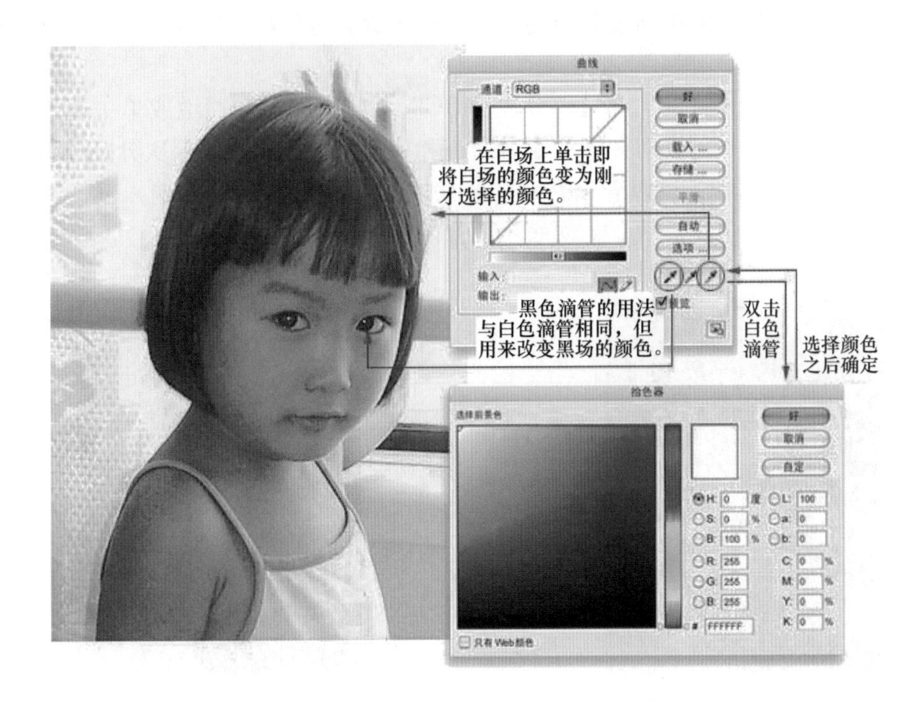

图 2－35　采用曲线设定黑白场示意图

问题在于，滴管应该点在什么地方呢？换句话说，图像中的白场和黑场在哪里呢？Photoshop 有一种办法可以精确地给白场和黑场定位。

在“图像 > 调整”菜单下执行“阈值”，在相应的对话框中将滑块拉到最左边，图像整个变白，再慢慢把滑块往回拉，画面中首先变黑的点就是黑场所在；将滑块拉到最右边，图像整个变黑，再慢慢把滑块往回拉，画面中首先变白的点就是白场所在。此时使用“Shift 键＋吸管工具”取样黑场或白场，双击色阶或曲线工具中的黑场或白场吸管，输入黑场或白场值，然后使用黑场或白场吸管点击取样的黑场或白场，并在“色阶”或“曲线”工具中将取样点的值调整为黑场或白场吸管中输入的数值。

图 2－36 曝光过度，暗调不足，需重新设置黑场。图 2－37 所示为重新选择较暗的点设置黑场后的效果。

图2－36　曝光过度原稿

图2－37　曝光过度原稿重新设定黑场后效果

图2－38曝光不足，需重新设置白场。图2－39所示为重新选择较亮的点设置白场后的效果。

②通过滑块调节图像阶调。通道部分包括RGB或CMYK混合通道或单一通道的色彩信息通道的选择，色阶工具可以对图像的混合通道和单个通道的颜色和层次分别进行调节。

在“色阶”对话框中，可以看出在输入色阶文本框中包含色阶值输入框，其分别对应着黑色、灰色和白色三角形滑块，依次表示图像的暗调、中间调和亮调。

图2－38　曝光不足原稿

图2－39　曝光不足原稿重新设定白场后效果

在实际应用中，色阶工具一般主要是对图像的明暗层次进行改变与调整，虽然其具备纠正颜色的偏色功能，但其在调整过程中有时效率并不高。

（2）亮度/对比度

使用“亮度/对比度”命令，可以对图像的阶调范围进行简单的调整。执行“图像 > 调整 > 亮度对比度”命令，打开“亮度/对比度”对话框。将亮度滑块向右移动会增加色调值并扩展图像的高光，而将亮度滑块向左移动会减少色调值并扩展图像的阴影。

（3）曲线调节

“曲线”命令与“色阶”命令类似，但曲线调节与色阶调节相比，曲线调节允许调整图像的整个色调范围，并且其调节色调层次比色阶功能更强、更直观，调节图像偏色比色阶更方便。在选择两种工具对图像进行调节时，建议如果仅仅是涉及到高光及暗调的时候及调节图像黑场白场时，采用“色阶”命令。细致调节时使用“曲线”命令。“曲线”不是只使用3个变量（高光、暗调、中间调）进行调整，而是可以调整0~255范围内的任意点。也可以使用“曲线”对图像中的个别颜色通道的某一段范围内的色彩进行精确的调整。曲线在实际工作中是非常有用的、高效的色彩调整工具。

不同的阶调曲线如图2-40，对图像调整效果是不同的。

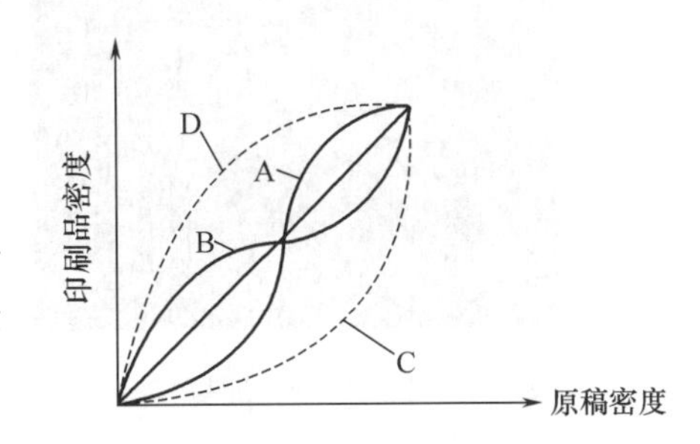

图2-40　不同的阶调曲线

曲线A：亮调和暗调压缩，中间调拉伸，适用于密度反差较小的原稿。如图2-41所示原稿，亮调不够亮，暗调不够暗，图像反差小。利用曲线A进行调整，如图2-42所示。

曲线B：亮调和暗调拉伸，中间调压缩，适用于画面偏闷，高光层次比较平的原稿。如图2-43所示原稿，亮调太亮，缺乏层次。利用曲线B进行调整，如图2-44所示。

曲线C：亮调和中间调压缩，暗调拉伸，适用暗调面积较大，画面偏闷，需要把暗调层次拉开的原稿。如图2-45所示的原稿，暗调偏暗，层次丢失。利用曲线C进行调整，如图2-46所示。

图2-41　原稿

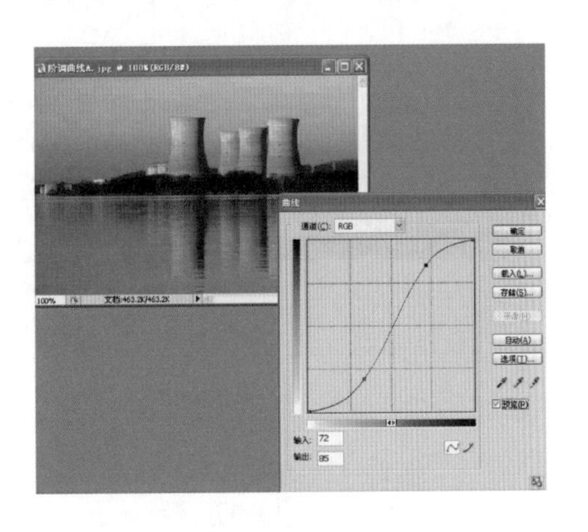

图2-42　利用曲线A调整后效果

图2-43　原稿

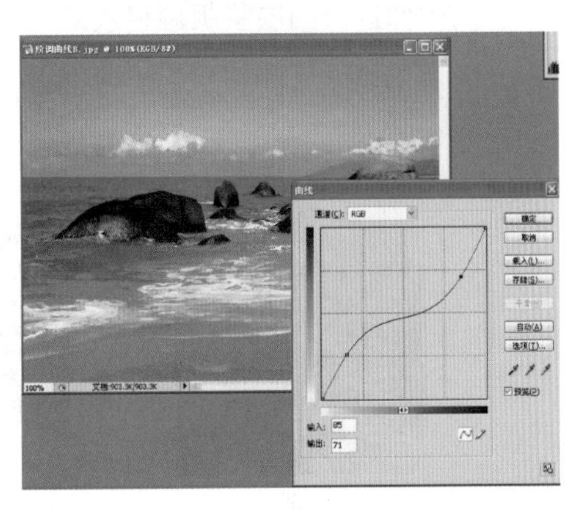

图2-44　利用曲线B调整后效果

图 2-45　原稿

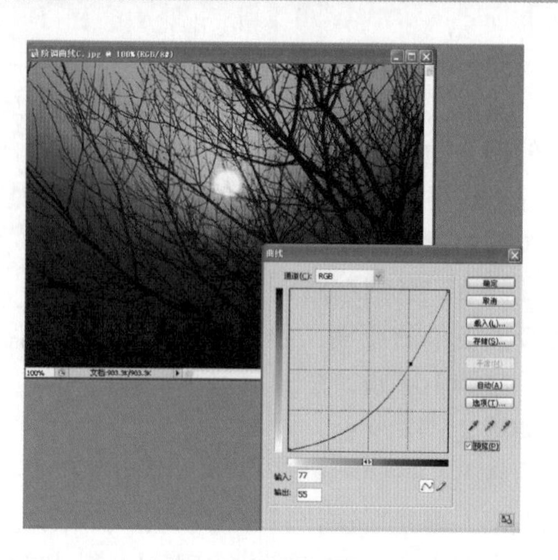

图 2-46　利用曲线 C 调整后效果

曲线 D：亮调和中间调拉伸，暗调压缩，适用于暗调面积小，需要强调亮调层次的原稿。如图 2-47 所示原稿，亮调偏亮，层次丢失，暗调面积小。利用曲线 D 进行调整，如图 2-48 所示。

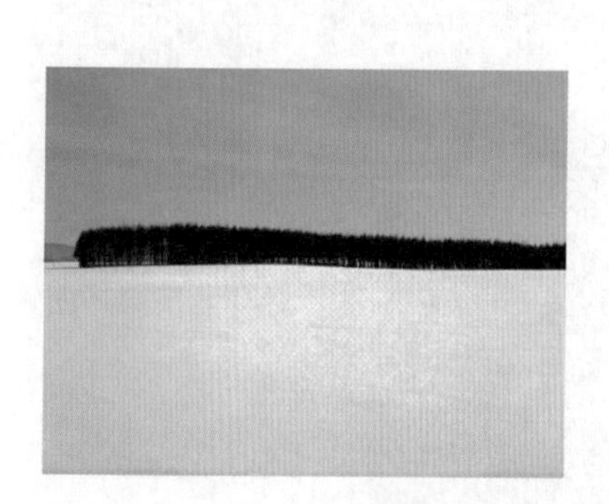

图 2-47　原稿

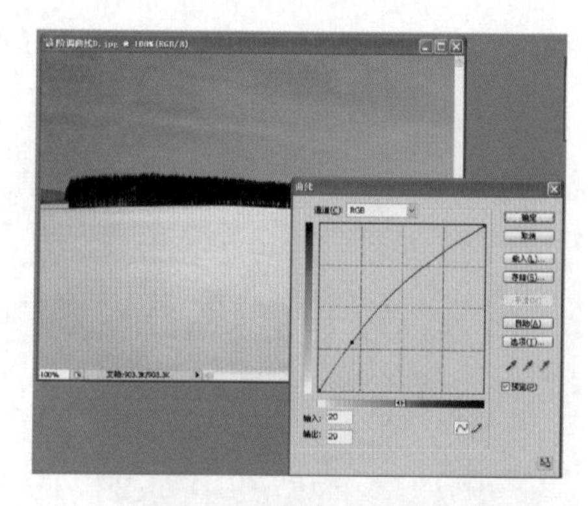

图 2-48　利用曲线 D 调整后效果

（4）通过图层蒙版（或调整图层）和图层混合模式来精确调整或局部调整。将如图 2-49（a）的图像进行图层蒙版调整效果如图 2-49（b）所示。

(a)原稿

(b)调整效果图

图 2-49　利用图层蒙版调节图像示意图

(5) 调节阴影和高光

如图 2－50 所示原稿，暗调太多，反差过大。像这类原稿，可以在 Photoshop 中，使用“图像＞调整＞阴影/高光”进行调整，如图 2－51 所示。

图 2－50　反差过大的原稿

图 2－51　图像进行阴影和高光调节示意图

知识点 2　色彩的调整

图像复制过程中，有很多因素会导致图像颜色再现的误差，而且有很多因素是不可避免的，但是这些因素所导致的色误差基本是一致的，即基本色不足，相反色过量。因此校色一般都是要提高各色版基本色色量，降低相反色色量。

1. 曲线调整

“曲线”对图像偏色的调节，一般通过对某一通道产生作用来纠正偏色。在“曲线”话框的通道选项中，选择某一通道进行调整即可。

2. 自动颜色

利用“自动颜色”命令可以快速地对图像的整体色彩进行简单调整。单击 Photoshop 菜单中“图像/调整/自动颜色”命令，即可对图像进行自动颜色调整。

3. 色彩平衡调节

色彩平衡调节主要用来调节颜色平衡，可以分别对图像的暗调、中间调、高光进行调节。色彩平衡工具在调节某一种颜色时，会对其他颜色产生影响，而且也会对图像的层次带来不可预料的变化，所以色彩平衡一般只用来对颜色进行调节幅度不大的调整。一般建议少用为佳。

4. 色相/饱和度

根据颜色的属性（色相、亮度、饱和度）来对图像进行调节。单击菜单中“图像/调整/色相饱和度”命令，弹出“色相/饱和度”对话框。它可对图像的所有颜色或指定的 C、M、Y、K、R、G、B 进行调节。对特定颜色的色相、亮度、饱和度属性的改变作用很大。该工具按颜色作为调节对象，对某一颜色调整时，不影响其他颜色，有较强的选择性与针对性，是对图像进行色彩调整时的主要工具。

5. 可选颜色

“可选颜色”用于在图像中的每个主要原色成分中更改印刷色的数量。可以有选择地修改任何主要颜色中的印刷色数量，是另一种校色方法，它针对性更强，可以针对图像的某个色系选择颜色调整，其最大优点在于对其他颜色几乎没有影响，所以在调节图片偏色时非常有用，是常用的校色工具。

6. 替换颜色

使用“替换颜色”命令，可以对图像中的特定颜色进行替换，可以设置选定区域的色相、饱和度和亮度，或者，可以使用拾色器来选择替换颜色。

7. 变化

该命令可以调整“暗调”、“中间调”、“高光”、“饱和度”，可以直观改变图像的色相和色调。

知识点3 图像清晰度调节

Photoshop 软件除了在图像的色彩、阶调等方面对图像能进行较好的调节外，对于设计师来说，最常用到的就是对图像清晰度的调节。图像清晰度的调节主要包括两个方面，一个是图像清晰度的强调；另一个是图像的去噪。

（1）图像的去噪

对印刷品进行扫描时，要对原稿进行去网处理，通过去网消除图像上的网纹，这个过程实际上是通过图像虚化的方式实现的，去噪就是消除和减少印刷品经扫描后产生的网纹。

①单击菜单中“滤镜/杂色/去斑”命令，可以完成图像的去噪。但是“去斑”命令没有可调节的参数，只能按一个值整体去除，所以功能较弱。

②单击菜单中“滤镜”/“杂色”/“蒙尘和划痕”命令。“蒙尘和划痕”命令调节图像既能去除图像的噪音又能保持图像的清晰度。

③利用通道去除噪声。利用通道去除噪声是获得较好去噪效果的一种有效方式。尤其是对图像各通道噪声不一致的图像效果更好。通过这种通道的分别处理，可保证没有噪声通道的清晰度，也就保证了整个图像的清晰度。

（2）图像清晰度调节

并不是所有的图像清晰度都符合要求，尤其是扫描后的图像。对于清晰度不高的图像则需要在图像软件中进行调整。

图2－52 Photoshop 中锐化功能

在 Photoshop 软件中调节图像清晰度的方式有以下几种：USM 锐化、智能锐化、进一步锐化、锐化、锐化边缘。如图2－52所示。

（3）高反差保留结合图层叠加调节图像清晰度

高反差保留滤镜移去图像中的低频细节，在有强烈颜色转变发生的地方按指定的半径保留边缘细节，并且不显示图像的其余部分，在对话框中可以设置半径参数。

以图2－53为例，学习如何应用高反差保留和图层叠加的功能调节图像清晰度。

步骤 1：复制背景图层；

步骤 2：打开“滤镜 > 其他 > 高反差保留”，调整半径值，如图 2－54 所示；

步骤 3：将复制的图层属性改为“叠加”。调整后的效果如图 2－55 所示。

（4）利用色阶调整清晰度

对于灰蒙蒙的图像，可以通过色阶工具拉大反差的功能提高图像的清晰度。如图 2－56 所示。

图2－53　用于调节清晰度的原稿

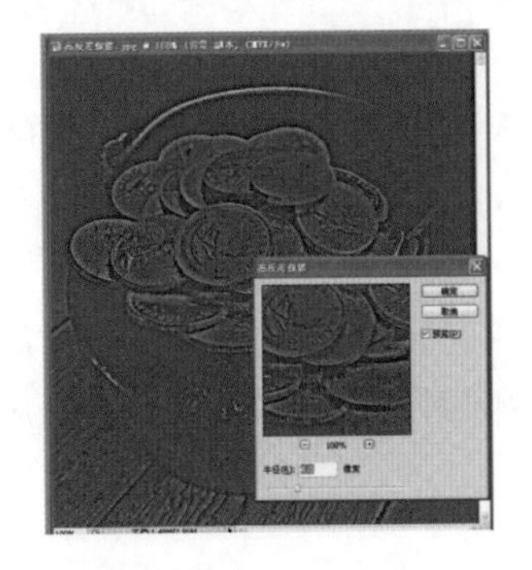

图 2－54　Photoshop 中高反差保留

图 2－55　清晰度调整后的效果

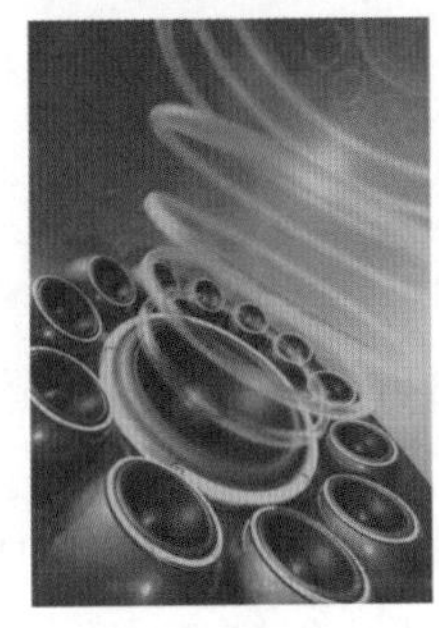

(a)原稿

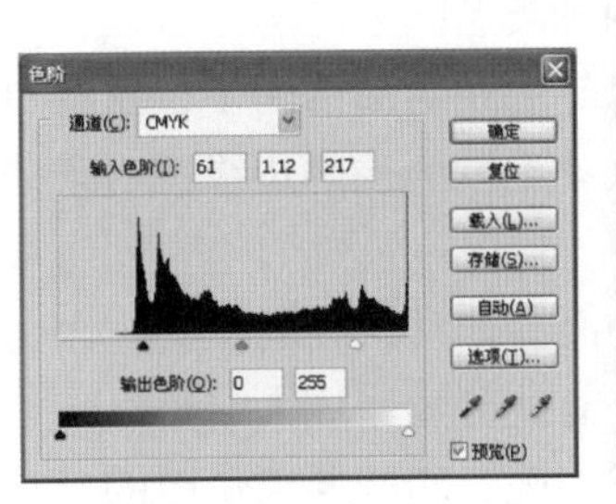

(b)色阶调节参数选框

(c)调节后效果

图 2－56　在 Photoshop 中得用色阶调节图像清晰度

（5）利用曲线调节清晰度

同样，对于灰蒙蒙的图像，可以通过曲线工具拉大反差的功能提高图像的清晰度。如图 2－57 所示。

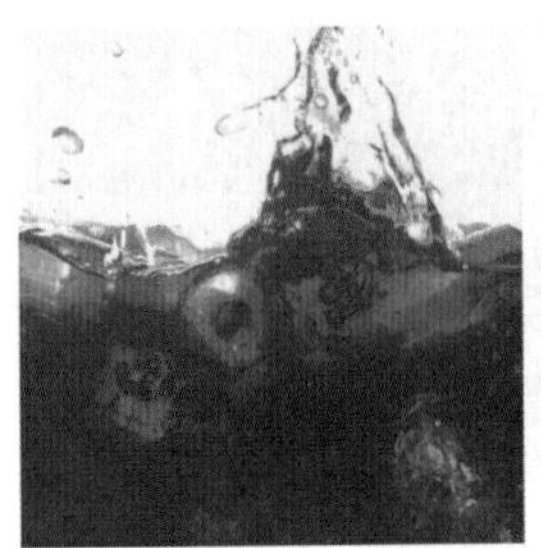

(a)原稿

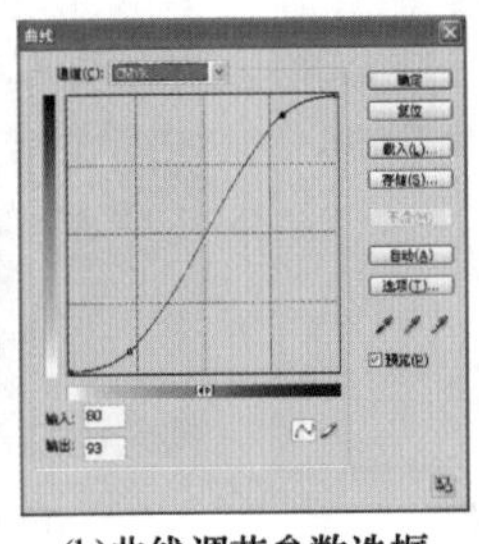

(b)曲线调节参数选框

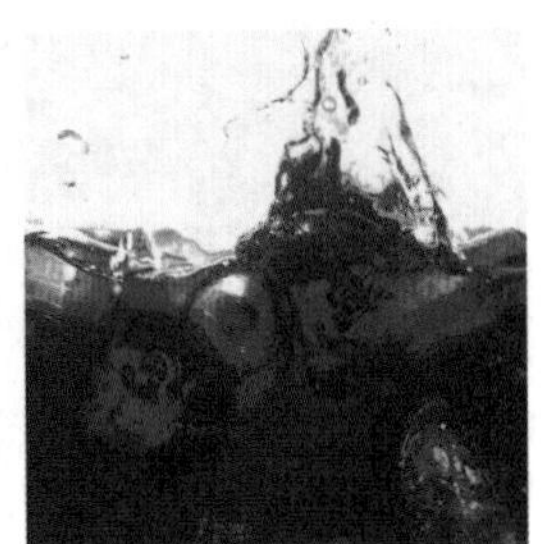

(c)调节后效果

图 2－57　在 Phototshop 利用曲线调节图像清晰度示意图

知识点4　修　　图

印前图像处理除上述所介绍的以色彩、层次、清晰度的调节包括画面的除脏、调整角度、褪底、图像尺寸调整、分色、加网等，通过这些操作使原稿变成符合印刷要求、能够用来制版的文件。

（1）除脏

原稿自身所带的或经过扫描混入的脏点，要经过图像处理软件的印章、修复画笔、橡皮擦等工具进行修脏处理。

（2）调整角度

如果图像扫描后歪了，要将图像旋转使其变正，如何才能保证图像旋转的角度恰好呢？在Photoshop中，使用度量工具测量倾斜角度，执行“图像/旋转画布/任意角度”命令，旋转角度。

（3）褪底

又称去除背景或抠像。在Photoshop软件中常用的工具有矩形选区工具、椭圆选区，魔术棒、套索工具、钢笔工具等。常用的方法包括利用蒙版、通道褪底。

通常褪底的对象主要包括两种类型。

①硬边物体。即对象的边缘轮廓相对简洁明了，这些对象以日用工业品为主。

②绒边物体。即以动物及人物毛发为主的边缘相对琐碎的对象。

（4）图像尺寸调整

图像尺寸调整在实际工作中有着非常重要的意义。因为不可能每个图像都是恰好适合于印刷使用，有些尺寸或大或小，有些分辨率或大或小。

如何根据印刷要求控制分辨率呢？印刷要求位图的分辨率不低于300dpi，但有时原稿的分辨率太低（比如从网上下载的图像）或太高（比如扫描反转片得到的图像，在印前是没有必要的），就要改变分辨率。在改变分辨率的时候，还要尽量保证画质不降低。

第一步：固定像素数量，改变分辨率。取消图像大小对话框中的“重定图像像素”，将分辨率的大小更改为300像素/in，调节过程如图2－58（a）所示；

第二步：固定分辨率，改变打印尺寸。将图像大小对话框中的“缩放样式”、“约束比例”、“重定图像像素”三个选项全部选中，然后更改文档大小的“宽度”或“高度”值，调节过程如图2－58（b）所示。

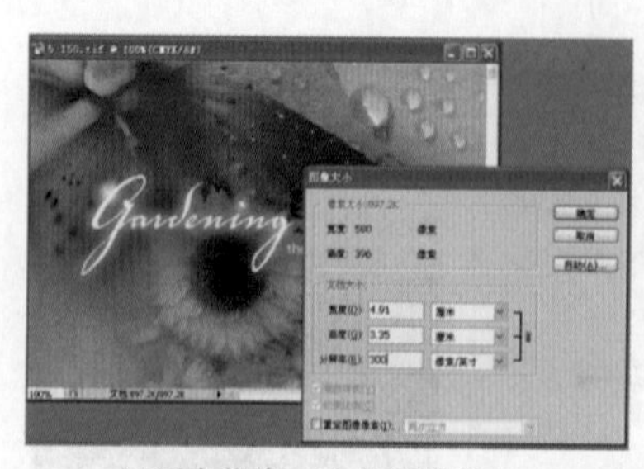

(a)固定像素，改变分辨率

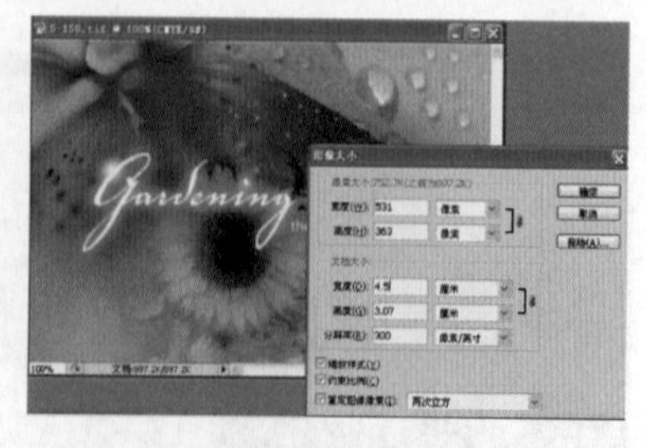

(b)固定分辨率，改变尺寸

图2－58　图像尺寸调整

任务一 调整图像阶调

- 任务背景

现有一些数字原稿的阶调有问题，需要重新调整图像的阶调，使其适于印刷。

- 任务要求

能够正确判别原稿的阶调分布，并能够使用重新设置黑白场的方法进行调整。

- 任务分析

原稿的阶调分布可以通过直方图进行检查，黑白场问题在直方图中一目了然，可以利用阈值的方法找到图像中的黑白场并重新设置。

- 重点、难点

设置黑白场。

一、白场问题

（1）原稿

提供如图 2－59 所示的类似原稿。要求处理后达到如图 2－60 所示的效果。

图2－59 白场设定不正确的原稿

图 2－60 白场设定正确的原稿

（2）分析

在 Photoshop 中检查原稿的直方图发现，坐标系右边空白过多，说明原稿白场不足，需重新设置原稿的白场。

（3）提示

使用 Photoshop 中的“图像/调整/阈值”菜单，寻找原稿中的白场，并取样，在色阶工具中将白场吸管的值设置为 C：5%、M：3%、Y：3%、K：0，使用白场吸管单击取样点，然后利用色阶、曲线等工具调整取样点的值为 C：5%、M：3%、Y：3%、K：0。调整结果如图 2－60 所示。

二、黑场问题

（1）原稿

提供如图 2－61 所示的类似原稿。要求处理后达到如图 2－62 所示的效果。

图 2－61　黑场过低的原稿

图 2－62　黑场重新设定后的原稿

（2）分析

在 Photoshop 中检查原稿的直方图发现，坐标系左边空白过多，说明原稿黑场不足，需重新设置原稿的黑场。

（3）提示

使用 Photoshop 中的“图像/调整/阈值”菜单，寻找原稿中的黑场，并取样，在色阶工具中将黑场设置为 C：86%、M：70%、Y：70%、K：70%，使用黑场吸管单击取样点，然后利用色阶、曲线等工具调整取样点的值为 C：86%、M：70%、Y：70%、K：70%。调整结果如图 2－62 所示。

三、照片过亮

（1）原稿

提供如图 2－63 所示的类似原稿。要求处理后达到如图 2－64 所示的效果。

图 2－63　曝光过度的原稿

图 2－64　曝光过度原稿调整后的效果

（2）分析

该原稿在强光下拍摄，照片曝光过度，亮调层次丢失。

（3）提示

在 Photoshop 中使用色阶工具分别调整 RGB 和红、绿、蓝单色通道的色阶值，调整结果如图 2－64 所示。

四、利用曲线调整阶调

（1）原稿

提供如图 2－65 所示的类似原稿。要求处理后达到如图 2－66 所示的效果。

图 2－65 逆光原稿

图 2－66 逆光原稿调整后的效果

（2）分析

此原稿背光拍摄，所以孩子的脸庞偏暗，可用曲线工具进行局部调整。

（3）提示

在 Photoshop 中先使用色阶工具或曲线工具对原稿的整体阶调进行调整，再利用图层蒙版工具对人物的脸部进行局部调整，调整结果如图 2－66 所示。

任务二 调整图像偏色

- 任务背景

现有一些数字原稿的色彩有问题，需要重新调整图像的色彩，使其适于印刷。

- 任务要求

能够正确判别原稿的偏色情况，并能够使用正确的方法进行调整。

- 任务分析

首先用目视的方法或在 Photoshop 中使用吸管和信息面板工具检查原稿的偏色情况，然后通常通过“曲线”、“色彩平衡”、“可选颜色”、“色相/饱和度”等工具进行调整。

- 重点、难点

调整偏色的方法。

一、原稿一

提供如图 2－67 所示的类似原稿。要求处理后达到如图 2－68 所示的效果。

图 2－67　偏色的原稿一

图 2－68　原稿一调整后的效果

（1）分析

原稿是在黄昏时拍摄的，黄昏的环境光线影响了照片的色调，使原稿整体发黄，需要调整色调使图像恢复原色。

（2）提示

在 Photoshop 中使用吸管和信息面板工具检查原稿的灰色区域和人的脸部，检查原稿偏色情况，然后通过“色彩平衡”、“色相/饱和度”、“曲线”等工具进行调整。调整效果如图 2－68 所示。

二、原稿二

提供如图 2－69 所示的类似原稿。要求处理后达到如图 2－70 所示的效果。

图 2－69　偏色的原稿二

图 2－70　调整后的原稿二的效果

（1）分析

原稿本身给人一种很温馨的感觉，但是该照片中的主体物 - 花朵却没能很好地体现。同通过调整其局部的色彩来达到主次分明的效果。在实际应用中需要注意照片整体色调的处理。

（2）提示

在 Photoshop 中使用吸管和信息面板工具检查原稿的白色衣服和花束，检查原稿偏色情况，然后通常通过“色彩平衡”、“色相/饱和度”、“曲线”、“可选颜色” 等工具进行调整，并使用图层蒙版和路径工具对花朵和丝带进行局部色彩调整。调整效果如图 2 - 70 所示。

技能知识点考核

1. 填空题

（1）透射原稿分为________和________。

（2）使用扫描仪扫描印刷品时，扫描过程必须________。

（3）鉴别原稿质量的方法有________和________。

（4）反射原稿包括________、________和________。

（5）数字原稿的层次可以用________来检查。

（6）原稿质量应从________、________、________、________和________五个方面检查。

2. 选择题

（1）原稿通常分（　　）两种。

A. 照片原稿和反射稿　　B. 印刷原稿和透射稿

C. 透射稿和反射稿　　D. 照片原稿和透射稿

（2）在整个印刷过程中，（　　）是最基本的条件，是印刷品的客观依据。

A. 原稿　　B. 印版　　C. 台版　　D. 纸张

（3）底版网点百分比在 70% ~90% 范围的部位叫（　　）。

A. 实地　　B. 暗调　　C. 中间调　　D. 亮调

（4）扫描仪的种类很多，按原稿的介质可分为反射式扫描仪和（　　）扫描仪。

A. 滚筒式　　B. 手持式　　C. 电子式　　D. 透射式

3. 判断题

（1）负片比正片更适合印刷。（　　）

（2）原稿上的密度能够完全复制到印刷品上。（　　）

（3）在复制印刷品时，不需要对其进行扫描去网。（　　）

4. 简答题

（1）原稿的类型分为哪些？

（2）反射原稿的质量要求包括哪些？

（3）透射原稿的质量要求包括哪些？

（4）电子原稿的鉴别内容包括哪些？

（5）对于电子原稿来说，调整原稿的阶调主要有哪些方法？

（6）对于电子原稿来说，调整原稿的色彩主要有哪些方法？

第三单元 原版的质量

在晒版过程中，原版是复制的对象，原版的好坏将直接影响到印版的质量。晒版原版可由照相制版或电子分色制版所得，也可以由激光照排、针式打印、激光打印等方式获得。

能力目标

1. 能正确识别晒版原版类型；
2. 能正确鉴别原版的正反面；
3. 能正确判断原版质量是否符合晒版要求；
4. 能将书页原版拼成大版并检测拼大版的质量。

知识目标

1. 原版的概念及类型；
2. 胶片的结构；
3. 晒版原版的实地密度与灰雾度；
4. 胶片密度检查的方法；
5. 晒版底版质量检测的内容；
6. 拼版的相关知识，如拆页、装订等；
7. 拼版大版质量检测的内容。

学时分配建议

6 学时（授课 3 学时，实践 3 学时）

项目　原版质量的要求与鉴别

知识点

知识点1　原版概念及类别

一、原版（original film for printing down）的概念

原版就是用于晒版的图文底片，也称为胶片（film，俗称菲林）或晒版底版，它是晒版过程中复制的对象，如图3－1所示，它由透光部分、不透光部分和空白部分组成。晒版原版可通过多种方法制得，如DTP系统、激光打印等方式，原版材料可能是感光胶片，也可以是硫酸纸或印字模。

二、原版的种类

原版按其图文的情况分为阴图片和阳图片，制作不同的印版需要不同类型的原版；按其所用材料主要分为胶片、硫酸纸和印字模这三类，最为广泛使用的是胶片即菲林，故本单元重点介绍胶片的知识。

1. 胶片的结构

胶片一般由片基、感光乳剂层、防光晕层和保护层组成。如图3－2所示。

图3－1　原版外观示意图

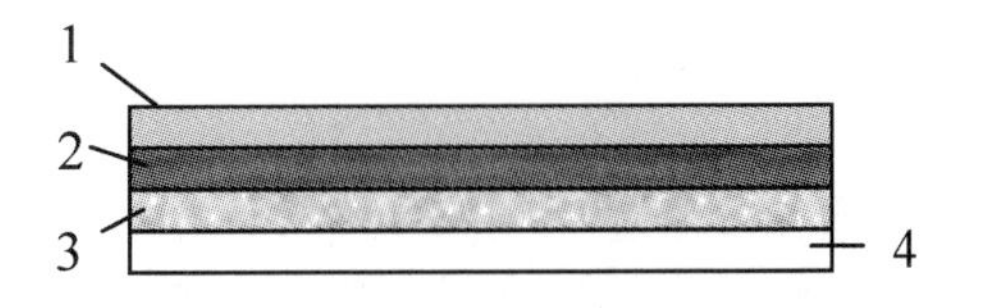

图3－2　胶片的结构

1—保护层　2—感光乳剂层　3—片基　4—防光晕层

片基是胶片的支持体，所有的涂层都涂布于片基之上。现在的胶片片基常用透明的聚酯薄膜，厚度一般为0.1～0.2mm。

感光乳剂层俗称药膜层，它是感光的晶体微粒组成，是胶片的感光化学物质。光化学物质曝光后发生光化学反应改变其结构呈现图像。感光乳剂层含有卤化银及增感剂，卤化银见

光后可分解，形成图文潜影，是曝光后生成影像的主要化学成分，而增感剂主要是促进光反应的速度和完全化。感光乳剂的性能决定了胶片的性能和作用。

保护层涂布在感光层上，避免胶片受到划伤，起保护作用。

防光晕层也称背底层主要是防止曝光光线在片基层产生反射，导致感光乳剂层内卤化银的二次曝光。

2. 胶片的正负性

即胶片是阳图片还是阴图片，空白部分与实地部分分别对应的印刷品的非印刷部位与印刷部位称为阳图片（正片）。也就是胶片的明暗深浅与原稿一致为阳，反之为阴。一般情况下，阳图原版的图文部位多为不透光的高密度的文字、线条或网点，而非图文部位是能够良好透光的低密度的片基。

3. 胶片图文的正反性

也称为胶片的正反像即胶片图文的左右关系，胶片图文的正反性指从乳剂面观察原版，如与原稿一致为正像，反之与原稿成镜向关系则为反像。

4. 胶片药膜面的鉴别

为保证晒版的质量，要求印版的药膜面与胶片的药膜面相对，晒版时只有菲林的药膜方向放置正确，印版与胶片紧密接触，才能保证使版面细小的网点、线条、文字等部位印刷清晰，符合产品印刷质量的要求。常用的鉴别菲林的药膜面的方法有以下几种：

①目测法：在观察光源下将菲林转动一定的角度观察其两面（选择比较深暗处作为观察点），对光反射较强的一面即为背底层，另一面则为药膜面。

②刮试法：用刮笔或刀片在胶片上进行刮试，如能刮出黑色的粉末颗粒的一面即为药膜面。

通常晒制 PS 版所用的胶片是阳图反像；制作网版所用的胶片是阳图正像；制作感光树脂版所出胶片是阴图正像片。

任务一　原版的识别

• 任务背景

现有三套四开的 CMYK 四色分色片，分别是阳图正像片、阳图反像片、阴图正像版，请选择用于晒制阳图型 PS 版的原版。

• 任务要求

要求学生识别菲林的正反性、阴阳性。

• 任务分析

阳图型 PS 版是胶印最常用的印版，胶印是间接印刷，印刷出的产品是阳图正像，故首先要确定适合晒制阳图型 PS 版的分色片的类型，另晒版过程中，印版的药膜面与胶片的药膜面要求相对密合曝光，鉴别出 CMKY 四张分色片的正反像。晒制阳图型的 PS 版原版，正确的原版放在印版表面后，其图像文字与原稿一致，则原版药膜面向下。

• 重点、难点

胶片正反像的鉴别。

• 学习评价

将学生分成多个学习小组（每组最好不超过 5 人），每组准备三套不同的原版，对原版进行辨别，得出最终结论。如表 3－1。

表 3－1　　原版质量鉴别学习过程评价表

组别＼原版	第一套原版		第二套原版		第三套原版		阳图型 PS 版适合的原版	总评
	阳阴	正反	阳阴	正反	阳阴	正反		
一小组								
二小组								
三小组								
……								

知识点 2　原版的质量要求

1. 原版的黑度

即原版的不透光度，用密度表示。

2. 原版的灰雾度

透光部分的阻光度，用密度表示。

3. 原版的检查及要求

原版的质量直接影响和决定着晒版质量，要晒出高质量的印版，必须有高质量的原版做保证。依据生产指令与工艺生产单，对所要晒制的原版从版式、拼组质量、图文质量等方面进行全面检查。

（1）图文质量

主要指图文的密度大小、边缘虚实光洁程度及图文与空白部分的反差对比度三个方面。要求原版图文密度高、边缘光滑结实、虚边小、图文与空白部分的密度反差大。具体指标为：网目调胶片网点中心密度至少大于空白胶片透射密度（片基加灰雾）2.5，实地密度大于3.5以上，空白中心部位的透射密度不能大于大块空白密度0.1，空白部位胶片的透射密度最好不高于0.15，网点边缘宽度不能大于网线宽度的1/40，网点不能有明显开裂。

（2）版式规格

版式规格即版面结构样式与大小尺寸必须与施工单的要求相符，图文的内容、位置正确，方向性、阴阳性等能满足正常晒版、印刷及装订等工艺的要求。图 3－3 为对开大版的版式结构。

（3）拼组质量

如需拼版的原版，其拼组质量主要指原版下各张小幅图（或书页）的拼贴牢固可靠度、胶带粘贴位置、彩色产品中各张单色原版的套合精度等。具体要求：规线齐全，宽度约为0.1mm；各单色版的套合误差小于0.1mm；组合拼贴牢固可靠，在使用过程中不会出现移位或脱落等现象；胶带远离图文7mm以上，且平整、薄而透明。

先检查版面内图片、图形、文字、底纹等各项内容是否齐全，色版色数是否齐备，各色版拼套空位是否准确，图片方向是否正确，粘贴是否牢固，粘胶带是否离图7mm以上。再检查版面的附属内容，如印版套印十字规线、角线、中心线与裁切线，还有色标、控制条等，是否粘贴齐备和准确。进而检查原版图形是否干净，网点与图文的黑度、密度是否符合

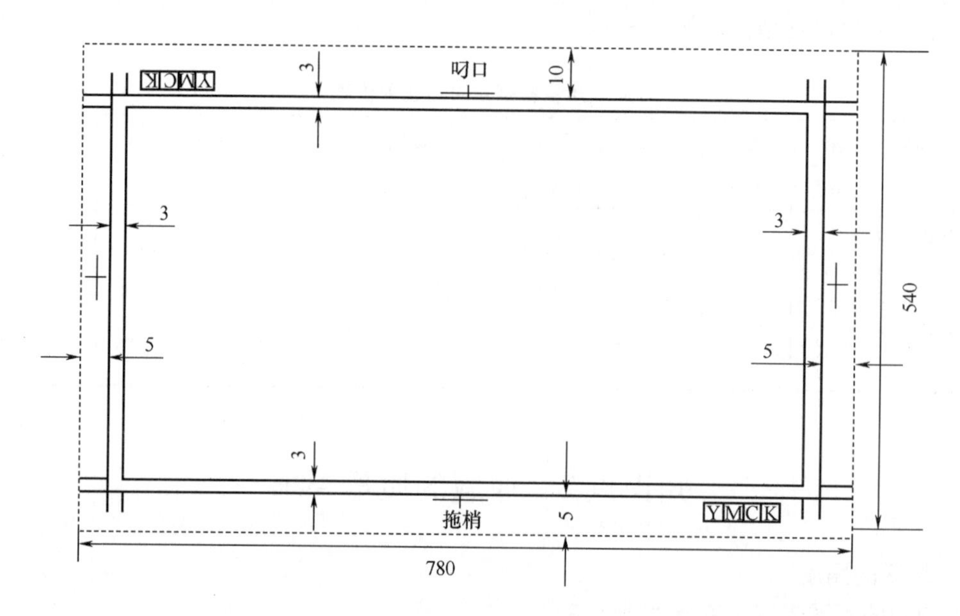

图3－3 对开大版的版式

晒版要求（实地密度在3.5以上）。对不得已而使用的次等质量原版，按照其网点虚实及密度高低，晒版时要作数据调整补救。

4. 检测方法

（1）密度的检测

①仪器测试法：用透射密度计测量胶片的实地块和空白部分的密度。

②目测观察法：一种做法是将胶片对准照明光源，如果透过实地块可以看到光源，则说明实地密度不足；如果透过实地块看不到光源，就说明输出胶片的实地密度达到晒版的要求了；还可采用另一种方法，将输出胶片放置在打开电源的拼版台上，取出一张黑纸放在实地块的下方，移动黑纸，透过灯光如果看不到黑纸的移动，说明胶片的实地密度达到晒版的要求了。

（2）色别

拿到原版首先确定原版数量是否和使用要求的一致，一般包括单色片、四色片、专色片，注意正背套版的原版够不够。

对于多色套版原版还要鉴别其色别，避免有重复和漏片现象。分清每张胶片的颜色。鉴别的方法主要有如下几种：

①色标鉴别法：多色套版的原版带有色标C、M、Y、K，很容易确定；

②对于不带色标的原版，用原版上色块对照彩色原稿上特征色块作对比进行辨认。如原稿中红色块处对应分色片最深暗的原版即是M色版的原版。

（3）网点质量

①网点外观：通常用专业放大镜观测胶片上的网点。网点形状是否符合要求，即网点应该清晰不发虚，边缘圆滑、殷实，无锯齿，无毛刺，无拖尾。

②网点角度：可通过放大镜观察网点角度，也可通过专业的角度测试仪检测网点角度。一般情况下，网线角度应分别为0°、15°、45°、75°，如果有两色版网线角度一致，则会出现龟纹（图3－4）。

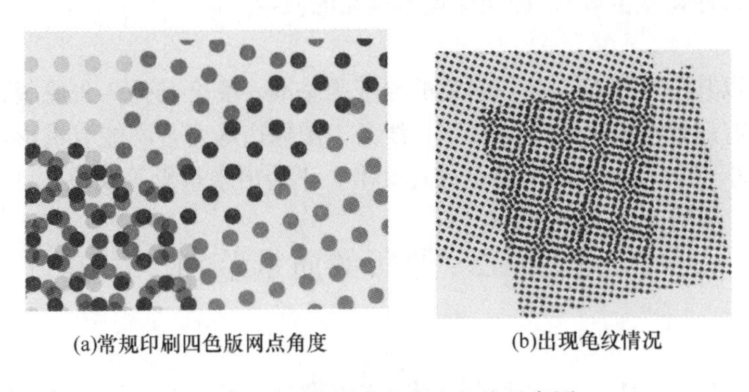

图 3－4 原版网点角度和龟纹示意图

③网点线数：加网线数要适合印刷介质，如果感觉到胶片网线粗糙，应检查输出胶片上的加网线数是否满足印品需要。加网线数的检查可以使用带刻度的放大镜或加网线数测量器、网点测量仪等仪器测试。图 3－5 为加网线数测量器，使用时将加网线数测量器放置于原版上，观察出现干涉条纹处所对应的线数即为加网线数。

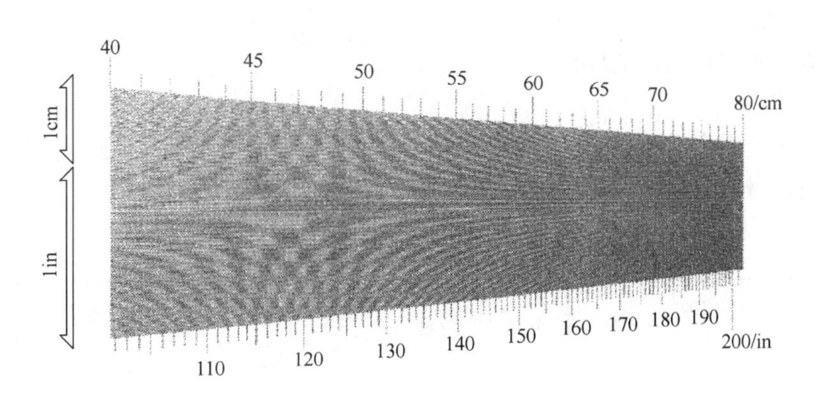

图 3－5 加网线数测量器

④网点大小再现：网点的大小再现能力通常通过原版上的测试条的网点确定。一般要求 98% 大网点不并糊、2% 尖点不丢失。

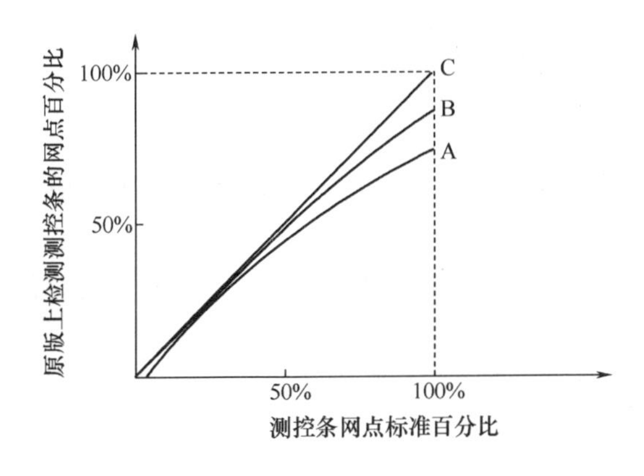

图 3－6 输出原版曲线

（4）输出原版的线性化

即输出设备再现网点的能力，是衡量原版质量的一个重要指标。其实质就是原版中测控条的网点大小与实际测试的网点百分比的对应关系，如图 3－6 所示，以原版测控条上网点大小标准数据为横坐标，以检测的网点百分比为纵坐标，A、B、C 三条输出曲线，C 是一条直线是理想输出，B 比 A 更接近于理想状态，则输出原版的线性化较高。一般应保证软片灰梯尺上的标示数值与测量数值相差≤2 为合格。但由于一般的高精度印刷机都有一定的色彩可调程度，所以我们只要保证其线性化差值≤5，即能保证印刷品的质量。

（5）套准

在拼版台上以其中一张有大面积颜色的原版为基准，套合其他3张原版，在正常粗细的套合线下不允许有超过半线的误差。文字、线条、图像边缘套合不能有重影。要求四色胶片的重复对位误差小于0.1mm，保证四色胶片套准，不会出现重影等现象。

任务二　原版的质量鉴别

- 任务要求

现有一套四开的C、M、Y、K原版，将晒制阳图PS版，要求鉴别该套原版是否达到晒版质量要求。

- 任务分析

这是一套四色的原版，首先要鉴别出原版的色别、观察其外观的清洁度、平整度；其次分别检测各色原版的实地密度、灰雾度、网点角度、输出的线性化；再检测四色版套合的情况。

- 重点、难点：

密度的测试和网点角度的鉴别。

- 学习评价

将学生分成若干个学习小组（每组最好不超过5人），每组准备一套晒版原版，对原版质量进行辨别，得出最终结论。将检测数据填入表3-2。

表3-2　原版质量鉴别学习过程评价表

参数 / 组别	实地密度	灰雾度	外观	色数	网点质量	网点角度	套准	内容检查	过程得分	总分
一组										
二组										
……										

知识点3　拼版相关知识

1. 配贴

按一本书的总页数及顺序，将第一帖至最后一帖，以其顺序配在一起成为一本完整的书。分为：

①叠配：按页码顺序将各书帖平行叠加在一起的配帖方法。铁丝平订、无线胶订的装订方式采用此方法配帖。

②套配：将各个书帖按页码顺序嵌套在一起而成一本书的配帖方法。骑马订的装订方式的书帖采用套配法配帖。

2. 装订方式

常用的装订方式有平订、骑马订等。

①平订：装订时将各个书帖平行叠加在一起的装订方法。如图 3 – 7 所示。

②骑马订：装订时将各个书帖嵌套在一起的装订方法。如图 3 – 8 所示。

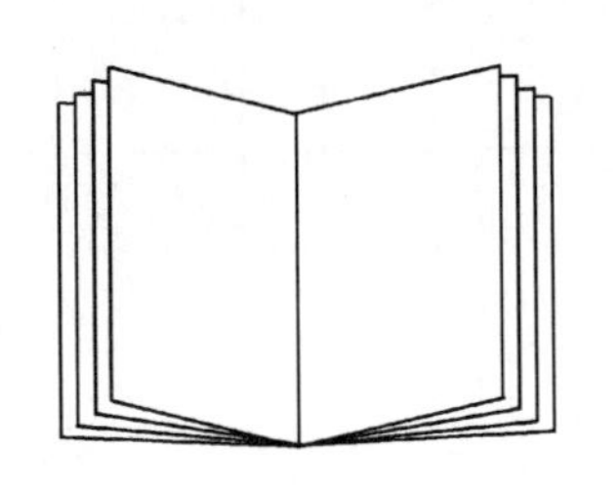

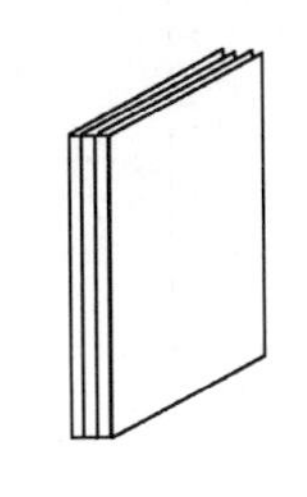

图 3 – 7　平订示意图

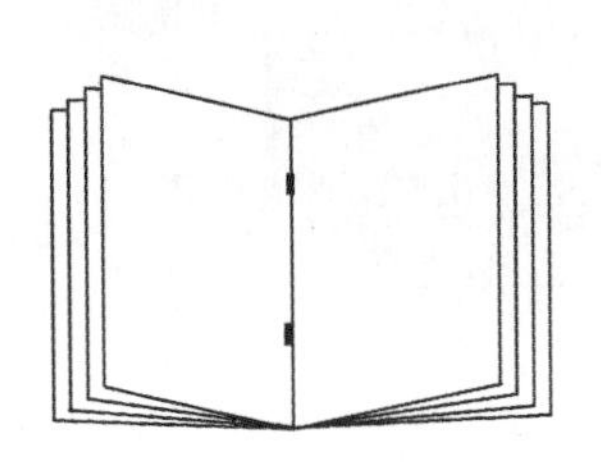

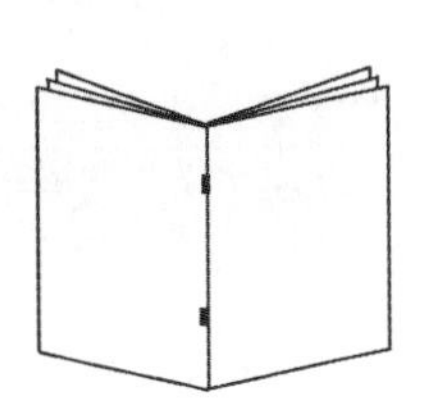

图 3 – 8　骑马订示意图

3. 贴标

位于订口处（或天头处），为防止配页时出错，在第一帖与最后一帖之间所加的矩形标记（或鱼尾标），如图 3 – 9 所示。

4. 双联

在同一帖上经印刷、折页、装订、裁切之后成两本相同的成品的方法，如图 3 – 10（a）所示。

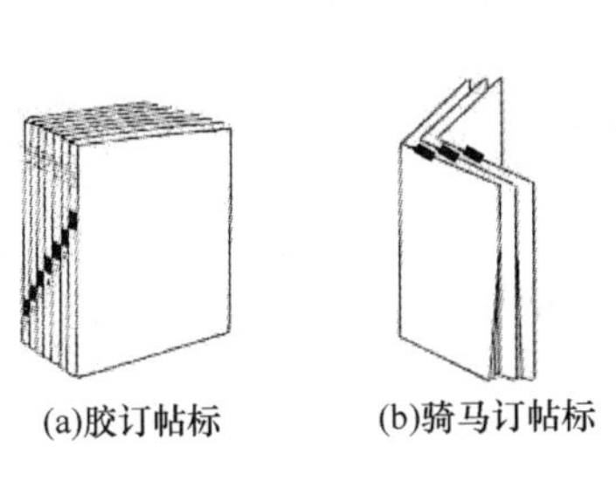

(a)胶订帖标　(b)骑马订帖标

图 3 – 9　帖标示意图

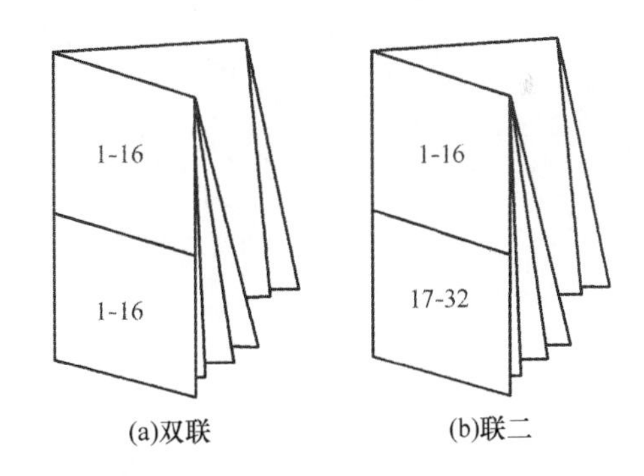

(a)双联　(b)联二

图 3 – 10　双联和联二示意图

5. 联二

在同一帖上经印刷裁切之后成相邻的两帖经配页装订成成品的方法，如图 3 – 10（b）所示。

6. 垂直（侧翻）套版印刷

对同一张纸正背面使用不同印版的双面印刷方式，第一面印刷完后，纸张沿垂直轴翻转到背面再进行第二面印刷。

7. 水平（滚翻）套版印刷

对同一张纸正背面使用不同印版的双面印刷方式，第一面印刷完后，纸张沿水平轴翻转到背面再进行第二面印刷，如图 3 – 11 所示。

8. 自翻版印刷

在同一张纸正背面使用同一块印版进行印刷的方式，翻转方式可以是侧翻也可以是滚翻。图 3 – 12 所示为侧翻的自翻版。

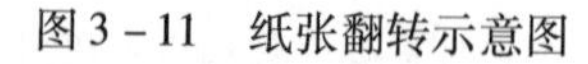

图 3－11　纸张翻转示意图

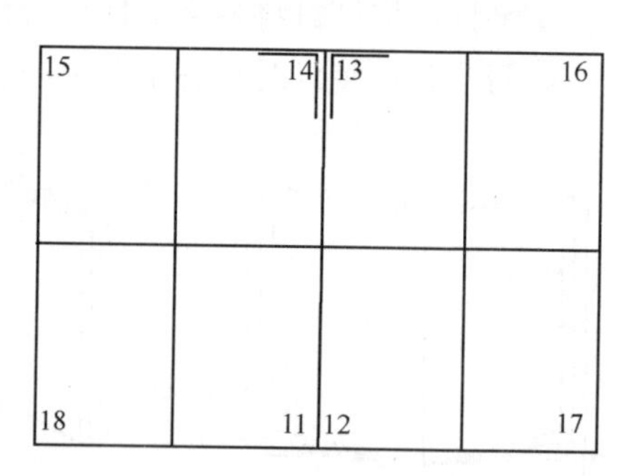

图 3－12　自翻版示意图

9. 折页

将印刷的印张按一定的方式折成开本大小的加工工艺。按折页后书帖的外形分为图 3－13 所示几种：

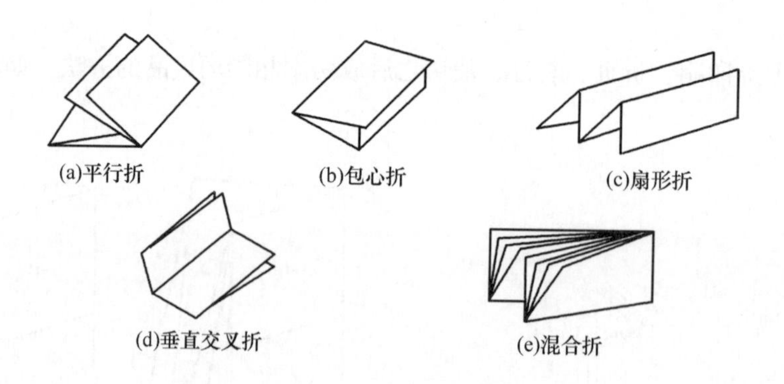

图 3－13　折页后书帖的外形示意图

按折页的方向分为：平行折、垂直交叉折、混合折。

（1）平行折（滚折）

平行折页是把书页从右至左连续折叠、折缝成平行线的折法，适用于折叠纸张厚实的儿童读物、地图、画册等。平行折又分为双对折、包芯折、翻身折三种。

①翻身折：也叫扇形折或经折，即每折一折后，就将印张翻面，之后再折下一帖，依次这样来回折叠，直至所需书帖的幅面。因折完后书帖各折折缝均平行且整齐外露，故可立即成册或上封面后成册。

②双对折：一种按照页码顺序对折后，再按同一个方向继续对折的方法。这种折法的折数与页数关系和垂直交叉折相同，有一定规律可循。

③包芯折：也叫连续折，是一种按页码顺序和要求，将第一折折好的纸边夹在中间，再折第二折、第三折……成为一书帖的方法，因为第一折的纸边夹在中间，故称包芯折。这种折法常用于 6 页或者 10 页书帖的折叠。

（2）垂直交叉折页

垂直交叉折页是每一折后，把书页顺时针方向旋转 90°，再折下一折，折缝成互相垂直，操作方便，折数、版数、页数之间互成一定关系，能较好地满足订书要求，16 开、32

开全张或对开页经常采用此折法。

（3）混合折页

混合折页在折页过程中，既有平行折又有垂直折，多用于32开全张双联折页。按折页的方向又分为正折、反折、单联折、双联折等，如图3－14所示。图3－15为8P对开版反三折印16P的大版示意图。

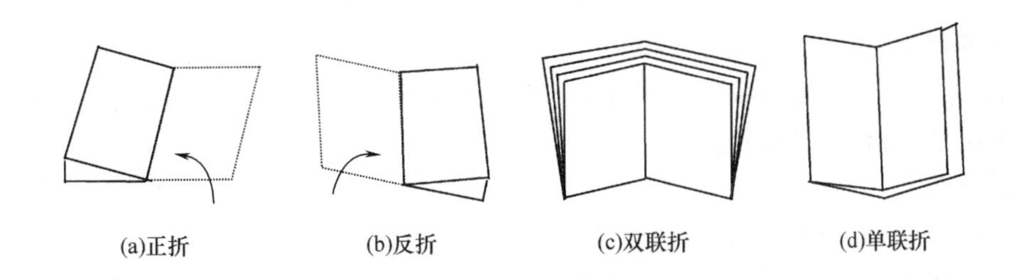

图3－14 混合折示意图

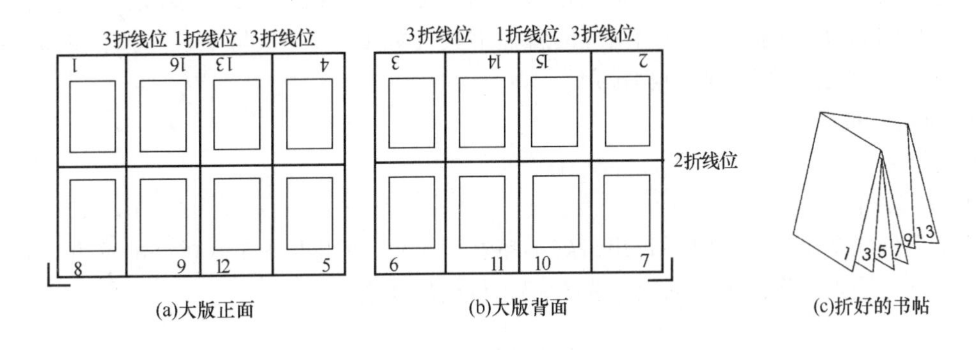

图3－15 反三折示意图

通常，折页时先确定一个书帖含多少个书页，如8P一帖还是16P一帖。一般来说8P一帖的常常用无线订的方式，16P一帖的往往是平订或锁线订装（大型画册）。画册、书籍的页数一般都是4的倍数，所以，我们在做折页样的时候往往只要做一种（主要帖）到两种（特殊帖）就足够了。

正常折页的时候，不论你怎么折，右下角为第一页。图3－16所示是一些常见折页的方法。

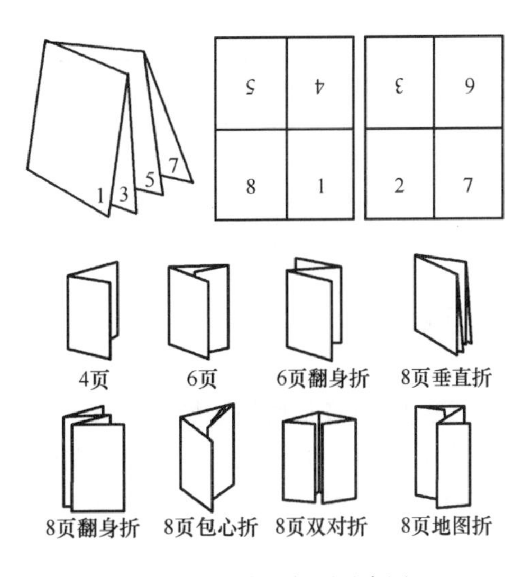

图3－16 常用折页示意图

知识点4 拼大版质量检查的内容

检查内容包括：①页码顺序是否正确；

②有无歪斜和漏拼现象；③各标记、规格线齐全，正反版能套准；校版十字线套于离规格线5mm处，折标贴于距成品线2cm处；④胶纸必须贴于版面四角，胶纸不能入图，且离图文3mm以外，胶纸粘贴牢固不起皱、不重叠等；⑤版面整齐、整洁，无脏点。

任务三　检查拼大版的质量

- 任务背景

将拼好的对开一张正面版、一张背面版和一张自翻版（如32开40页单色平装书刊），侧翻套版印刷，进行质量检查。

- 任务要求

要求学生检查出书页大版上所有问题。

- 任务分析

1张对开版可放16个32开页面，32开40页的书页需2.5张对开版，为提高印版利用率和印刷效率，做成两张常规正反版（1正1反）和1张自翻版。

检查的内容：版式正确与否、页码位置拼贴情况、套准线、折线、裁切线等是否齐全。拼贴好书页的原版，正面的书页与对应的背面书页（如1与2、5与6）一定不在同一张印版上，书页必定是头对头、脚对脚排列。

- 重点、难点

自翻版。

- 学习评价

将学生分成多个学习小组（每组最好不超过5人），每组准备3张拼好的书页大版，对拼版质量进行鉴别，将评价数据填入表3－3，得出最终结论。

表3－3　　拼版质量鉴别学习过程评价表

原版 组别	书页帖向	页码顺序	漏页数	书页位置	套印标记	咬口标记	折线标记	尾标书名	各类标记位置	胶带平整离图位置	脏点	能否用于实际晒版	总评
正面版													
背面版													
自翻版													

知识拓展

1. 透明印字模原版质量检查要点

在以文字为主要求不是太高的产品的印制过程中，经常使用透明的印字模原版，而且随着数码科技的发展，透明打印胶片近年在数码图像打印，投影胶片等领域得到了飞快的发展。

（1）印字模的结构

透明的印字模广泛用于胶印、丝印、光敏印章、金属腐蚀等底片图样输出，非四色印刷可以与照排机输出胶片相媲美。印字模的片基一般有 PET、PVC、PP、APET、PE 等材料，而 PET 材料居多，规格有 A3、A4、B4、B5、8K、16K，厚度有 70μm、100μm 等。

PET 材料表面极性低，导致打印图像很容易产生掉色，掉粉的现象，影响打印胶片产品的质量。故激光印字模采用新材料和新技术，激光打印胶片用喷墨涂层黏合底涂拥有特殊官能团，可以与 PET 薄膜表面电晕处理后的极性基团有效结合，产生具有高附着能力的透明涂层，形成具有若干层网状结构的物质，使得该胶片表面与高级纸张的表面相同，且处理了静电对碳粉转移的影响，更不会产生空心、不饱满等现象。高质量的透明印字模碳粉附着更加牢固、均匀，打印出的图文更丰富、饱满，胶片与硒鼓的磨损小。通过激光打印机把图文打印到胶片上，直接用来晒制印版。

（2）透明印字模原版质量检查要点

①原版表面洁白，平整无皱褶；

②原版上的字迹清晰、不掉笔画，图像细节显示细腻；

③墨迹与片基结合牢固耐刮、不掉墨；

④原版图文密度较高，实地密度不低于 3.5；

⑤激光打印机高温打印后尺寸稳定性良好，原版尺寸变形小。

除此之外，还要求印字模环保涂层无毒，打印时不产生任何异味和有害气体，易于保存，不会互相粘连。

2. 丝网印版所用原版质量检查要点

丝网是由一定的材料编织，其经纬线相交而形成网孔。制版时在丝网上涂布一定厚度的感光胶并干燥，在丝网上形成感光膜，然后将图文制版底片与涂布好感光胶（或感光膜）的丝网贴合放入晒版机曝光。这样丝网上图文部分因未受光而不固化，非图文部分受光固化，经显影冲洗，图文部分未固化感光材料被冲洗掉，使丝网孔为通孔。非图文部分感光材料固化堵住网孔。印刷时，图文部分丝网孔漏印墨，而非图文部分不漏墨，从而获得印刷墨迹。

制作丝网印版的原版是正向阳图原版，其质量要求与平版晒版原版基本一致。但因网布的线数有限，故原版的加网线数不宜过高。

技能知识点考核

1. 填空题

（1）由照相机、打印机或照排机输出，用于晒制印版的图文底片叫__________。

（2）胶片的结构包括__________、__________、__________、__________。

（3）阳图原版上__________面积越大，图文越深。

（4）在折完第一折后，要顺时针转 90°折第二折的方法称为__________折页法。

（5）原版的结构由__________和__________组成。

2. 选择题

（1）在分色阴图片上，原稿黄色系列部位的密度普遍较低，该分色片是（　　）色片。

A. 黄　　B. 青　　C. 品红　　D. 黑

（2）彩色桌面系统能够完成从彩色图像（　　）直到原版输出的整个工艺过程。

A. 加网　　B. 分色　　C. 拼合　　D. 输入

（3）胶片的实地密度应不低于（　　）。

A. 2.5　　B. 3.0　　C. 3.5　　D. 4.0

（4）将全张纸四次交叉对折得到的是（　　）本。

A. 对开　　B. 四开　　C. 八开　　D. 十六开

（5）版芯是指版面上除去四周（　　）的部分。

A. 天头　　B. 地脚　　C. 切口　　D. 空白边

（6）（　　）是指一块印版上同时晒有印刷品正反两面图文内容的印版。

A. 自转版　　B. 自翻版　　C. 套反版　　D. 套正版

（7）套帖式的配页方法适合（　　）的书刊。

A. 锁线订　　B. 骑马订　　C. 胶订　　D. 平订

（8）判断图像的正反，统一规定从原版的（　　）一侧观看。

A. 乳剂面　　B. 结合面　　C. 片基面　　D. 支持体

（9）拼书刊版反版时，一般应以（　　）为准拼贴。

A. 正版　　B. 原版　　C. 台版　　D. 台纸

3. 判断题

（1）原版上网点百分比在10% ~15% 范围的部位称为高调。（　　）

（2）原版上图文的明暗深浅与原稿相反的原版称为阳图片。（　　）

（3）原版上图文与原稿图文成镜向关系，则此原版是反向片。（　　）

（4）拼书刊阳图大版时，应将阳图反向粘贴于拼版片基上。（　　）

4. 简答题

（1）判断胶片正反面的方法有哪几种？如何判断？

（2）什么叫自翻版？为何要做自翻版？

（3）拼大版检查的内容包括哪些？

第四单元

印版的质量

在常规印刷中印版是印刷的模子，是用于传递油墨至承印物上的印刷图文载体。通常按其表面结构特点分为凸版、凹版、平版和孔版四类。无论哪种类型的印版，其质量都直接影响到印刷产品的质量。

能力目标

1. 能正确地识别印版的类型；
2. 能正确地鉴别印版的色别；
3. 能正确检查印版的质量；
4. 能正确鉴别出印版的质量问题并能分析其原因及提出解决方案。

知识目标

1. 了解印版的类型；
2. 掌握阳图型 PS 版和 CTP 平印版的质量要求；
3. 掌握凹版印版的质量要求；
4. 掌握柔性凸版的质量要求；
5. 掌握丝网印版的质量要求；
6. 掌握检查印版质量的方法。

学时分配建议

8 学时（授课 4 学时，实践 4 学时）

项目 印版质量的分析与控制

知识点

知识点1 印 版 类 型

印刷的印版按其版面的结构特点可分为平版、凸版、凹版和孔版四种类型。

一、平版

在国家标准《GB 9851.4—2008 印刷技术术语》中规定印版的图文部分和空白部分几乎处于同一个平面的印版称为平版，它起源于德国人 Alois · Senefelder 在1796 年发明的石版印刷。传统的平印版有 PVA 平凹版、多层金属版、蛋白版和 PS 版等印版，目前最为常用的是阳图型 PS 版。随着电子技术的发展，制版新技术的不断推陈出新，CTP 印版被广泛地使用。

1. 阳图型 PS 版

PS 版即 presensitized offset plate，它由版基和感光层组成。版基由封孔亲水层、氧化层、砂目、支持体构成。阳图型 PS 版的感光剂为重氮类感光树脂，其结构如图 4-1 所示。

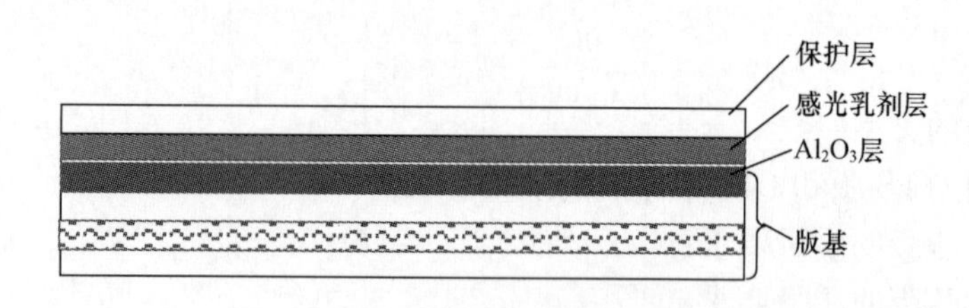

图 4-1 阳图型 PS 版印版的结构

2. CTP 平印版

随着电子技术的发展和新材料的广泛应用，计算机直接制版越来越普及，逐渐有取代 CTF 制版的趋势。CTP 平印版按曝光光源的不同分为热敏 CTP 版材和光敏 CTP 版材；按成像原理分为感光体系 CTP 版材、感热体系 CTP 版材、紫激光体系 CTP 版材和其他体系 CTP 版材。下面介绍四种最为常用的 CTP 平版。

（1）热烧烛型 CTP 版

如图 4-2（a）所示该类版材为免后处理的热敏版，由硅胶斥墨层、光热转换层、亲油层和版基构成。光热转换层可吸收激光发出的光能，并有效地转换成热能，使版面温度升高达到汽化温度。制版时在激光的照射下，图文部分的硅胶表面层会随光热转换层的汽化作用而被去掉，从而使下面的亲油层裸露出来在印刷时上墨，如图 4-2（b）所示，而未被激光照射的部分的硅斥墨层依然保留，在印刷中起到排斥油墨的作用。

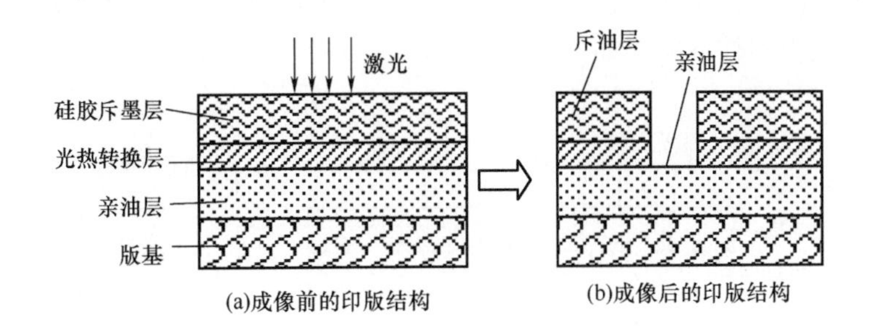

图4－2　热烧蚀型版材成像过程

（2）银盐与PS复合型CTP版

该类印版属于光敏版材，如图4－3（a）所示，由银盐乳剂层、PS感光层和版基构成。首先由CTP制版机发出的激光对印版曝光，印版的银盐乳剂层进行光化学反应形成潜影，经显影处理后形成类似于晒版底版的图文，再用紫外光对印版全面曝光，PS感光层发生光化学反应，经显影定影处理后形成上机印版，其结构与传统PS版完全相同。

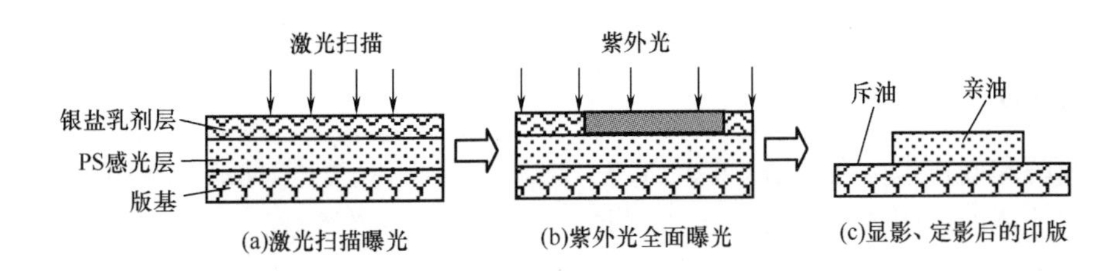

图4－3　银盐与PS复合型CTP版成像过程

（3）光聚合型CTP版

光聚合型版材通常由版基、感光层和表面层构成，如图4－4（a）所示。感光层由聚合单体、引发剂、光增感剂和成膜树脂构成。这类版材目前最为常用的激光为紫激光，版材经紫外光照射发生光聚合反应，经显影未见光部分显掉形成印版的空白部分，见光部分的树脂保留成为亲油图文部分，如图4－4（c）所示。

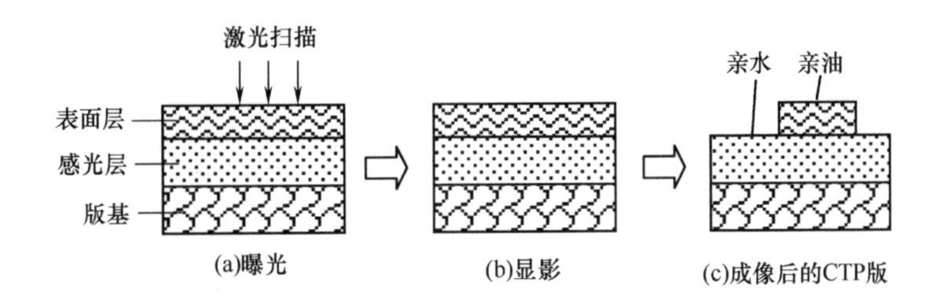

图4－4　光聚合型CTP版成像示意图

（4）热交联型CTP版

热交联型CTP版材主要有粗化的铝版和单层PS感光层组成。其成像原理是通过红外线曝光。曝光时，光热转换物质把红外激光的光能转换成热能，使感光层中的部分高分子发生热交联反应，形成潜像；再加热，使图文部分的分子化合物进一步发生交联反应，以使图文部分在碱性显影液中不被溶解。如图 4－5 所示。

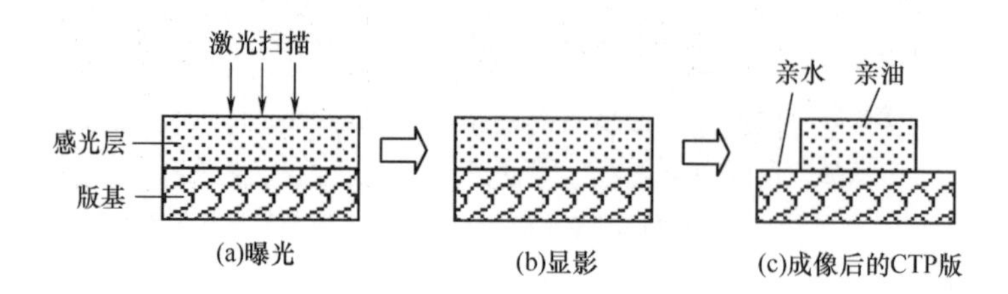

图 4－5 热交联型 CTP 版成像原理

二、凹印印版

GB 9851.5—2008 规定凹版指图文部分低于空白部分的印版。如图 4－6 所示。

现代的凹印印版与其他类型的印版有较大的区别，即印版与装版的机构合二为一，故也称之为凹版滚筒，通常是在空心或实心的铁滚上电镀铜层制作好凹下的印刷图文再电镀镍，经打磨抛光而成。

三、柔性凸版

根据我国印刷技术标准术语 GB 9851.3—2008 的定义，柔性版印刷是使用柔性版，通过网纹辊传递油墨的印刷方式。柔性版印刷是在聚酯材料上制作出凸出的所需图像镜像的印版，较为常用的有感光树脂版和橡胶版。油墨转印到印版（或印版滚筒）上的用量通过网纹辊进行控制。印刷表面在旋转过程中与印刷材料接触，从而转印上图文。图 4－7 为感光树脂柔性版。

图 4－6 凹版滚筒

图 4－7 感光树脂柔性版

四、丝网印版

该印版呈网状，印刷的图文是由大大小小的孔洞组成，印刷时油墨在刮板的压力作用下透印过图文部分的孔洞转印到承印材料上，如图 4－8 所示。

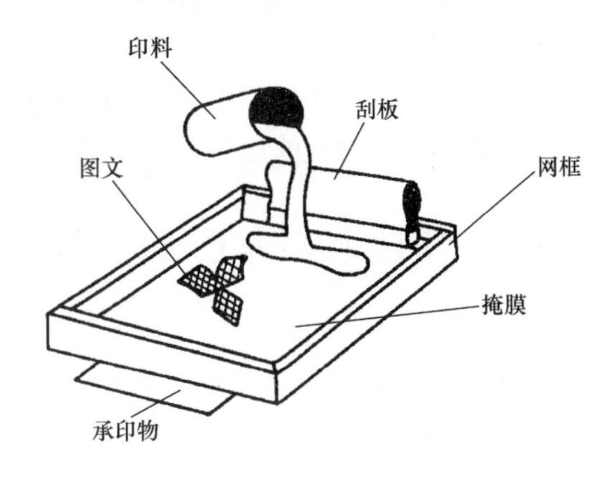

图 4－8　丝网版印刷示意图

知识点 2　印版色别鉴别

印版色别鉴定常用的方法如下：

（1）根据印刷的色标进行鉴别

通常在印版上都有如图 4－9 所示的类似的色标，注意 C、Y、M、K 字母所对应的色块，有密度则说明就是该色版，如 C 色块有密度则说明这是块青版。

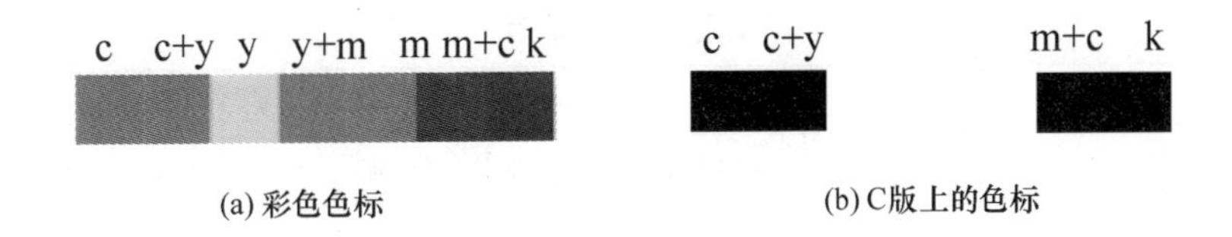

(a) 彩色色标　　(b) C版上的色标

图 4－9　印刷色标

（2）根据原稿的色彩特点进行鉴别

原稿中色块含有 CMYK 分色量越大，在阳图印版上则密度越高，阴图印版则相反，找到原稿中有特点的色块，如图 4－10 画面有一桃花，则 CMYK 四色版中对应处最深暗的一块色版即为 M 色版如图 4－10 所示。

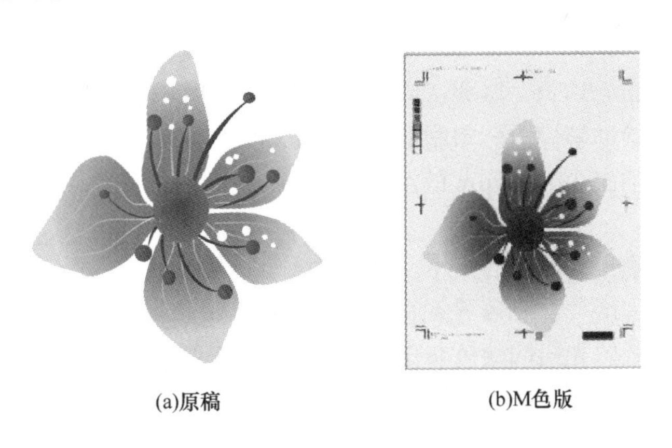

(a)原稿　　(b)M色版

图 4－10　品红色版

（3）根据加网的角度进行鉴别

在我国印版加网的角度，通常有行业的规则。如平版的 Y 版为 90°、主色版为 45°，其余两色版为 75°和 15°。可通过观察或检测网点的角度来区分色版。

任务一　四类印版及色别的识别

- 任务背景

现有阳图型 PS 版、柔性树脂凸版、凹印滚筒和丝网版各一套（CMYK 四色），要求写出正确的标识（印版类型、色别和加网角度）。

- 任务要求

要求学生识别印版的类型、色别和角度。

- 任务分析

根据四类印版的图文部分和空白部分的特点，识别其类型；再根据其色标鉴别该印版为何色版、加网角度是多少。

- 重点、难点

印版色别和角度的鉴别。

- 学习评价

能借助检测工具快速准确地鉴别出印版的类型、色别和角度（表 4－1）。

表 4－1　　印版识别评价表

评价指标 / 版组	类型	Y 版		M 版		C 版		K 版		总评
		色别	角度	色别	角度	色别	角度	色别	角度	
印版一										
印版二										
印版本										

知识点 3　平版质量要求

一、阳图型 PS 版质量要求

①感光胶层的涂布要均匀，厚薄适度。既要完全盖住砂目凸峰，以防止空白部分上脏，又不能过厚，影响印版的解像力。印刷中所用的 PS 版涂布层厚度为 1.8g/m^2较理想。

②分辨率高。要晒出 2% 和 6μm 的细线条。

③感受光速度快。

④反差系数大。晒出的印版底灰小，网点结实、边缘光洁。

⑤具有一定的宽容度（包括曝光和显影）。

⑥曝光前后感光版感光层的颜色变化明显，便于观察晒版质量。

⑦印版的耐印力高，未烤版的阳图型 PS 版耐印力达 8 万印以上。

《HG/T 2694—2011 阳图型 PS 版》行业标准中对阳图型 PS 版主要从印版尺寸、外观质量、产品性能等几个方面进行检测。

（1）尺寸规格

轮转版的宽度、长度的裁切精度（极限偏差）为 ±0.5mm，对角线的裁切精度（极限偏差）为≤1mm；超大规格版（长边≥1200mm）的宽度、长度的裁切精度（极限偏差）为 ±1.0mm，对角线的裁切精度（极限偏差）为≤3mm；其他规格版宽度、长度的裁切精度（极限偏差）为 ±1.0mm，对角线的裁切精度（极限偏差）为≤2mm。版材厚度为 0.15 ~ 0.40mm，极限偏差为 ±0.01mm。

（2）印版性能

对印版的表面粗糙度、成像质量、亲水性、着墨性等性能进行检测。如表 4－2 所示。

表 4－2　　阳图型 PS 版性能指标

<table>
<tr><th colspan="2">项目</th><th>单位</th><th colspan="3">指标</th></tr>
<tr><td rowspan="2">表面粗糙度参数 Ra</td><td>控制范围</td><td rowspan="2">μm</td><td colspan="3">0.4 ~ 0.9</td></tr>
<tr><td>同版内偏差</td><td colspan="3">≤0.15</td></tr>
<tr><td rowspan="2">氧化层单位面积质量</td><td>控制指标</td><td rowspan="2">g/m^2</td><td colspan="3">2.00 ~ 3.50</td></tr>
<tr><td>同版内偏差</td><td colspan="3">≤0.20</td></tr>
<tr><td>感光层单位面积质量</td><td>同版内偏差</td><td>g/m^2</td><td colspan="3">≤0.15</td></tr>
<tr><td colspan="2">留膜率</td><td>%</td><td colspan="3">≥90</td></tr>
<tr><td rowspan="6">感光性能</td><td rowspan="3">曝光量 H</td><td rowspan="3">MJ/cm^2</td><td colspan="3">产品分为三档</td></tr>
<tr><td>A</td><td>B</td><td>C</td></tr>
<tr><td>$H \leq 100$</td><td>$100 < H \leq 200$</td><td>$H > 200$</td></tr>
<tr><td>分辨力</td><td>μm</td><td colspan="3">10</td></tr>
<tr><td>网点再现能力</td><td>%</td><td colspan="3">2 ~ 98</td></tr>
<tr><td>版基底色密度</td><td></td><td colspan="3">0.03</td></tr>
<tr><td>着墨性能</td><td>图文部分</td><td></td><td colspan="3">合格</td></tr>
<tr><td>亲水性能</td><td>空白部分</td><td></td><td colspan="3">合格</td></tr>
</table>

（3）外观质量

版面应平整、涂层应均匀，无划伤、折痕、气泡、脏点、脱涂以及明显的擦伤、风痕、滴痕等用肉眼直视可发现的弊病。

二、影响 PS 版质量的因素

对于影响 PS 版的质量，主要有以下几方面：

1. PS 版生产中的影响

（1）版基处理

生产 PS 版时，首先要对铝板进行表面电解粗化处理，其目的是在板面上形成砂目层，使图文部分有良好的基础，空白部分有利于储存一定量的水分，在印刷中能均匀地润湿版面。若砂目过浅，储水能力差，印刷时水墨平衡不易控制，容易引起空白部分上脏；若砂目过深，则感光胶不易涂均匀，即使有足够的感光层覆盖，也会很快在压印过程中被磨平，引起花版。

电解液中的金属离子杂质对PS版的耐印力也有影响。在PS版生产工艺中，作为电解液的物质中其活性次于铝的金属离子，有时在砂目上析出，会造成肉眼看不见的缺陷，氧化工序也并不能掩盖这些缺陷。这些缺陷在印刷过程中，易对版面造成腐蚀，是影响PS版耐印力的重要因素。电解粗化后的版基需经过氧化处理，如果电解液的浓度、温度以及添加剂的用量掌握不好，使之生成氧化膜薄且疏松发脆，耐磨性就差。

封孔处理不当易引起版面带脏。有两个方面原因：一是封孔液中若钙盐含量过多，钙离子与硅酸根反应生成硅酸钙沉淀，使封孔液成分迅速改变，氧化膜的微孔易吸收钙盐，从而破坏了版面的亲水性能，引起版面上脏；二是封孔时间短，胶体在版面上沉积量少，微孔封闭不够，使版面吸附能力增大，致使残存在微孔中的感光物质由于在显影时不能充分溶掉，从而破坏了空白部分的亲水性，导致印刷时版面上脏。

（2）感光液

PS版感光液一般由感光剂、成膜物及辅助材料组成。感光剂的含量过高，感光层的耐碱性强，在正常曝光时间内不能彻底分解，经显影后仍残留在砂目层内，使空白部分感脂性增强而导致上脏。

2. 制版工艺的影响

晒版质量的好坏，直接影响着印版的印刷质量，同时对印版的耐印力也有很大影响。

（1）曝光

阳图型PS版使用的感光剂多为重氮或叠氮类化合物，最常用的是重氮奈醌型感光剂。版经曝光后，见光的部分可在显影时去除，露出氧化铝亲水层，形成印版的空白部分；而未见光的部分，感光层一般不发生变化，不溶于稀碱溶液，保留在版面上形成印版的图文部分。如果在晒版时，曝光时间不足或者曝光强度不够，会造成底层的感光物质不能彻底分解，使印版显影不彻底，版面就会出现底灰现象。

对于刚购进的PS版，最好能够使用测试条测试出标准曝光量，然后，按照不同的印件确定不同的曝光时间，达到标准化晒版。测试曝光时间的方式有很多种，以下介绍两种比较常用的方式。

①连续梯尺测试法：将连续梯尺密附到PS版上，进行分级曝光（可以从40s开始，每次加5s，分多次，直到160s）、统一正常显影后，在梯尺上找出与PS版使用说明书上规定的晒透级数，即是该版正确的曝光量。

②网点梯尺测试法：把晒版测试条密附在PS版上，进行分级曝光、正常显影，找出亮调和暗调网点比较齐全的那一级曝光时间即为最佳的曝光时间。一般情况下阳图PS版应当能够还原出2%～98%的网点，如果亮调小点丢失较少、暗调白点糊死较多，说明曝光时间不足；如果小黑点丢失较多，而小白点糊死的较少，说明曝光过度。

根据不同的印件确定不同的晒版时间，一般线条版的曝光时间可略长点，层次版的曝光时间不能过多，特别要防止3%的小网点因晒版时间过多而消失，而拼贴的大版为除底灰，曝光时间可适当延长。

（2）显影

显影是决定PS版制版质量的另一个重要环节。因为显影液浓度过强或太弱，都会导致印版空白部位上脏。在一般情况下，显影液浓度大，显影速度快，反之则慢；显影液温度高，显影能力强，反之则弱。但显影液浓度过浓或显影温度过高时，会对未见光部分的感光层有一定的溶解作用，使印版网点缩小，着墨性下降，严重时出现掉版或花版现象。若显影液浓度太弱或显影温度过低时，显影时间长也不一定能显影充分。显影效果不理想，会导致部分已曝光的图文部位不能完全得到溶解而残留在版面上，上机后就易出现版面上脏现象。

（3）晒版环境

晒版机玻璃上有脏痕，原版底片上有污物，都会阻碍晒版光线通过，而引起印版上机后上脏。晒制PS版过程中（包括拼版前），如室内光线太强，PS版受自然光的照射，会产生缓慢的化学反应而形成“返底”现象，使空白部分具有感脂性，造成显影不彻底使版面上脏。

晒制好的PS版，要适当的使用PS版保护胶加以保护。保护胶要擦得“薄而匀”，版面无明显的胶道，擦胶用的物品要干净柔软，胶液里不应有“硬”的痂皮，以免擦伤版面。若胶液过于黏稠会造成版面擦胶过厚，保护胶完全干燥后，会出现“剥版”现象，即上机后图文有脱落现象，也会有版面不上墨或版面局部上墨慢等现象发生。

制好的印版存放时，不要在高温或高湿的环境下长时间存放，要避光保存，以防止树脂层继续氧化。

（4）烤版

有时为了提高PS版的耐印力，要进行烤版处理，其目的在于增强图文部分的耐磨性及亲墨性，但是如果处理不当，就会引起空白部位上脏。

三、阳图型PS版质量的检查

印版质量检查是防止生产差错和印刷质量事故的重要一环。所以，制好版后和印前认真对印版质量进行一系列的检查，对提高生产效率、保证印刷质量，具有重要的意义。

1. 对PS版的规格尺寸进行检查

由于各种型号的胶印机滚筒直径不尽相同，故印版规格也有所差异。即使是同一类型的胶印设备，因所印产品规格以及版口尺寸不同，印版也应有所差别。所以，必须按照产品规格要求，认真核对印版图文的位置准确与否，以免盲目装版印刷后才发现问题，费工费时。

2. 对印版版面清洁度和平整度进行检查

对印版的清洁度和平整度的检查，主要是对印版的正反面外观的检查。看正面印版上有无不洁净的脏点、硬化胶膜和其他残存的杂质，发现异常情况及时处理。印版的背面也应仔细检查，看有否沾上异物，如有硬质异物应及时清理干净，以免轧坏橡皮布。同时还应对印版厚薄的均匀程度进行检测，即印版四边角的厚度误差±0.05mm，否则势必导致压力不均匀。检查时如果发现印版表面有明显的划伤痕迹、折痕、裂痕以及凹坑等无法补救的缺陷，则该版就不能装机印刷，应重新制版以保证印刷质量。

3. 对印版色标、色别、规线及测试条进行检查

为了便于鉴别各色印品墨色与样稿是否一致，各色印版适当的位置上均应晒制一小块色标，且各色色标依次排列在印版靠身或朝外边的下方，与印刷所用的规矩相对，以便能较准确地检查出“白页”、双张和倒印废张。

对印版色别的检查，目的是防止印前工序差错。套色印版一般都有色别标记，但为慎重起见，认真核对一下印版色别，还是必要的。

对印版规线的检查，主要看版面上的十字线、角线的位置是否放得准确，以免影响成品的外观质量。规线是印品套印和成品裁切的依据，位置的合适与否不可忽视。版面如有晒制测试条，应检查一下贴放位置是否准确。

4. 对版面网点与色调层次进行检查

检查时，用高倍放大镜观察网点，其外形应是光洁，圆方分明，且网点边缘无毛刺和缺损迹象。网点的形状不能呈椭圆、扁平状。网点颜色黑白应分明，网点中心不能发灰或有白点，否则，说明网点的感脂性能差。对印版层次色调的检查，可选取高调、中间调和低调这三个不同层次部位。与样稿的单色样张相对比，印版上的网点比样搞相对区部位的网点略小，印刷后由于各种客观因素的影响，网点增大率在6%左右是允许的。若发现细小的点子丢失，表明印版图文太淡。如果低调版面上的小白点发糊，以及50%的方网点搭角过多，则说明印版图文颜色过深。以上情况都将影响印刷质量，故应对底版、晒版操作和版材质量进行认真把关。

5. 对版面文字和线条进行检查

由于原版修整彻底或晒版操作不当，都容易晒出质量有缺陷的印版，故对版面文字、线条进行检查十分必要。文字检查主要看有无缺笔断划或漏字漏标点符号等情况，发现问题可及时修正或采取补救措施（包括重新晒版），以保证印刷质量。对线条的检查，要看版面线条是否断续、残缺、多点及线条粗细与样稿是否一致。如果印刷精细产品的套印版，可复制相反色的涤纶片进行叠合检查。若所印的图文是蓝色的线条，则应用同样版文、线条呈红色的标准涤纶片与之相叠合对准。当校稿上的线条呈现近似黑暗色时，表明图文线条准确完好；若某部位呈红色状态，则表明版面有缺线；若有呈现蓝色线条或小点，则说明多点、多线。

综上所述，对印版进行一系列的质量检查，是一项细致的工作。做好这项技术性、综合性较强的工作，对于真实再现原稿，保证印刷产品质量，提高工作效率和最大限度地避免与减少废次品的发生，是十分必要的。

任务二　阳图 PS 版质量的检测

- 任务背景

现有一套有质量问题的4开的 CMYK 四色阳图 PS 印版。

- 任务要求

要求学生指出该套印版质量，如有问题应如何解决。

- 任务分析

从版面表面清洁、网点深浅、规矩线是否齐全、位置正确等方面逐一分析。

- 重点、难点

网点的深浅、曝光显影时间的修正。

- 学习评价

目测或使用检测仪器对阳图型 PS 版的质量进行评价，将结果填入表 4－3。

表4-3　　阳图型PS版质量评价表

评价指标 色版	印版色别	图文位置	咬品尺寸	各种规线	网点区域	网点边缘	脏点	涂胶均匀	曝光	显影	印版平整	总评
黄												
品红												
青												
黑												

知识点4　CTP印版质量

1. CTP印版的质量要求和检测内容

CTP印版主要可以通过检测CTP印版的外观、版式规格、图文内容、网点质量、图文深浅五个方面来进行。

（1）印版的外观

CTP印版的外观质量主要是指印版外表面的性能状态。一般多采用目测法进行检查。对CTP印版外观的基本要求是版面干净、平整、擦胶均匀、无折痕、无破边、无脏点、无划痕等。

（2）版式规格

CTP印版的版式规格主要包括版面尺寸、咬口尺寸、图文位置。依据印刷所要求的版式规格对照检查。版式规格的质量标准是印版尺寸准确，误差小于0.3mm，套色版之间的尺寸误差小于0.1mm，图文无歪斜现象。

（3）图文内容

对印版图文内容检查的基本质量要求是文字正确、无残损字、无瞎字、无多字、缺字现象，图片与文字内容对应一致、方向正确，多色版套晒时色版齐全，无缺色或重影现象，应有的规矩线齐全完整、无残缺现象。

（4）网点质量

印版网点质量主要是指印版上网点的虚实饱满度、边缘光洁程度和再现性。满足印刷的印版网点质量应达到网点饱满、完整、光洁、无残损、无划痕、无空心、毛刺。

（5）图文深浅

借助放大镜、控制条等检测工具，检查印版高光、中间调、暗调区域的网点再现性。

如果出现高光小网点丢失等现象，说明图文颜色晒浅；如果出现网点扩大，暗调小白点糊在一起的现象，说明图文颜色晒深。一般情况下高光的2%、暗调的98%网点应完全再现。

2. 影响CTP印版质量的因素

（1）激光

主要是激光束的直径和光强、扫描精度、输出功率和能量密度。

（2）版材

要求CTP版材版基平整、感光乳剂层平滑、均匀且没有缺陷。感光乳剂层对CTP制版机的激光敏感。

（3）显影条件

包括显影液的化学成分、温度及浓度等。显影液的化学成分、温度、浓度等都是影响制版质量的关键因素，同时，一定数量的版材显影后，在显影液中的部分树脂层会形成许多絮状物，附着在印版上，若不加以处理会造成印刷时带脏。

（4）工艺控制

主要指各种工艺参数的设置，如曝光时间、显影时间等。另外，同一套版最好一次性处理完，这样能保证套印精度。

（5）环境条件

主要指制版车间的温度、湿度、光照条件等。应设定在版材所要求的范围内。

（6）后处理工艺

主要指上胶、烤版等工艺。

3. CTP 制版质量的控制

对 CTP 制版进行质量控制的基本前提是调节好制版设备，使整个计算机直接制版系统处于最佳状态。

曝光和显影是计算机直接制版过程中最重要的，因此调节制版设备主要是针对曝光参数和显影工艺的控制。

（1）制版机曝光参数的控制

首先就要控制好制版机的曝光参数，使它的光学系统和机械系统处于良好的状态。在用户拿到一款和制版机曝光机制适应，波长范围匹配的版材后一定要对版材进行感光性能测试。测试项目包括激光焦距与变焦测试（FOCUS/ZOOM TEST）、激光发光功率和滚筒转速测试（LIGHT/ROTATE）。其中激光焦距与变焦，功率与转速可以做组合测试。

一般制版机都带有自己内部的曝光参数测控条，通过测控条上的色块或者图案可以很方便地检测印版曝光量是否合适、激光头聚焦是否正确等硬件设备的状态。

（2）冲版机显影工艺的控制

正常曝光之后 CTP 印版，如需显影才能得到印刷的图像，就必须对冲版机的状态进行测试和监控。

随着使用时间的延长，硬件设备都会出现衰老，设置值和实际值之间会存在一定差异。必须对冲版机的状态进行测试。测试时，需要利用显影液专用温度计对冲版机的“实际温度”进行取点测量。利用大量筒或者量杯对冲版机“实际动态补充量”进行计时计量监控。若是设置值与实际值差异太大，则需改善循环系统或更换传感器件。

当冲版机硬件状态监控好后，则需进行显影液匹配测试。用户可以利用各大公司的标准数字印版测控条进行测试。另外，也可自制印版控制条进行测试。利用数字印版控制条，可以分析印版上的网点的变化情况，从而判断印版是否正常冲洗（印版曝光正常为前提），显影温度和显影速度的参数设置是否正确。一般情况下正常 CTP 印版上 2% ~98% 的网点都应该齐全，50% 网点扩大不超过 3%，95% 网点不出现糊版，并级现象。

（3）利用数字制版测控条进行数字监控

数字化控制方法对质量保证是必不可少的。数字制版控制条可以对 CTP 印版的成像质量进行合理有效的控制。

标准数字制版测控条：用于 CTP 印版控制的数字测控条主要有 GATF 数字制版控制条、

Ugra/Fogra 数字制版控制条，柯达数字印版控制条，海德堡数字印版控制条等。其中使用最广泛、最常用的是 Ugra/Fogra 数字制版控制条和 GATF 数字制版控制条。

a. Ugra/Fogra 数字制版控制条　该控制条中包含六个功能块和控制区，如图 4 - 11 所示。图中 A ~ F 含义如下：

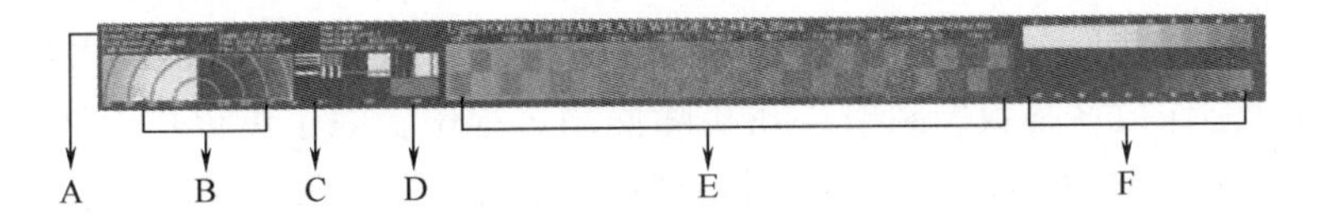

图 4 - 11　Ugra/Fogra 数字制版控制条

A. 信息区：包括输出设备名称、PS 语言版本、网屏线数、网点形状等。

B. 分辨率块：包含两个半圆区域。线条自一点发出，呈射线形排列，射线的浓密度与输出设备理论上的分辨率一致。在线条中心形成一个或多个，敞开或封闭的四分之一圆，这两个四分之一的圆越小和越圆，聚焦和成像质量越好。左边为阳线，右边为阴线。

C. 线形块：由水平垂直的微线组成，用来控制印版的分辨率。

D. 棋盘区：由 1×1、2×2、3×3 和 4×4（像素×像素）构成的棋盘方格单元。控制印版的分辨率，显示曝光和显影技术的差异。

E. 视觉参考梯尺（VRS）：控制印版的图像转移。

F. 网目调梯尺：主要用于通过测量确定印版阶调转移特性。同时所提供的 1%，2%，3% 和 97%，98%，99% 色块也可用于对高调和暗调区最终所能复制出的阶调进行视觉判断。

其中，视觉参考梯尺（VRS）是 Ugra/Fogra 数字制版控制条的一个特殊之处。它是进行图像转移控制的基本要素，控制印版的稳定性，使数字印版的生产程序标准化。在 VRS 中包含有成对的粗网线参考块，在其周围则是精细加网区域。控制条中共有 11 个 VRS，并且在从 35% ~85% 的网点区域里按 5% 的增量递增。在理想状态和线性复制的情况下，VRS4 中的两个区域在视觉上应该具有相同的阶调值。但是实际上，两个区域具有相同阶调的 VRS 要比 VRS4 高或低，这取决于印版类型和所选的校准条件。VRS 是一个非常理想的过程控制块，利用它无需进行测量，直接从视觉上就可指示出与所选条件的差别，进行视觉检查。

b. GATF 数字制版控制条　见图 4 - 12。图中 A ~ E、H 含义如下：

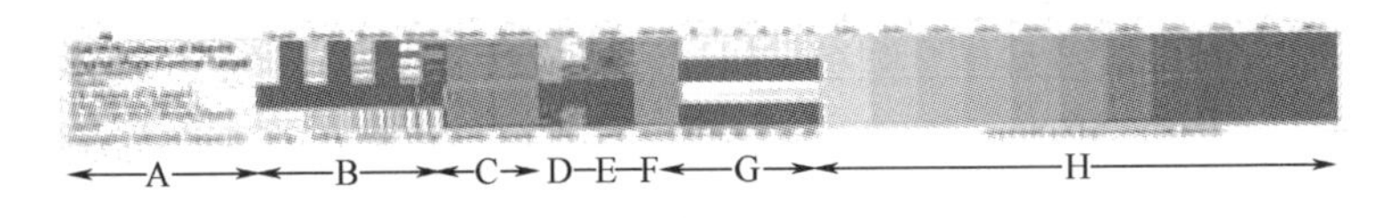

图 4 - 12　GATF 数字制版控制

A. 信息区：包括输出设备名称、PS 语言版本、网屏线数、网点形状等。

B. 阳图阴图的水平垂直细线：测试系统的分辨率，控制曝光强度。

C. 棋盘区：由 1×1、2×2、3×3 和 4×4（像素×像素）构成的棋盘方格单元。

D. 微米弧线区：阳图和阴图型微米弧线。使用最小设置的尺寸以弧线段对系统检测，微米弧线图案是对系统最严峻的挑战。如果一个系统同时保持对阳图和阴图弧线的良好细节，就表明该系统良好的曝光条件。

E. 星标对象：测试系统的曝光强度，分辨率和阶调转移特性。

H. 两套匹配阶调梯尺：两个阶调梯尺的不同之处在于，上面一个绕过了应用于其他文件的 RIP 的补偿程序数字出版，而下面一个则没有绕过补偿设置。对两个梯尺的比较，清楚地表明了补偿程序所造成的影响。使用阶调梯尺，首先要用放大镜观察图像系统的高光和暗调的限定，然后使用密度计从 10% 到 90% 测量阶调梯尺，从而构建网点扩大值曲线。

c. 自行设计制作数字制版控制条　在实际使用过程中，除了可以用上述的标准测控条实施控制外，用户也可以根据自己的系统特点自行设计一些图案作为测控工具，例如设计常用的测试曝光和分辨率的微线和星标。用户可以在 CorelDraw 或 Illustrator 中制作完成微线和星标，也可用 Postscript 语言编辑完成。

0.01点		0.40点	
0.05点		0.60点	
0.10点		1.80点	
0.20点		1.00点	

图 4－13　微线示意图

微线：微线由不同粗细的直线或曲线的阴阳线组成（如图 4－13 所示）。线的粗细以点来确定，从 0.01 点到 1 点（1in＝72 点＝25.4mm，1 点≈0.35mm）。线型包括几个方向：水平、垂直、45°、－45°和半圆形，半圆形的线条和水平线在阴图和阳图交界处会合。

微线可以在各个方向上反映制版机的曝光性能和成像情况。如果比较细的曲线可以得到精确还原，则说明制版机的曝光成像系统性能很好。另外，此微线可以很好地反映出曝光量是否合适。若在阳图型印版上可以清楚地看到阴线和阳线对接良好，则说明曝光量合适；若阴线明显粗于阳线，或者对接处部分阳线消失，则说明曝光过度，应减少曝光量；若阴线明显细于阳线，或者对接处部分阴线消失，则说明曝光不足，应增加曝光量。

星标：星标由宽 5°、间隔 5°的楔形条，共 36 根平均分布在一个圆周内组成。楔尖朝圆心，是最小的网点；楔尾朝圆边，是最大的网点。楔形条在中心处最细并最终消失形成为一个空白中心。空白中心的大小由制版过程中图像细节丢失的数量所决定。由于这种排列的几何特性，星标能够反映系统的分辨率。系统的分辨率越高，则星标的中心越清晰，但当系统的分辨率过高时，就会造成网点扩大；相反，星标中心扩大则表明系统的低分辨率或不恰当的曝光，造成网点丢失，如图 4－14 所示。

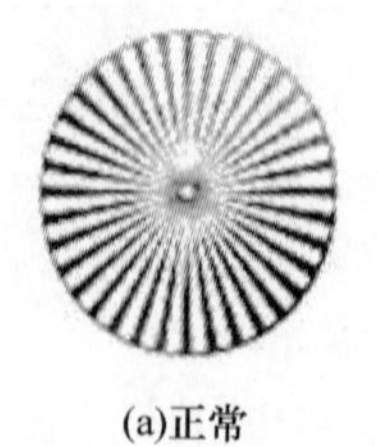

(a)正常

(b)网点扩大

(c)网点丢失

图 4－14　星标

任务三　热敏 CTP 测试版的检测

• 任务背景

现有一张 4 开的 CTP 测试印版（使用 GATF 数字制版控制条）。

• 任务要求

要求学生通过对测试版检测调整 CTP 制版机的工作状态。

• 任务分析

对版面的 GATF 数字制版控制条各控制区进行检测分析。

• 重点、难点

网点的深浅、曝光显影时间的修正。

• 学习评价

使用检测仪器对 CTP 测试版进行检测学习评价。将测试结果填入表 4-4。

表 4-4　　CTP 测试版检测学习评价表

评价指标 学生姓名	A 区	B 区	C 区	D 区	E 区	H 区	版面外观	结论	总评
学生甲									
学生乙									
学生丙									
……									

知识点 5　凹版、凸版和孔版质量

一、凹版的质量要求及检查

凹版根据制作方法的不同主要分为：电子雕刻凹版和照相凹版（使用碳素纸制版技术）。目前最为常见的是电子雕刻凹版，故以此为例介绍凹版的质量要求。

对凹版的质量主要从版辊、铜层、铬层、外观和图文质量等几个方面进行检测。

1. 版辊

主要从版辊的尺寸误差、圆弧度、筒壁厚度、倒角、轴孔等方面进行检测。具体要求：版辊直径允差 ±0.02mm；长度允差 ±3mm；直线度允差≤0.04mm；筒壁厚度：版辊直径在 200mm 以内厚度≤7mm，200mm 以上厚度≥10mm；版辊径向跳动允差≤0.03mm；彩色版套版版辊直径递增尺寸符合工艺要求；版辊静平衡允差：版辊外圆上所加配重数值的允差≤100g；版辊两端倒角 $R7 \sim 10$mm；版辊两端倒角表面粗糙度 $Ra \leq 3.2$，端面粗糙度 $Ra \leq 6.4$；轴孔尺寸（包括键槽）符合要求，轴孔表面粗糙度 $Ra \leq 3.2$。

2. 滚筒镀铜层

镀铜层质量应检测以下几方面：

①镀铜后目测表面是否光洁，要求是镀层表面光洁，无毛刺及起泡、起皮等现象；

②用硬度计检查，看铜层的硬度是否在规定的范围内，若硬度过高了就要稀释电镀液中添加剂的浓度，否则就要降低；

③测量镀层的厚度，这里指的是制版铜层的厚度，它需要一定的厚度，否则给后加工带来困难，当然，厚度要根据后加工方式和后加工余量来确定。

具体要求：①铜层厚度≥0.12mm；②版滚筒外圆表面不圆度允差0.01mm；③版滚筒外圆表的圆柱允差0.02mm；④铜层维氏硬度180°~210°；⑤版滚筒外圆的粗糙度 $\overset{0.02}{\triangledown}$（光洁度为▽Ⅱ）以上；⑥旋转轴外圆面与滚筒外圆表面应严格同心，允差≤0.03mm。

3. 铬层

要求铬层厚度0.007~0.01mm；铬层维氏硬度800°~1000°（在硬度为维氏180°~210°的铜层上测量）；铬层表面粗糙度 $Ra \leq 0.4$；铬层表面呈银白色，光亮平滑，不脱落。

4. 滚筒外观及图文质量

要求电雕成品版辊外观：无划痕、锈斑及凹坑等；图片和文字周围没有不需要的网穴；网墙整齐光洁，网穴形状及尺寸达到印刷质量要求；图文变比或重复尺寸符合工艺要求，角线规矩准确。

二、柔性凸版的质量要求及检查

柔性版制版质量决定了柔印产品质量的优劣。柔性版制版质量的好坏占印刷产品质量的70%~80%，也就是说印刷产品的好坏，绝大部分的因素取决于制版质量的好坏。

柔性凸版检测内容及质量要求

柔性凸版以常用的固体树脂为例，介绍其质量要求。柔性凸版主要从印版尺寸、外观质量、产品性能等几个方面进行检测。

（1）尺寸规格

要求根据用户的需求裁切多种规格，同张版材宽度、长度的裁切精度（极限偏差）均为±2mm，两条对角线的长度差<4mm；版材厚度极限偏差为±0.02mm。

（2）印版性能

对印版的硬度、固弹性、成像质量、曝光宽容度、油墨的吸收性等性能进行检测。如表4-5为应用于瓦楞纸板印刷用柔性树脂版的性能要求。

表4-5　瓦楞纸板印刷用柔性树脂版的性能要求

项目			指标
硬度（邵氏A）			32~45
回弹性/%			55~70
雾度/%		≤	13.00
成像质量	网点网线还原/cm		216（5%~90%网点齐全）
	最小独立线线还原/mm	≤	0.35
	最小独立网点还原/mm	≤	0.5
曝光宽容度/min		≥	6
油墨吸收率/%		≤	3.0
水基或醇基油墨着墨性能			合格

（3）外观质量

要求版面平整、无凸起、凹陷、气泡、脏点以及明显的擦伤等弊病。

三、丝网印版的质量要求及检查

与其他印刷工艺相比，丝网印刷具有很多独特的优势，如不受承印物种类、大小和形状的限制，印版表面柔软，需要的压印力小，墨层厚实，适用于各种油墨等，因此，丝网印刷被广泛应用于电子工业、纺织印染和包装装潢广告，招贴标牌等领域。不过要保证丝网印品的质量，丝网印版的质量非常关键。丝网印版的质量要求及检查内容：

1. 原稿和胶片的质量要求

原稿是制版的基础，原稿质量直接决定着制版质量。由于丝网印刷本身的工艺特点，用于丝网印刷制版的原稿必须具备以下几个要求：①原稿上不能有过于细微的层次变化；②原稿线条不能过细；③原稿上的文字，线条有足够的反差，清晰度要好；④原稿要整洁，无脏污、尘埃。

丝网印版可以采用阴图或阳图胶片制版，胶片尺寸必须正确，密度和清洁度也要符合要求，此外，胶片的加网线数也要与丝网数相匹配。

2. 丝印版的质量要求

从丝网印版的再现性、印刷面版膜的厚度、丝网印版的耐印力、丝网印版的脱膜性等方面进行检测。

①再现性好。丝网印版的精度：指图像、文字、符号等的位置与尺寸精度；丝网印版的清晰度：指版膜图像边沿在水平和垂直两个方向上的整齐程度。

②膜的厚度均匀。丝印版印刷面的版面厚度影响到印迹的墨层厚度及清晰度，尤其对细小图像的影响更大，甚至会改变网点的阶调值和色彩等。当产品要求墨层厚、线条粗时，则相应要求版膜应厚一些。因此版膜的制作要符合厚度要求。

③丝网印版的耐印力高。主要取决于印版本身耐机械力和化学力的强度及其与丝网结合的牢度。印版耐印力应与丝印任务相适应，有的只耐印几十份，有的超过 10 万印。

④丝网印版的脱膜性。指版膜从印版的丝网上去除的难易程度。在制版失败或印刷任务完毕后，为使丝网再生，需进行脱膜。脱膜作业应简单、经济、丝网损伤小。

具体质量要求：①印刷过程中印版网材的回弹性相对保持稳定，网版接近网印前的张力；②印料的通过性能好；③图案线边平整、无锯齿、麻点；④网印过程中，要保持网印前网版的原有网印精度和分辨率；⑤网版使用奉命长，要耐印、耐磨、耐清洗和可重复使用等。

任务四　凹版滚筒质量检测

- 任务背景

现有四个 CMYK 凹印滚筒。

- 任务要求

要求学生指出该套印版质量，如有问题应如何解决。

- 任务分析

从版面表面清洁、滚筒表面的圆度、硬度、网点深浅、规矩线是否齐全、位置正确等方面逐一分析。

- 重点、难点

网点的深浅。

任务五　固体树脂版质量检测

- 任务背景

现有一套对开的 CMYK 四色固体树脂印版。

- 任务要求

要求学生指出该套印版质量，如有问题应如何解决。

- 任务分析

从版表面清洁、网点深浅、规矩线是否齐全、位置正确等方面逐一分析。

- 重点、难点

网点的深浅、曝光显影时间的修正。

任务六　丝网印版质量检测

- 任务背景

现有一套 4 开的 CMYK 四色丝网印版。

- 任务要求

要求学生指出该套印版质量，如有问题应如何解决。

- 任务分析

从版表面清洁、网孔边缘是否光洁通透、网点深浅、规矩线是否齐全、位置正确等方面逐一分析。

- 重点、难点

网点的深浅、曝光显影时间的修正。

知识拓展　阴图型 PS 版

1. 阴图型 PS 版制版工艺

阴图型 PS 版的感光胶是光交联型的感光胶，因此采用阴图原版来晒版。目前多用于报纸印刷行业。其制作的工艺流程如下：

①曝光：曝光是将阴图底片的乳剂层的一面与阴图型 PS 版的感光层密附在一起，放置在专用的晒版机内，真空抽气后，打开晒版机的光源，对印版进行曝光，非图文部分的感光层在光的照射下发生光交联反应。

②显影：显影是用显影液对曝光后的 PS 版进行显影处理，使未见光的部分显影掉，形成印版上的空白部分，见光的感光层就形成亲油的图文部分。阴图 PS 版晒版脏点少，几乎不需要除脏。

③涂显影黑墨：涂显影黑墨是将显影黑墨涂布在印版的图文部分，可以增加图文对油墨的吸附性，同时也便于检查晒版质量。

④上胶：上胶是PS版制版的最后一道工序，即在印版表面涂布一层阿拉伯胶，使非图文的空白部分的亲水性更加稳定，并保护版面免被脏污。

阴图型PS版的优点：感光剂见光后由可溶性变为不可溶性，晒版后脏点比较少，除脏更容易；留在版上的感光层不受光的影响，耐酸、耐碱性好，印版耐印力比较高。对于一些简单的包装印刷产品，只需用照相设备拍出阴图底片即可用于晒版。

2. 阴图型PS版质量检查要点

阴图型PS版主要从印版尺寸、外观质量、产品性能等几个方面进行检测。

（1）尺寸规格

尺寸大小达印刷要求，同张版材宽度、长度的裁切精度（极限偏差）均为±1mm，两条对角线的长度差<1mm；版材厚度为0.15～0.40mm，极限偏差为±0.01mm；印版的直角度高，尺寸误差±1mm。

（2）印版性能

对印版的表面粗糙度、成像质量、亲水性、着墨性等性能进行检测。如表4－6所示。

表4－6　　阴图型PS版性能指标

<table>
<tr><th colspan="2">项目</th><th colspan="2">指标</th></tr>
<tr><td rowspan="2">表面平均粗糙度参数 Ra/μm</td><td>控制范围</td><td colspan="2">0.4～0.8</td></tr>
<tr><td>同版差　≤</td><td colspan="2">0.15</td></tr>
<tr><td rowspan="2">氧化层单位面积质量/（g/m^2）</td><td>控制指标</td><td colspan="2">1.50～3.50</td></tr>
<tr><td>同版差　≤</td><td colspan="2">0.20</td></tr>
<tr><td rowspan="2">涂层单位面积质量/（g/m^2）</td><td>控制指标</td><td colspan="2">1.60～2.50</td></tr>
<tr><td>同版差　≤</td><td colspan="2">0.15</td></tr>
<tr><td colspan="2">留膜率/%　≥</td><td colspan="2">85</td></tr>
<tr><td rowspan="6">感光性能</td><td rowspan="3">曝光量 H/（MJ/cm^2）</td><td colspan="2">产品分为两档</td></tr>
<tr><td>A</td><td>B</td></tr>
<tr><td>$H \leq 100$</td><td>$100 < H \leq 200$</td></tr>
<tr><td>分辨力/%　≤</td><td colspan="2">12</td></tr>
<tr><td>网点再现能力/%</td><td colspan="2">2～98</td></tr>
<tr><td>版基底色密度　≤</td><td colspan="2">0.03</td></tr>
<tr><td>着墨性能</td><td>图文部分</td><td colspan="2">合格</td></tr>
<tr><td>亲水性能</td><td>空白部分</td><td colspan="2">合格</td></tr>
</table>

（3）外观质量

要求版面平整、涂层均匀，无划伤、折痕、气泡、脏点、脱涂以及明显的擦伤、风痕、滴痕等弊病。

技能知识点考核

1. 填空题

（1）印刷所用的印版按结构分为（　　）、（　　）、（　　）和（　　）印版。

（2）CTP 印版根据制版原理分为（　　　）和（　　　）类印版。

（3）通常印版和装置印版的机构是合而为一的印刷方式是（　　）。

（4）将绷好的网版从绷网机上取下之后，要进行的下一道工序是（　　　）。

（5）阳图型 PS 版版基由（　　）、（　　）、（　　）和（　　　）构成。

2. 选择题

（1）纺织品承印物中，对环保要求最高的品种是（　　）。

A. 床单、被面　B. 内外衣、童装　C. 窗帘、壁挂　D. 旗帜、旅游纪念品

（2）柔性凸版常用的印版有（　　）。

A. 橡胶版　B. 固体树脂版　C. 铁版　D. 聚酯版

（3）阳图型 PS 版晒版网点质量标准是：2% 的网点不丢，97% 的网点不糊，中间调网点缩小不超过（　　）。

A. 0.1%　B. 0.5%　C. 1%　D. 3%

（4）印版网点覆盖率大，则印出图像较（　　）。

A. 清淡　B. 深暗　C. 不深不浅　D. 不确定

（5）当连续梯尺在阳图型 PS 版上的晒透级数比基准级数多时，表明曝光（　　）。

A. 不足　B. 过度　C. 正常　D. 逆转

3. 判断题

（1）丝网印版的主要结构包括丝网和网框两个部分。(　　)

（2）印版的色别只需通过加网角度就可判断。(　　)

（3）平版晒版光源的有效光敏波长范围是 120～300nm。(　　)

（4）PS 版的感光度越高，晒版所需的曝光量越大。(　　)

（5）阳图型 PS 版要求晒出 3%～98% 的网点。(　　)

4. 简答题

（1）阳图型 PS 版和阴图型 PS 版质量要求有何区别？

（2）凹版滚筒为何要打磨抛光？

（3）如何通过测试版调整 CTP 制版机的工作参数？

第五单元

印刷品的质量

所谓印刷产品，即是采用一定的印刷工艺技术，通过印版或其他方法与承印物、油墨、印刷机械相结合，得到的以还原原稿为目的的复制品。印刷产品是一种靠视觉评价的商品和艺术品。在评论一件印刷产品的时候，不同的人因目的不同、知识背景不同，其评价的角度会大不相同。普通消费者多从视觉心理因素的角度，注重印刷品的商品价值和艺术水平，注重印刷品的视觉吸引力和对消费者购买行为的影响能力；印刷专业人士往往从复制工程中的物理因素角度出发，注重印刷品的复制质量特征，如图像的清晰度、色彩与阶调再现程度、光泽度、质感等。实践证明，从商品价值或艺术角度评价印刷品质量的技术尚不完善。这样的评价往往不能准确地表达印刷品的复制质量特性，只有从印刷技术的角度出发进行评定，才能正确地评价印刷品质量，使评价取得统一。

本单元从印刷技术的角度阐述印刷品质量的检测与控制。

能力目标

1. 熟悉印刷品质量评价的内容，掌握印刷品质量的评价方法；
2. 能够熟练应用与判读印刷质量测控条；
3. 能够通过调整印刷质量主要参数控制印刷品质量；
4. 能够判断印刷样张所存在的质量故障并分析其原因。

知识目标

1. 掌握印刷品质量评判的内容和评价方法；
2. 掌握印刷质量测控条的检测原理与应用；
3. 掌握印刷品检测与控制的主要参数；
4. 掌握各类印刷品的检测方法；
5. 掌握印刷品常见故障分析方法；
6. 了解印刷质量的在线检测系统原理。

学时分配建议

16 学时（授课 8 学时，实践 8 学时）

项目一　印刷品质量分析与控制

知识点

知识点 1　印刷品质量评判内容和评价方法

印刷品质量都有一定的特点，既要反映出工业产品的质量标准，又要反映出设计艺术的质量标准。因此，印刷品质量评价分为定性和定量评价。定性质量评价是人们根据印刷品的生产情况及最终产品，综合自身实际经验，在没有专业检测手段的条件下，对印刷品的质量作出判断。定量质量评价是根据印刷品质量的定量标准运用印刷检测标准技术，在印刷质量检测数据化、工艺规范化基础上，对印刷品的质量做出量化性判断。只有将两种方法有机地结合，才能对印刷品的总体质量做出科学的评价。

一、印刷品质量的含义及内容

1. 印刷品质量定义

印刷品可分为两类：①线条或实地印刷品；②彩色网点印刷品。印刷品质量是印刷品各种外观特性的综合效果。从印刷技术的角度考虑，所谓印刷品的外观特性又是一个比较广义的概念，对于不同类型的印刷产品具有不同的内涵。

对于线条或实地印刷品，应该要求墨色厚实、均匀、光泽好、文字不花、清晰度高、套印精度好，没有透印和背凸过重，没有背面蹭脏等。

对于彩色网点印刷品，应该要求阶调和色彩再现忠实于原稿，墨色均匀、光泽好、网点不变形、套印准确，没有重影、透印、各种杠子、背面粘脏及机械痕迹。

印刷行业公认的普遍质量要求：①套印准确；②色泽均匀；③无斑点、墨皮、背面沾脏、弓皱、色差、花版、脏版、条痕、剥纸、透印等。

2. 印刷品质量的内涵

印刷品接近原稿的程度或印张对付印样（签样）的接近程度；同批印刷品的合格率；同批印刷品之间的一致程度。

3. 质量特征参数

（1）文字线条印刷品

字迹不糊、无缺笔断画；无斑点、无滋墨；文字密度符合要求；字体不变形。

（2）图像印刷品

图像印刷品的基本单元是网点，网点印刷品就是图像印刷品，它的质量特性比文字、线条、实地印刷品的质量特性复杂且具有典型性，因此，印刷质量的描述多以此种印刷品作为代表。从印刷技术的角度考虑，通常是用图像清晰度、阶调层次再现，色彩再现、影响图像外观均匀性的故障图形（龟纹、杠子、颗粒性、水迹、墨斑等）、表面质感（光泽度、纹理和平整度）等参数来描述图像印刷品的质量。

二、影响印刷品质量的因素分析

在印刷品生产过程中，对印刷品的质量产生影响的因素主要有：美学因素、技术因素、原材料因素、一致性因素、生产操作环境因素等。现就以上主要因素对印刷品质量的影响分析如下：

1. 美学因素

印刷品，说到底是一种感官视觉产品，所以人们在对印刷品质量进行评价的时候，第一感觉就是印刷品的美学效果。印刷品的美学效果主要与工艺人员的美学素养和设计水平有关。设计时的字体选择、色彩运用、美术图案、摆放位置、版面编排以及对纸张、油墨的选择等都直接影响着印刷品总体美学效果。

印刷品的美学效果与印刷品的用途有关，如某一被一些人认为不好的设计，用在某些纪念册封面上时反而可能是合适的，但用在高品位化妆品的广告上却又很不妥当。

印刷品的美学效果与印刷品设计制作年代有关，用现在的标准来衡量前些年的设计，大部分都显得过时。这就是说，在图像设计方面，有一个是否“时髦”的问题。

由上可见，印刷品质量的美学因素，实际上是设计人员的想象力与创造力的体现。一个优秀的设计人员应该熟悉审美方面的设计准则，了解承印材料、油墨和印刷工艺等方面存在的技术制约，以便使印刷品产生优良的美学效果。

随着印刷科学技术基础理论与色彩理论的系统化，人们已经逐步地把主观视觉和心理感受进行了系统化的综合分析。彩色复制印刷品的质量指标，有一大部分是可以用客观物理量加以衡量的，但仍会有一些主观评价因素，不能被客观测量标准所取代。比如，画面复制色彩的浓淡深浅、亮度对比的大小等，尤其是原稿本身存在着一定缺陷，或者原稿需要改动复制时，就更增加了复制者评价和调整原稿等主观因素，这就需要根据主观视觉效果，并与复制再现规律的客观技术衡量标准有机结合，才能作出比较切合实际而又有代表性的质量评价。

2. 技术因素

在完成了印刷品质量的设计并确定了印刷工艺之后，能够对印刷产生影响的便是技术因素。技术因素就是在印刷品生产的各个工序中，对印刷品质量产生影响的因素，在制版、印刷设备及印刷材料特性限定的范围内，尽可能真实地、完美地再现出设计要求和内容。影响印刷品质量的技术因素包括阶调复制、色彩复制、层次与清晰度等。

（1）阶调复制

印刷品的阶调，是指图像的密度范围或图像密度差别。在参考原稿的基础上，阶调由纸张白度和四色版叠加的有效最高密度的密度差决定。一般来说，印刷适应性越好，密度范围越大，阶调复制就越好；反之印刷适应性越差，密度范围越小，阶调复制则越差。影响阶调复制的因素很多，例如，原稿的阶调值、底片质量、工艺路线、工艺条件、纸张优劣、油墨选择、印刷设备等都会对阶调复制产生影响。

（2）层次和清晰度

印刷品的层次是在可能复制的密度范围内，人眼可以识别的亮度级数。印刷品的清晰度一般指相邻细部的色调差别，在整体画面协调的前提下相邻细部的色调差别越明显，印刷品的清晰度越好。影响层次和清晰度的因素主要有：原稿的质量、层次、清晰度；分色的质量及尺寸的准确性；拼版尺寸的准确性；晒版质量及其尺寸的准确性；材料的印刷适应性；印刷过程中的套印精度；网点增大值；相对反差值等。

（3）色彩复制

色彩复制应实现灰平衡，色彩复制的好坏由下列因素决定：原稿质量、分色质量、网点增大值、油墨的质量、晒版质量等。以上这些因素中，有的是可以用数据表示的，如色彩与阶调，在复制过程的各个工序里，人们对这些因素能够加以控制；有的因素不能用数据表示，但可以用语言描述，例如：为了获得最佳的印刷品质量，必须把出现龟纹的可能性压缩到最小程度等。

3. 原材料因素

印刷品的质量好坏，与印刷原材料质量的高低有着很大的关系。不同档次的印刷品，原材料在选择方面也有不同的要求。否则，就很难保证印出符合质量标准的产品，这是一个主要的关键因素，是保证印品质量这一系统工程中不可忽视的主要环节之一。

4. 一致性因素

一致性因素所涉及的问题是：允许各个印张之间的变化可以有多大？这是印刷过程中质量稳定性方面的问题。随着印刷数量增加，印刷时间相应延长，在这段时间内，各种影响因素的变化，必然会反映到印刷质量上来。另外，由于印版耐印力方面存在问题，有时候需要在中途更换印版，也可能由于纸张、橡皮布、印刷机方面的故障，不得不在中途停机，从而使原来的水墨平衡关系受到干扰，一旦重新印刷，其印刷质量就不可能与先印的一致。

关于印刷品的各印张之间的变化，有以下几个方面应予以说明：

第一，视觉的分辨能力。例如：在标准观察距离上，网屏线数为 150 线/in（60 线/cm）时，套准误差值超出 0.05mm，人的视觉就能观察出来。

第二，生产设备本身固有的特性会产生无法控制的图像变异。例如：现有的胶印或凸印机的输墨机构不能保证印张上从前到后产生一致的密度，在同一印张上的密度变化可达 0.15。

第三，允许的偏差极限。这需要根据产品的类型和客户的要求决定，例如，报纸印刷就可以有较大的色彩变化，而化妆品或食品包装产品的颜色就不允许有较大的色差。通常是给出同色密度偏差或同色色差，控制同批次印刷品之间的差异范围，对于某些大量生产的印刷品，还需要控制不同机台印刷品之间、不同批次印刷品之间差异范围。

5. 印刷环境因素

印刷环境对印刷品的质量也具有重要的不可忽视的影响作用。主要包括印刷环境的温度、干湿度及清洁度等。另外也与现场管理和操作者技术也有一定的关联。

三、印刷质量评判方法分类

印刷界常把评价印刷质量的方法分为主观评价和客观评价两类。在实际评价中，常常将两类方法综合使用，用主观评判方法为客观评价方法决定难以解决的变量相关问题，这就是所谓的综合评判方法。

1. 主观评价

印刷品质量的评价指标有很多，这些指标对于定量的评价印刷品的质量有重要意义，但是，印刷品是一种视觉产品，其最终质量的优劣还是通过人的主观评价决定的。

印刷品质量的主观评价主要靠目测，使用放大镜（放大倍率 10 ~ 25 倍），观测印刷图文的套印情况和网点再现情况。

（1）主观评价的特征

印刷品质量的主观评价是以复制品的原稿为基础，对照样张，根据评价者的心理感受做出评价，其评价的结果，随着评价者的身份、性别、爱好的不同而有很大的差别。譬如，造纸生产者习惯按照承印材料的质量评价印刷品质量；印刷工人对印刷产品的印刷质量参数更为敏感；广告人员则从信息媒介传递的角度评价印刷品质量；一般读者没有专业性倾向，但会根据个人的兴趣、爱好、修养等对看到的印刷品图像质量进行评价。因此，主观评价方法常受评价者心理状态的支配，往往带有主观性。

印刷品对原稿的复制效果，在复制过程中将受到诸多因素的相互作用与影响。评价者对印刷质量变异的不敏感性和人在运用评判标准时的不稳定性，都会使得评价结果产生偏差。因此，对印刷品某一部分质量的评价结果可能达到统一，而对综合性的全面质量却很难求得统一的意见。评价者越是经验丰富、训练有素，评价的偏差就越小。

（2）主观评价观测条件

印刷品质量的主观评价是一种根据经验评价质量优劣的方法，影响主观评价的因素除了评价者职业背景和经验外，还有照明条件、观察条件和环境、背景色等。例如，同一件印刷品在不同的背景色下观察，会给人以不同的感觉，若加上颜色的因素就更复杂了。因此，在统一的观测条件下评价印刷品的质量，能够得出较统一的结果。

①照明条件：ISO 3664—2000 标准中推荐用于观察印刷品的光源为 CIE 标准照明体 D_{50}，同时推荐了两种照度，高照度（P1）2000 lx ± 500 lx，用于评测和比较图像时使用；低照度（P2）500lx ± 25 lx，用于模拟相似与最终观察条件的图像阶调观察。同时，观察面照度不应突变，照度的均匀度不得小于 75%。我国的《CY/T 3—1999 色评价照明和观察条件》中则是推荐使用 D_{65}。

②观察条件：观察印刷品时，光源与印刷品表面垂直，观察视角与印刷品表面法线成 45°夹角（0°/45°照明观察条件）。作为替代观察条件，也可以用与印刷品表面法线成角 45°的光源照明，垂直印刷品表面观察（45°/0°照明观察条件）。

③环境色和背景色：观察面周围的环境色应当是孟塞尔明度值 6 ~ 8 的中性灰（N6/ ~ N8/），其彩度值越小越好，一般应小于孟塞尔彩色值的 0.3。观察印刷品的背景应是无光泽的孟塞尔颜色 N5/ ~ N7/，彩色值一般小于 0.3，对于配色等要求较高的场合，彩色值应小于 0.2。

（3）印刷品表观质量的评价内容

印刷画面的表观质量是印刷品主观评价所依据的指标，其直接影响着印刷品的外观，决定着印刷品质量的合格与否，主要包括：①印张外观整洁，无褶皱、油迹、脏痕和指印等；②印张背面清洁、无脏痕；③文字清晰、完整，不缺笔断画；④套印准确；⑤网点光洁、清晰、无毛刺；⑥色调层次清晰，暗调部分不并级，亮调部分不损失；⑦墨色鲜艳，还原色彩不偏色；⑧裁切尺寸符合规格要求。

依靠这种没有数据为依据的定性指标来评价印刷品质量，其结果受评价者自身因素的影响，很难得到统一的结论，不能准确客观地反映出印刷品的质量状况，也不能有效地为产品印刷控制提供依据，但这些评价指标却是印刷品质量优劣的最后仲裁者，其中任何一项的不合格，都会导致最终印刷产品的不合格。

（4）主观评价的方法

主观评价法常用的有目视评价法和定性指标评价法。目视评价法是指在相同的评价环境条件下（如光源、照度一致）由多个评价者来观察原稿和印刷品，再以各人的经验、情绪及爱好为依据，对各个印刷品按优、良、中、差分等级，并统计各分级的频度，获得一致好评者为优、良，反之为差。该方法操作简便，但受评价者的影响，而使得评价结果的一致性差。

定性指标评价法是指按一定的定性指标，并列出每个指标对质量影响的重要因素，由多个评定人评分，总分高者质量为优，低者为差。

运用目视评价法和定性指标评价法时，都必须考虑每个评判者的评价偏差。因此，在印刷品质量的主观评价中，必须科学地确定影响印刷品质量的权重因子，并将许多印刷品质量的模糊评价转移成量化值进行综合评价。

（5）主观评价的实施程序

下面以定性指标评价法为例，说明主观评价的实施程序。

①结合印刷品表观质量的评价内容，确定质量评定指标，制定评定表 5 - 1 所示。

表 5 - 1　　质量评定表

评价指标	第一质量要素	第二质量要素	第三质量要素	得分
质感	*S*	*T*	*C*	
高光	*T*	*S*	*C*	
中间调	*T*	*S*	*C*	
暗调	*T*	*S*	*C*	
清晰度	*S*	*T*	*C*	
反差	*T*	*C*	*S*	
光泽	*S*	*C*	*T*	
颜色匹配	*C*	*T*	*S*	
外观	*C*	*T*	*S*	
层次损失	*T*	*S*	*C*	
中性灰	*C*	*T*	*S*	

注：*C* 代表色彩，*T* 代表层次，*S* 代表清晰度。

②设定 *C*、*T*、*S* 的加权系数 K_1、K_2、K_3，权值可以根据印刷产品的具体情况加以调节，但其和必须为 1。

③*C*、*T*、*S* 都分为优、良、差三级（表 5 - 2），按照 10 分制标准确定每级评分范围，然后对印刷品 *C*、*T*、*S* 三个指标进行质量评级和评分。

表 5－2　　印刷产品评定等级及评分范围

评级	优	良	差
评分范围	10～8	7～5	4～0

④按照加权和计算每项评价指标的得分，如表 5－1 中清晰度的得分 W 按下式计算。

$$W = K_1 C + K_2 T + K_3 S \tag{5-1}$$

式中　$K_1 + K_2 + K_3 = 1$

若清晰度评价指标如表 5－3 所示，其质量因素重要性排序为 S、T、C。

表 5－3　　清晰度评价指标评分表

项　目	S	T	C
加权系数	$K_3 = 0.5$	$K_2 = 0.35$	$K_1 = 0.15$
评　级	优	良	差
评分范围	10～8	7～5	4～0
某评价人员给分	8	7	3

将相关数据带入式（5－1）计算，可得该印刷品在清晰度这一质量指标的综合得分：

$$W = K_1 C + K_2 T + K_3 S = 4.00 + 2.45 + 0.45 = 6.90$$

同理，依次分别对表 5－1 中的其他评价指标打分，并计算各指标的综合得分，就可得到该印刷品的主观评价质量分数。

如果有 n 个专家对某一印刷品进行综合评价，可以对这个印刷品分别评价 S、T、C，然后由如下公式得到对该印刷品的综合平均得分 W_n。

$$W_n = \left[\sum_{i=1}^{n} K_1 C_i + \sum_{i=1}^{n} K_2 T_i + \sum_{i=1}^{n} K_3 S_i \right] / n \tag{5-2}$$

2. 客观评价

对彩色印刷产品作主观评价，很难有一个统一的标准。为此，需要采用物理量测量的质量指标，建立印刷品主要质量内容的客观评价标准。

关于彩色图像的客观评价，本质上是要用恰当的物理量或者说质量特性参数对图像质量进行量化描述，为有效地控制和管理印刷质量提供依据。

对于彩色图像来说，印刷质量的评价内容主要包括色彩再现、阶调层次再现、清晰度和分辨力、网点的微观质量和质量稳定性等内容。可使用密度计、分光光度计、印刷测控条、图像处理手段等测得这些质量参数。

阶调（层次）再现的评价

彩色印刷品的密度范围大都低于彩色原稿的密度范围，在分色制版时，必然要做压缩调整。对各阶调层次采取什么样的再分配调整，一方面取决于原稿的阶调层次分布状态，同时又和人的视觉感受相关。其中，既有视觉响应的孟塞尔明度值因素，还有人们视觉心理要求的主观因素。对原稿阶调层次复制调整，需要将人们的视觉心理需求综合归纳起来，加入视觉响应的物理量值，再结合原稿层次分布状态进行考虑，才能得出印刷画面的密度阶调层次再现曲线，再纳入复制与再现过程中的演变数据，设计出具体原稿的阶调层次复制曲线。

①印刷品的阶调密度反差：印刷品的密度范围大，原稿或原景物的层次再现多，能使各级层次之间的反差拉开一些，增强立体感。细微层次反差的增强，能增强图像层次的清晰度。另一方面也使得画面的色彩拉开了档次，使得深者浓厚饱和，浅者明朗，增强了色彩的立体感。

但是，印刷墨层密度的提高，与网点增大相矛盾。只有在纸张、油墨、器材的适应性及印刷机精密度等优良的条件下，才能在较低的网点增大值的情况下获得较高的墨层密度。因此确定这项质量指标的客观技术标准，是使用彩色反射密度计，测出各印刷墨层的印刷实地密度、印刷 K 值、叠印率。当具有较高的印刷 K 值（黄版 0.25 ~ 0.35，品红版、青版、黑版 0.35 ~ 0.45），其各自实地密度又较高，并且各色墨层的叠印效率接近 90% 时，印刷品的阶调也就较好。这样的印刷品，必然是层次分明、浓厚饱满、立体感强的画面。

为了节省印刷油墨，有人主张降低印刷墨层密度来减少网点增大，那样，虽然印刷网点阶调扩大量少了，减少了图像暗调端层次的并级现象，但总体阶调反差却不是最高，也达不到最好的印刷阶调再现。

②阶调复制再现曲线：客观地评价印刷画面对原稿的阶调层次复制再现质量，需要测量并描绘印刷画面的阶调复制再现曲线。

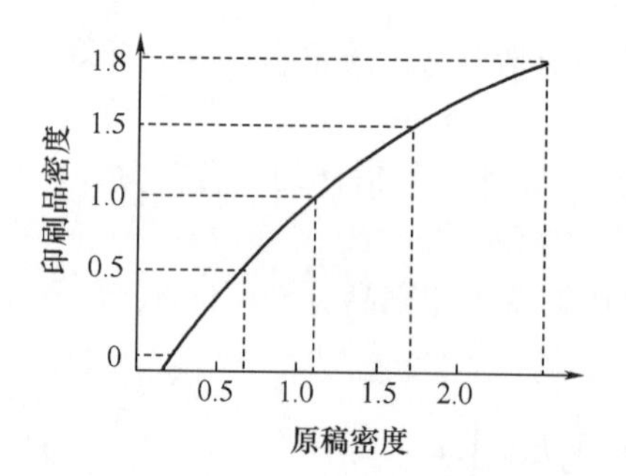

图 5 – 1　印刷阶调复制曲线

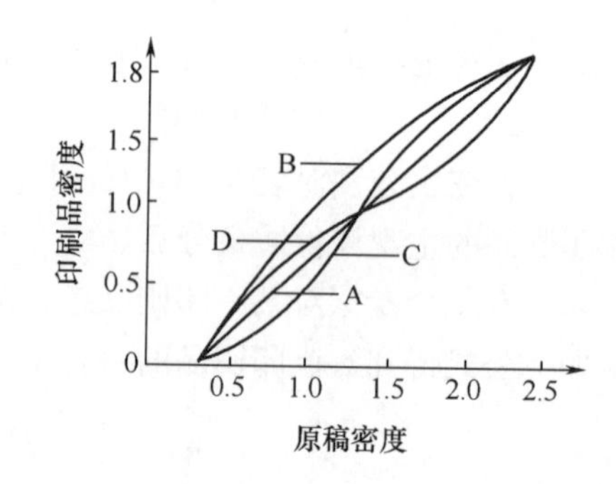

图 5 – 2　不同压缩的复制再现曲线

在图 5 – 1 所示的坐标中，以原稿上各层次点的密度值为横坐标，取其各层次点在印刷品上对应再现的密度为纵坐标，连接各点，即得出以原稿阶调层次为基准的印刷层次再现密度曲线。然后，再根据原稿内容形式、阶调分布状况和复制要求，以及复制过程中的密度，进行具体原稿阶调层次复制再现优劣的综合评价。

由于印刷品反差大都低于原稿反差，如果复制时对原稿各阶调作平均压缩，其印刷画面的密度阶调层次分配便如图 5 – 2 中的直线 A 那样。但是，按直线 A 那样的印刷再现，复制品暗调的明暗变化就显得比较明显，在视觉感上压缩少了些；而亮调的明度变化显得较少，观感压缩偏多了些，而且中间调主体也没能突出表现出来。为弥补这个不足，需要改变为曲线 B 那样的印刷再现，印刷画面在视觉感受上才能得到满足，达到较理想的、相对忠实的再现出原稿的阶调层次关系，中间调主体层次也同时得到了强调。

各原稿图像的内容形式又是各不相同的，若都千篇一律地按曲线 B 相对忠实的再现，也不一定都能获得最好的复制再现效果。比如，人物画面的肤色多在中偏亮调，用曲线 C 会得到更好的复制效果；而风景画面，则大都在中间调表现丰富的景物层次，用突出高调与暗调层次反差来表现空间立体感，多采用曲线 D，能得到最佳的复制画面。

总之，对印刷图像阶调再现的评价，若单从印刷品质量检验的角度而言，那就是：测量各色油墨层的印刷实地密度；测量并计算各色墨层的叠印率；测量印刷网点阶调增大或测量计算印刷 *K* 值；检查油墨网点的转印质量；测量并描绘印刷品对原稿的密度层次再现曲线。通过这些客观技术数据测量，再与本部门制定的质量规范标准进行比较，即可确定具体彩色印刷产品的质量等级。

色彩再现（颜色）的评价

色彩的复制再现，有三种不同的概念：

一是物理意义上的色彩再现，要求再现色彩同原稿色彩在每一色点上的光谱分布都完全相同即同色同谱。而印刷品是供视觉观赏的，要求达到物理意义上的同谱色彩再现，是难以实现的，也无必要。

二是色度学意义上的再现，使印刷再现图像同原稿色彩点在色度上一致或接近，即同色异谱效果，这是现实客观评价色彩再现的量度标准。

三是心理意义上的色彩再现。即印刷再现的色彩，在色度上同原稿色彩可能有些差距，但在色彩效果上却可能达到视觉心理的满足，这里加入了主观评价因素。

由于印刷材料（纸张、油墨等）色度表现特性的欠缺，分色复制手段与器材性能的不完善，以及印刷再现方式本身表现彩色的不足，现实的印刷科学技术，尚不能做到忠实还原原稿或是原景物的所有色彩，即使其可再现的部分，也达不到忠实还原的程度，只能是相对地接近。这就给印刷品色彩再现质量的客观评价带来一定困难。只能从印刷品对原稿或原景物色彩接近程度上，通过色度测量的结果加以比较。在相似与不相似之间，掺入人们对色彩视觉心理要求即心理上的再现程度，才能对印刷品色彩再现作出综合全面的评价。

如果就印刷色彩对原稿色彩的再现的接近程度，来设定客观技术衡量尺度标准，应当包括：印刷油墨色彩再现范围的测量检验，印刷灰色平衡再现的测量检验，印刷色彩对原稿色彩绝对再现精度的量度检验，以及相对再现程度的测量计算。

①灰平衡再现的测量评价：灰色的印刷再现是决定色彩复制能否准确再现的先决条件。原稿或原景物的中性灰色层次是否在印刷品画面上得到中性灰色的再现，或者制版所依据的三色灰平衡网点比例是否印后也达到了灰平衡再现，对三个原色版的制版网点比例和印刷墨层密度及网点增大数据的控制起决定作用。灰平衡再现，是衡量印刷画面整体色调与评价色彩的主要客观技术标准。

衡量灰平衡印刷再现，可以用测量三色色密度值来评判，用红、绿、蓝滤色镜依次测量印刷品附设的三色中性灰梯尺，或者测量画面中应该是中性灰色层次的密度，以三色色密度测量值相等作为客观技术评价标准。如果用观察来代替评判，需在光源与环境色温十分标准的条件下，用标准的中性灰色块，同印刷画面中的灰色层次进行比较。

如果原稿的整体色调正确，其中性灰色层次是要作忠实复制与印刷再现的。最好的测量依据是同原稿一块（或者同一灰平衡比例数据）做分色复制与印刷再现的三色灰梯尺，测量其三色油墨网点叠印的各梯级，如能达到三色色密度测量值相等，则其中性灰色再现是准确的。如果有一色色密度偏高，说明整个印刷画面偏向其相反颜色。

如果原稿本身存在色偏，在复制时作了灰平衡调整，为了检验其调整复制后色彩平衡与灰色平衡再现的准确程度，只能在印刷品画面中，选取原景物应该是中性灰色的层次点，测其三色色密度，按其三色色密度数据误差的多少，判定其次平衡调整复制与再现的准确程度。

当灰平衡出现误差时，可沿着三色墨层实地密度，三色网点印刷增大、印刷色序、三色墨层叠印效率、中间工序的三色网点演变，以及电子分色加网灰平衡数据等这样的线索和顺序，逐级查找其偏差出在哪里。

②色彩再现忠实程度的测量评价：对印刷品画面色彩复制再现的评价，是一个复杂的问题。复制要以原稿为基础，其色彩再现应忠实于原稿。使用色调标准或者图像主体色彩满意的彩色原稿制版印刷，一般是要求尽量忠实于原稿色彩的。如果只就具体色彩来考察评价印刷品对原稿色彩再现的忠实程度，可用仪器测量原稿与印刷品上同一色彩点的色度量值，计算其色差，以绝对数值来衡量两者色彩的差别程度，可给综合评价印刷色彩再现提供参考依据。

常用的测量仪器有两种类型，第一类是分光光度计或色度计。测量时对原稿和印刷画面同一色彩点，分别测出各自的三刺激值，换算出其各自的色度坐标，在 CIE 色度图上标出其各自色点位置，两个色点的距离，即表示两个颜色的差别程度。

为了求得两个颜色之间符合视觉的颜色差异，最好使用 CIE1976（$L^*a^*b^*$）均匀颜色空间的三维空间概念标色。L^* 表示颜色的明度值，a^* 和 b^* 表示色度值。根据对两个色样测出的三刺激值，换算出各自的色度坐标及明度坐标，从两个色样的色度与明度坐标值差数，可得出其明度差 ΔL^* 及色度差 Δa^*、Δb^*。再用色差计算公式计算。

$$\Delta E_{L^*a^*b^*} = \sqrt{\Delta L^{*2} + \Delta a^{*2} + \Delta b^{*2}} \tag{5-3}$$

计算出两个色样颜色在 CIE1976（$L^*a^*b^*$）均匀颜色空间的总色差值 ΔE，就可以精确地表示出两个颜色在三维空间的视觉颜色差别。

第二类是测色色差计。测量不同颜色的色差数据，是一种比较直接、简便、实用的测色手段。

测色色差计能直接测得颜色样品的三刺激值 X、Y、Z 和其色度坐标，通过电脑处理，能直接定量地给出两个颜色样品色差值 ΔE，可以精确地表示出两个颜色在三维空间的色差距离及视觉颜色差别。

色差计还能直观地指示出两个颜色在色相、饱和度及明度上的相差数据，同色差值一样用绝对量表示，比用密度计测量的数值要精确、具体。可以从具体角度指示色彩修正数据，有效地代替人眼功能，弥补了人眼不能一致地记住具体颜色精确数据的缺陷。通过颜色三刺激值的输入，色差计还能给出几种供选择的配色方案。

一般地说，由于纸张、油墨的色度缺陷，印刷再现方式的缺点及复制过程的演变，要求印刷色彩相对忠实地再现原稿色彩，也是比较困难的。但为了达到视觉心理的再现性，对色调标准的原稿，印刷品色彩的色相应当准确，色彩再现平衡才能良好，色相稍有误差即可被视觉分辨。色彩纯度也不宜降低过多，色彩的明度，在高光调可以略有提高，中暗调色色彩明度值略低而不宜提高。这样，可使印刷画面的色调明朗，主体色彩厚实，阶调立体强烈，虽然不忠实于原稿，但能达到人们视觉心理上的满足。

③清晰度再现的评价：彩色印刷品的清晰度，是图像复制再现的一个重要质量指标。除去为表现影像的特殊意境外，每个画面总应该有一部分层次（主体或背景）是清晰的。

对印刷画面清晰度的评价，也有三个方面的相关内容：

其一，图像层次轮廓的实度。首先要有原稿层次边界的实度（即锐度）作基础。同时，也取决于制版光学器件像差的大小、电子分色分析与记录扫描点的粗细以及四色图像套合的准确程度。在复制再现的全过程中，图像层次边界的过渡宽度，是要逐步加宽的，尤其是放大复制。层次边界实度是不能再复原的。印刷品层次边界的清晰度，只是看上去是被分色复制强调了。

其二，图像两相邻层次明暗对比变化的明晰度，即细微反差。如果相邻层次的密度差别大，则视觉感受是明晰的，反之，密度差别小，则层次持平，视觉不易辨别。细微层次反差主要由原稿层次级差决定，也受阶调层次复制压缩与层次调整分配所制约。可以在分色复制时进行层次边界反差强调，对层次边界视觉反差造成提高的假象，而细微层次的反差可以得到实质性的加强。

其三，原稿或印刷画面层次的分辨力，也就是其细微层次的微细程度，是表现客观景物组成物质的本质面貌的，即所谓质感。印刷品是以原稿图像细微层次的分辨力为基础的，但要受制版光学器件的解像力、放大倍率、网线粗细和四色版套合的影响而受到损害，经过制版印刷过程，不能复原原稿层次的细微程度。

运用图像处理加工技术，可给图像层次边界增加“边饰”，借以强调图像层次复制的视觉清晰度。

如果要设立客观技术测量标准，只需将视觉生理的物理量换算成数据尺度就可以了。人眼的最高分辨能力是1′视角，明显分辨力为2′视角。那么，层次边界“边饰”的单侧宽度，应在1′~2′视角，才能既产生视觉马赫带效果，而又不会有浮雕感。以25cm的标准现距为例，网线为60线/cm的画面，“边饰”的单侧宽度应在0.5~1个网点。大幅画面，视距放远，还可按比例加宽。

衡量印刷画面细微层次解像力，也应达到2′视角，视觉才可明显分辨出其层次的存在，若小于1′视角，视觉不能分辨，再精细也会失去观察意义。印刷品的网线粗细，就是根据1′视角画面幅度大小来确定的。如果要测量印刷品对原稿层次解像力的损失程度，可用不同宽度的微线条，随同原稿一起复制印刷，再用仪器测量印刷线条的锐度与解像力值，便可得知其在复制过程中的损失与还原程度。

评价细微层次反差，需在标准的亮度条件下，对亮光部层次人眼能分辨出很小的密度变化，可达0.01的密度差别；对暗部层次，密度差别0.05也不易觉察。通过这个视觉生理物理量、结合层次复制强调的再分配，并以原稿细微层次反差为比较基础，便是评价细微层次反差强调效果的客观技术衡量标准。

④彩印产品表观质量的评价：印刷画面的表现质量，诸如平服细腻性、颗粒性、不均匀程度、套印误差及光泽度等，虽然不是彩色图像的主要复制再现质量指标，但却影响着印刷品的外观。

印刷画面的平服细腻性、颗粒性、龟纹、斑点及不均匀程度等，会影响图像清晰度的正常再现，是能直接被视觉直观觉察的。平服细腻性与颗粒性，主要由原稿的颗粒细腻程度所决定，也受放大倍率和细微强调起始作用值（颗粒性强弱调节）的制约。细微强调起始值调节恰当，颗粒性可以有所改善，但影响层次清晰度的强调效果。加网图片的点形、网点均匀性及印刷网点质量，影响印刷画面的平服性。印刷网点质量不佳或不均匀，会破坏其平服细腻性。龟纹是由于网线角度不正确所致，人物画面的品红版、风景画面的青版、国画的黑版要使用45°的网线角度。这些表面质量，可以通过对其反射密度扫描放大或显微密度测量进行检验，能设立客观的技术测量标准。但一般多是借助视觉来作直观评价，既客观又简便。

彩色印刷品的多色套印误差，直接影响图像清晰度的再现。以60线/cm的网线为例，一般套印误差三分之一个网点，在标准视距下，虽然不到1′视角，由于网点色彩的区别，也会被视觉发现，就要影响图像的清晰度。一般应控制各色套印误差在0.03mm以下。

印刷品的光泽性，可以增强画面色彩明快与阶调层次反差明暗立体的表现力，它受纸张、油墨的性能及操作工艺的制约。光泽性要和印刷品的用途相结合，如图画、古画要求无光泽，而装饰画（如挂历、明信片等）则要求高光泽，这才有实际意义。可以用光泽仪测量深调网点（最好是实地）墨层的光泽度，进行评价。也可以从原色三角形色域图中的叠印墨层标点位置，预示墨层的光泽度。一般多是将彩色印刷画面放在漫射光照条件下，进行直观比较评价。

印刷品有条杠、蹭脏、透背、渗墨、透印等，属非正常产品，是由操作故障所致，影响印刷品的整洁。虽然也可以设立客观技术衡量标准，但目测即可直观评价其优劣。

四、质量参数的分类

印刷品传递着一定的图文信息，印刷品表面区域按信息的种类分为信息面和非信息面。印刷品的信息面包含印刷品要表达的文字和图像，非信息面通常形成一个背景，借助于反差或期望的气氛衬托信息面。通常采用不同的参数对这两种不同的表面进行评价。

1. 印刷图像的非信息面

印刷图像的非信息面可分为三种：未被印刷的纸面、实地印刷面、均匀的网目调面；非信息面的一般特点是整个区域外观均匀。对非信息面的评价，一般是根据它跟原稿的接近程度和整个非信息面的一致程度。

影响非信息面质量高低的因素。主要包括漫反射性质、在整个非信息面上漫反射的一致性、光谱分布或色彩，如表5-4所示。镜面反射和光泽也是很重要的，但透明度和不透明度只影响纸张本身，纹理主要与表面的平整性和几何凹凸有关。

表5-4　影响印刷品非信息质量的参数

影响质量的参数		是否影响		
特性	对非信息面产生的影响	纸面	实地	网目调
漫反射	亮度或密度	√	√	√
	色彩或光谱分布		√	√
	密度的一致性		√	√
镜面反射	光泽	√	√	√
	光泽的一致性	√	√	√
组织结构	不透明度	√		
	透明度		√	√
纹理	表面粗糙度	√	√	
	浮凸模式	√		
微观质量	网点覆盖率			√
	分辨力			√
	密度值			√

对于这些性质主要从两个方面考虑，对于反射密度和光泽主要考虑它们的平均值、在整个非信息面分布的偏差和纹理的影响。另外还要考虑这些性质的主观和客观评价问题。印刷图像质量评价的根本标准是视觉评价，是眼睛在印刷品上实际感受到的东西。因为这种观察得到的结果具有主观和非量化的特点，技术上总致力于有关物理性质的测量，以便建立客观量化的物理评价方法。因此，就许多外观特性而言，往往是从视觉观测和物理测量两方面入手。

2. 印刷图像的信息面

传送印刷品所要表达的信息，通常要跟背景部分形成反差对比，信息面有如下类型：

(1) 文字及线条图像

通过图像信息面的形状和布局传送图像信息。这种图像通常是具有足够高的色彩强度而没有层次，跟背景形成清楚的反差对比。在图像信息面，以前叙述过的与非信息面有关的质量参数仍然是适用的，但图像的形状、边缘反差对线条图像质量具有特殊意义，线条图像独特的质量参数见表5-5。

表5-5 文字及线条图像的印刷质量参数

图像质量参数	包括的内容
图像形状质量	几何尺寸偏差
	几何形状失真
	缺损及断线
	细节的分辨力
	套准正确性
反射率或密度	图像的（信息部分）
	背景的（非信息部分）
边缘的分辨力	清晰度
	平滑度和直线度
凹凸的影响	文字印刷的印痕
	有意加高的图像

(2) 单色网目调图像

单色半色调图像由一系列不同亮度值的像素点组成，它是利用网目调密度等级产生图像。网目调印刷品应当具有一个好的“均匀网目调”所应有的特性及预期的密度分布，以便达到图像的预期效果。这种印刷品能够通过细节的表达，以并行的方式传递一个场景、物体或人物的大量信息。这种图像的信息量很大，即使主观印象很快地传给观察者，客观地评价印刷品质量也是很困难的。其质量参数有每个部位的阶调密度、细节的清晰度，特别是暗调和高光部位的细微层次、网点变形及丢失等。对这种印刷图像有影响的质量参数列于表5-6。

（3）多色网目调图像

除了密度等级外，还利用色彩变化传递更多的信息。这种能力是通过叠印几种不同色彩的网目调图像获得的。用三原色油墨可以获得满意的印刷色彩，用黑墨的目的只不过是为了得到更好的质量。这类印刷品的质量参数比前几种要复杂得多，多色网目调印刷品质量参数粗略地列在表 5 -7 中。这类印刷品涉及复杂得多的色彩平衡等问题。

表 5 -6 单色网目调印刷质量参数

质量参数	包括的内容
调值	各成数网点部位的密度
	色彩
细节的清晰度	特别在暗调和高光部位
缺陷	脱印
	网点变形

表 5 -7 多色网目调的印刷质量参数

质量参数	包括的内容
阶调和色彩	每个位置的色彩
	灰平衡
	各成数网点的密度
网点叠印效果	套准
	龟纹
细节的清晰度	特别在暗调和亮调

上述不过是评价印刷品质量时涉及的主要参数的粗略轮廓，在具体实施检测和控制的时候，在这些参数下边还包含着更具体的参数和指标。印刷品质量分析和其他术语还面临着许多有趣和复杂的问题。

五、印刷品质量的评价过程

1. 客户对送审样的评判

评判人员：客户、印刷企业的业务或技术人员，客户具有否决权。

检查对象及内容：

①蓝图本：书贴、贴码、页码、规格尺寸等；

②打样样张：网点阶调的再现、色彩再现、套准精度、清晰度等。

2. 印刷现场的评判

评判人员：值班工段长、车间主任或技术（生产）副厂长。

评判任务：签出付印样。签字依据是客户认可的送审样。

注意：也可请客户签付印样。

3. 印刷品质量的等级评判

定期或不定期地由制版、印刷专家对印刷品进行印刷质量优劣等级的评比。通常按印刷方式和印品品种分别评比。

评比依据：原稿或客户事先（印前）要求。

4. 客户与印刷企业质量仲裁评判

客户与印刷企业就印品质量看法不一，产生纠纷，甚至上诉法院。

评判者：权威或授权的印刷质量检测机构。

被评审的样张：双方有不同看法的印刷品。

评判依据：公认的行业标准（或企业标准）或双方的书面约定。

5. 国际印刷品质量评比

例如：美国印刷大奖、莱比锡国际书展、香港印刷大奖等。

评审人员：世界印刷业质量检测方面的权威和知名人士。

评判标准：国际公认的质量要求和艺术效果，以及实用性、装帧设计、包装创意、创新程度（新材料、新工艺、新技术）、民族特色、环保程度等。

任务一　印刷品质量的评价

- 任务背景

用客观评价法对给出的印刷样张，进行色彩再现评价。

- 任务要求

要求学生完成样张 A、样张 B 油墨显色范围的比较。

- 任务分析

印刷油墨的色度特性和印刷所能达到的墨层密度，制约着印刷画面的显色范围，也制约着印刷再现色彩同原稿色彩的差别或接近程度。要对产品作出较客观的色彩再观评价，需要首先测量其三色油墨的色度特性与印刷墨层密度，并描绘出其所能达到的显色范围。如果其显色范围较大，其印刷画面的色彩，也就有可能接近再现出原稿色彩。如果其显色范围较小，印刷画面色彩同原稿色彩的差距必然较大，色彩再现误差也大。并且，通过显色范围的测试描绘，可预示印刷品上一些典型色彩的再现程度以及叠印颜色效果、光泽度效果等。

测试油墨的显色区域，可有下面三种方法：

①CIE 标准色度表示法：可用分光光度计或色度计，测出三色油墨各自的三刺激值 X、Y、Z，换算出色度坐标 X、Y 并与相对明度 Y 一起对油墨色彩在 CIE 色度图中进行标点，可得出其准确的显示域范围。如图 5－3（a）所示。

②圆形色域图：圆形色域图如图 5－3（b）所示。三原色黄、品红、青和二次间色红、绿、蓝，按六等分标于圆周上，等量百分之百的两个原色可混合成三个二次纯色。圆周上的色彩皆为色纯度 100% 的饱和色，沿半径越向圆心，色彩纯度越低，圆心处为黑色或灰色，色纯度为零。

③原色六角形色域图：CATF 六角形色域图无需公式计算，可以直接用油墨的三色光密度进行描点，可简易快捷地初步评价印刷品的单色及叠印色品质，作出及时的质量与操作控制。如图 5－3（c）所示。

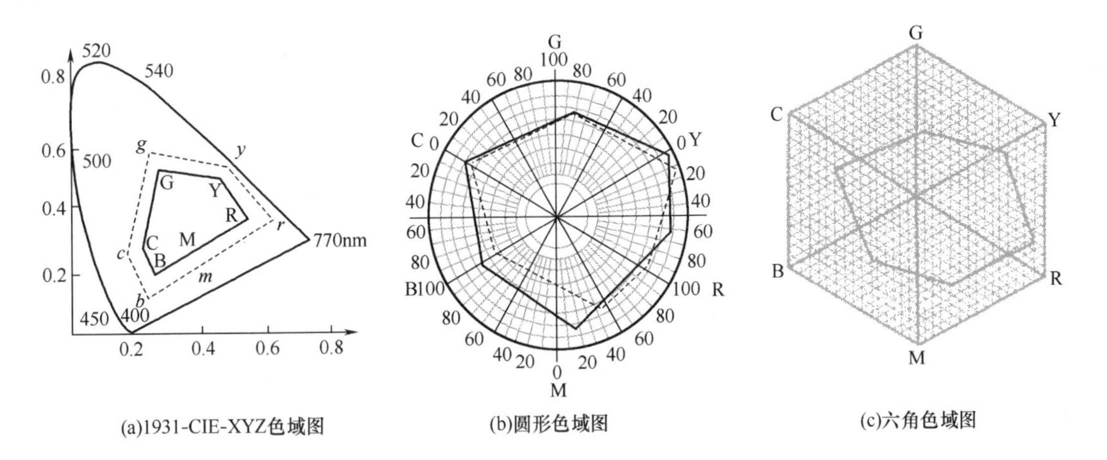

(a)1931-CIE-XYZ色域图　(b)圆形色域图　(c)六角色域图

图 5－3　不同显色色域图

- 重点、难点

①测量仪器的选用和测量数据的处理；

②原色黄、品红、青与间色红、绿、蓝六个典型色相在图上的标定。

知识点2 印刷测控条的检测原理与应用

一、印刷测控条的概念

由网点、实地、线条等已知特定面积的各种几何图形测标组成的，用以判断和控制晒版、打样和印刷时信息转移的一种工具。应包括以下一些测标：实地测标、半色调测标、阶调再现、套准标志、印刷灰平衡显示、网点滑动或变形显示等。在印刷时，根据测控内容将图像和测控条一起印刷，然后配合仪器测量与视觉判断来监控晒版、打样和印刷过程中的图文信息单元转移的质量情况。

测控条是一种行之有效的测试工具，使用的正确合理，确实能协助监控印刷质量，是实现印刷质量控制从经验判断到数据控制的不可缺少的手段。如图5－4所示。

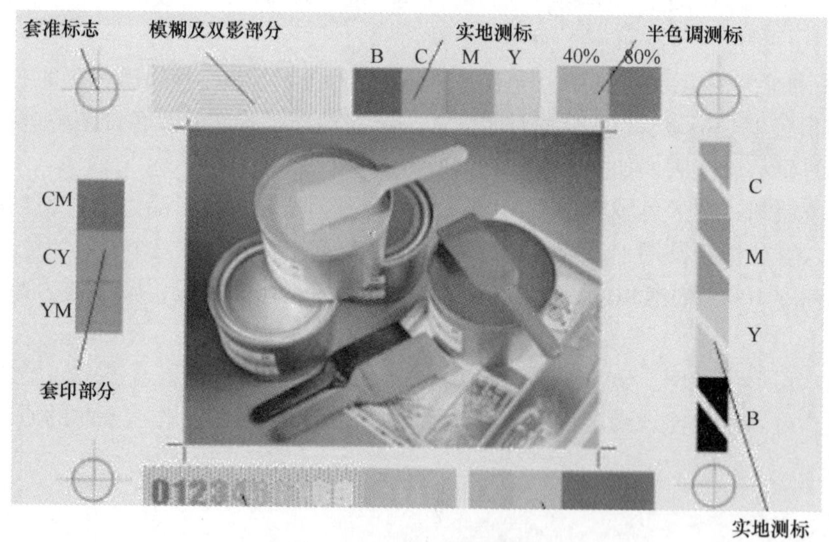

图5－4 印张中印刷测控条

1. 印刷测控条的定义

①控制段：供检验用的平面图标。由一个或多个单色或多色图形单元组成，能以直接可见的形式转移到一个载体上。有模拟形式（记录在胶片上）和数字形式（记录在磁盘或硬盘上）两种，分为晒版控制段和印刷控制段两类。

②连续调控制块：平面控制块，其密度值的大小表示显色物质的多少。常见形式有三种：一定密度、密度有级变化、渐变，如图5－5所示。

③空白控制块：具有工艺上限定的最低光学密度的控制块，其密度值越小越好，应小于0.15。

④实地控制块：具有最高光学密度的控制块（网点成数100%），测控条的实地密度应

图5-5　测控条中连续调控制块

大于3.5，分单色实地块和叠色实地块两类。如图5-6所示。

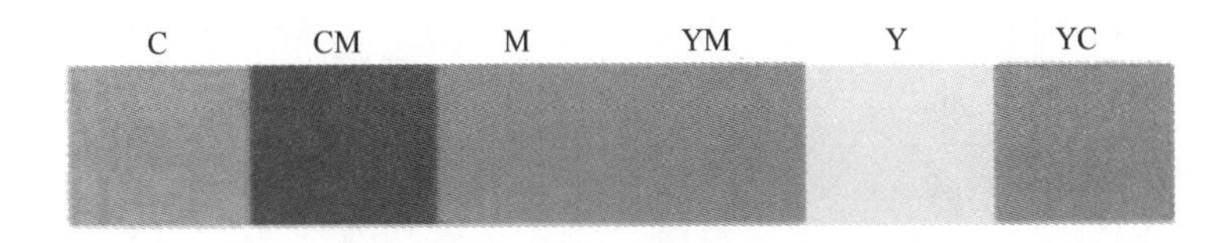

图5-6　测控条中实地控制块

⑤网目调控制段：具有不同网点结构的控制块。其设计时的控制参数：网点频率、网点边缘宽度、最低网点中心密度、网点面积覆盖率。如图5-7。

图5-7　测控条中网目调控制段

⑥圆形网点控制块：由一组圆形网点组成的网目调控制块，可以是单独块，如50%的网点块，也可以是网点梯尺。

网点频率应接近于控制的复制工作的网点频率；必须网点频率和覆盖面积相匹配。

⑦灰平衡控制块：由三原色的网点按照灰平衡条件套印构成，其网点控制块应符合圆网点控制块的要求，灰平衡控制块用于控制彩色印刷、彩色打样。如图5-8。

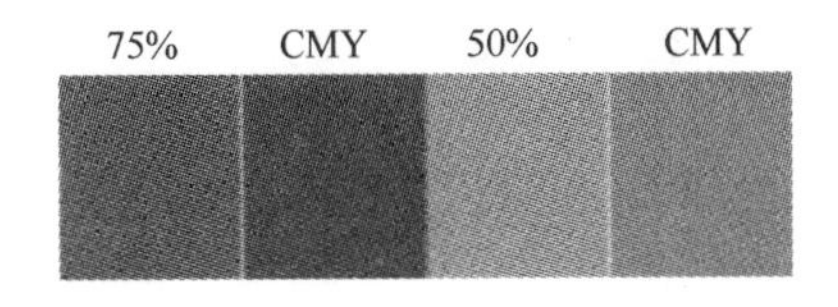

图5-8　测控条中灰平衡控制块

⑧线条控制块：由线条组成的平面控制块，用于监控网点和线条的变形，有折线、斜线、星标和同心圆等形式。如图5-9所示。

⑨为线条控制块：由细微线条组成的平面控制块，用于目测评价印版分辨率及曝光时间。

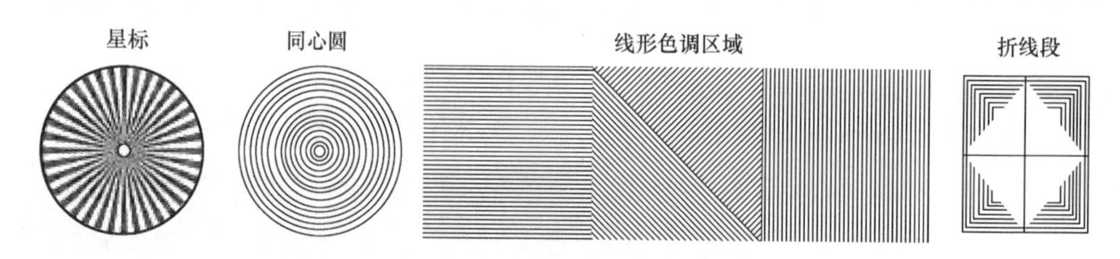

图 5 - 9　测控条中线条控制块

⑩检标：为确定位置和检查用的标志或测标，可独立使用，如规矩线、套准标，也可与测控条联合使用。如图 5 - 10 所示。

图 5 - 10　测控条中常用的检标

印刷测控条就是将不同的控制段和控制块组合起来，以满足测控的需要，使用时应与印版宽度相适应。

2. 测控条的分类

根据测控条所能提供质量信息的档次，可分为信号条和测试条两大类。

①测试条：由若干区、段测试单元和少量的信号块组成，通过密度计或其他色彩测量仪器在规定的测试单元进行测量，经数据处理得到印刷质量的一些指标数值，其测量值与标准值相差越小，表示印刷控制的质量越好。测试条的组成元素主要有：密度元素；25%、50%、75%的网点元素（网目调梯尺）；叠印色块；星标等信号块。

②信号条：由视觉评估的图示元素组成，能够及时反映印刷时的网点扩大或缩小、轴向重影或周向重影，以及晒版时的曝光不足或过量、印版的分辨率等情况。信号条具有使用方便，容易掌握，结构简单，成本低，无须专用仪器设备，只需人眼或辅以放大镜，就能察觉印刷质量问题的特点。信号条的组成元素主要有：模糊和重影元素；印版曝光指示元素；灰平衡块；套准标志等。

③印刷测控条的适用对象：网目调印刷和无网印刷；单色和多色印刷；平版印刷的印版制作、打样、印刷和图像检验；无水印刷的平版印刷品和 CTP 制版的平版印刷品。

④印刷测控条的使用目的：用以判断、检测，打样和印刷时的图文转移情况，达到以下目的：a. 控制晒版质量；b. 确保印刷品质量均匀一致，控制误差值不超过标准限定的范围；c. 缩小打样与正式印刷的差别。

二、印刷测控条的原理

测控条的种类虽然很多，但测控原理基本是一样的，归纳起来主要有以下几点：

（1）网点面积增大与网点边缘总长度成正比

按照几何学的网点增大理论，网点面积增大是由于网点边缘部分均匀地向外扩展造成的，当网目线数增加时，网点边缘总长度也会随之增加。因此网线越细网点边缘总长度增大值越大，网点面积变化越大。一些印刷测控条就是利用粗细网点边缘增大量不同来测控印刷过程中的网点增大情况。如布鲁纳尔测控条中的粗网点、细网点测控块，如图 5－11 所示。

图 5－11 布鲁纳尔测控条中的粗网点、细网点测控块

粗细网点总面积相等，粗细网点线数比为 1∶6，网点边缘长度比为 6∶1，即一个粗网点的周长是细网点周长的 6 倍，在相同的条件下，细网点扩大多，密度高，因此以粗网点块密度为基准，取其粗、细网点密度之差即可求出印刷网点的扩大值。这种简单、快速准确的方法很适用于印刷生产现场管理。

（2）利用几何图形的面积相等、阴阳相反来测控网点的转移变化

本原理就是利用已知阴阳面积相等的图形在实施过程中发出面积不等的信号现象，来判断网点的转移变化情况，从而达到监控、调整晒版和印刷过程中的网点复制偏差的目的。

在图 5－12 中，如果十字网点阳竖线变粗，阴竖线糊死时，表明网点横向扩大；如果十字网点的阳横向变粗，阴横向糊死，表示网点的竖向扩大。

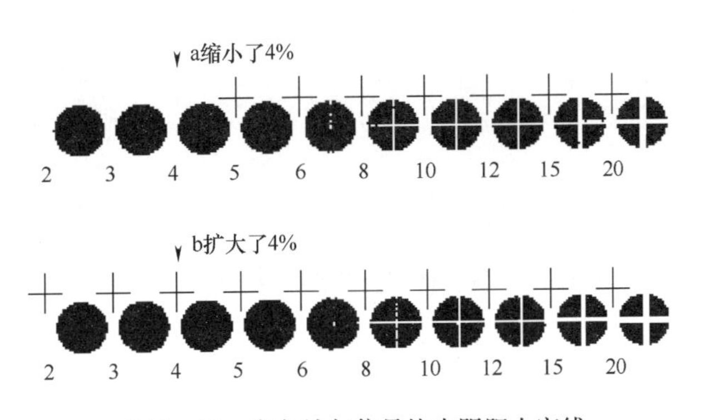

图 5－12 布鲁纳尔信号块中阴阳十字线

在晒版过程中，以阳图 PS 版为例，如曝光过量，显影过度，就会出现阳十字变小或丢失；如曝光不够，显影不足，阴十字会糊死。

（3）辐射状图形变化时，圆心变化明显于边缘

许多制版、印刷测控条中用到的星标，其圆心处比圆弧处变化更敏感，通过目测星标中心的小白点和楔形线的变化便可判断印刷过程中网点增大、网点变形、重影的状况。如图 5－13 所示。

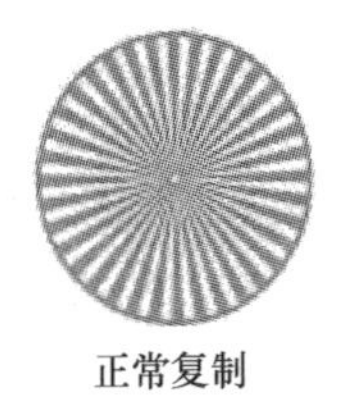

正常复制

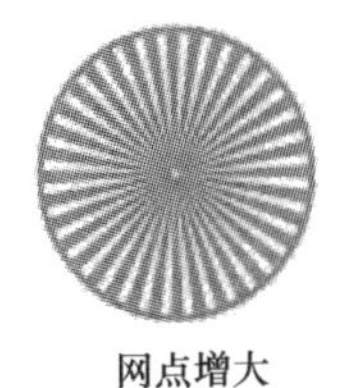

网点增大

网点丢失

上下方向的模糊

图 5－13 GATF 星标在印刷中的应用

（4）利用等宽或不等宽的折线控制水平和垂直方位的变化

印刷时，常常由于微量走纸、滚筒速度不同或滚筒轴向窜动而引起网点不同方位的变形。这时，测控条中的折线就会变化，横线变粗或竖线变粗。如图 5－14 所示。

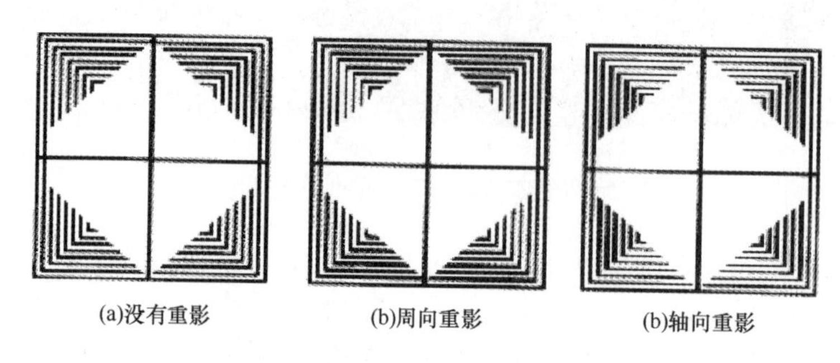

图 5－14　布鲁纳尔信号块中折线控制部分的应用

（5）利用同心圆测控任意方位的变化

测控条上的同心圆在正常条件下是线距相等，如果只是压力或墨量的变化，则只有线条的变粗或变细。如果是网点发生了变形，线条则沿着网点变形的方位变粗，甚至搭连。如图 5－15 所示

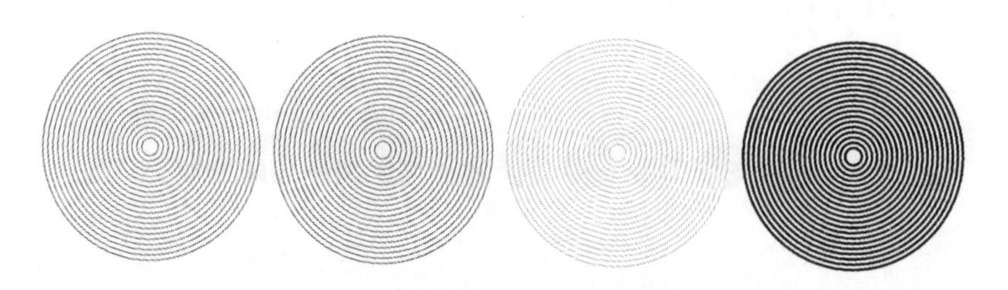

图 5－15　同心圆测控任意方位的变化原理图

三、印刷测控条的使用

1. 检验网目调印刷质量

（1）标准实地着墨量的检测

使用反射密度计（带补色滤色镜）对印品上原色实地块进行检测，对比印张上原色块密度测量值与标样对应的原色块密度值一致。

印张与标准样张（签样）所用纸张和油墨应相同。如果印张与标准样张的纸张和油墨不一样，以标准样张上的密度值来控制印张墨量就可能出现色差等质量故障。

（2）印刷阶调值（网点有效面积覆盖率）的检测

使用反射密度计（带补色滤色镜）对印品上原色网目调块和相邻实地块进行检测，现代密度计能够直接显示网点覆盖率（人工数据处理需将测量的网目调密度 D_t，实地密度 D_s 带入默理/戴维斯公式计算）。

（3）网点增大值的检测

使用反射密度计（带补色滤色镜）对印品上原色网目调块和相邻实地块进行检测，现代密度计直接显示网点增大值（人工数据处理是用默理/戴维斯公式计算出印迹网目调值

F_D，然后计算印迹网目调值 F_D 与晒版原版网目调值 F_{RP} 之差）。

（4）绘制印刷特征曲线（阶调传递值）

印刷特征曲线的定义是：印迹网目调值与印版或晒版原版的网目调值之间的关系。

使用反射密度计（带补色滤色镜）测量原色网目调梯尺（至少 3 级），根据所测的印迹网目调值 F_D 与晒版原版网目调值 F_{RP}，绘制“F_D—F_{RP}”曲线或“ΔF—F_{RP}”曲线（见图 5－16）。

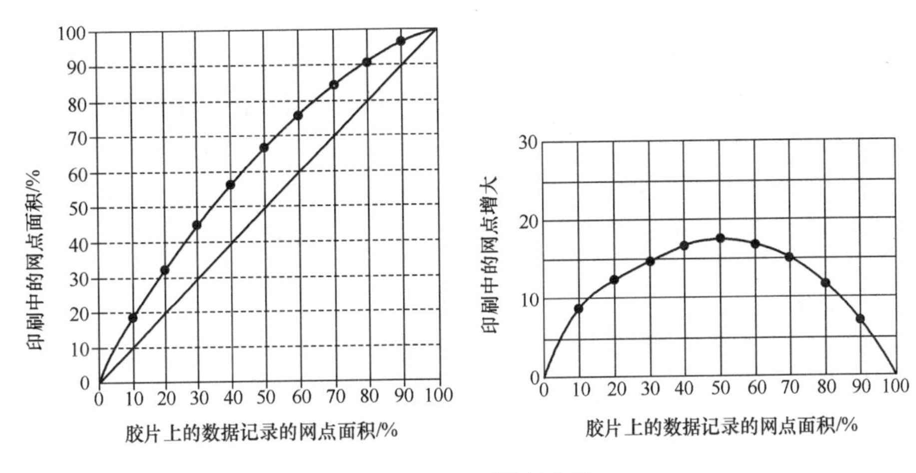

图 5－16　印刷特性曲线

（5）检查阶调复制范围

用目视（可使用放大镜）观察阳小网点块，阴小网点块，可以检查印张的阶调复制范围。

（6）检测叠印率

使用反射密度计（带补色滤色镜）检测叠印率，可对后印油墨在前印油墨上的墨量转移进行量化评判。例如检测品红油墨印在青色油墨上的墨量转移情况，可用反射密度计测量品红和青两色叠印块、青色实地块和品红实地块（注意：测量密度时应选择使用后印刷色的补色滤色片）的密度或叠印率值。

（7）检测相对反差值

使用反射密度计（带补色滤色镜）测量原色实地块和 75% 或 80% 网目块密度或相对反差值。

（8）变形/重影

目视（可借助放大镜）观察星标、圆形线条检标、直线线条检标，可判断印张变形和重影情况。

2. 印刷测控条在版面上的位置

（1）位置要求

在实际生产中，测控条可横放或竖直放，横放在图 5－17 位置 1、2、3 的情形都存在，但通常安排在印张上的咬口、拖梢与印刷机轴向平行，并在裁切尺寸之外的区域上，这样便于测控印张着墨的均匀性。

（2）确定测控条位置的原则

一张印刷品表面质量是不均匀的，把最容易出质量偏差区域的印刷质量，控制在合格标准范围，那么印张其他部位的印刷质量就不容易出大的问题。通常印张咬口处的印刷质量受

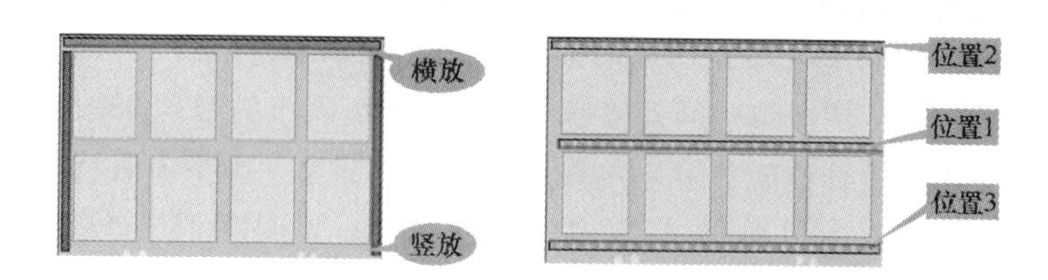

图 5－17 印刷测控条在版面上的位置

不利因素的影响最小，而拖梢处的印刷质量可能是整个版面最差之处，这是因为多种不利因素容易在托稍处“聚集”，而又不能被完全控制或排除，因此印刷测控条尽可能放置在印张托稍处。设置在拖梢处的测控条，应距纸边至少 2～3mm，以免纸边的纸毛、纸粉沾在测控条的测控块上，减低测控的效果。

四、常见的印刷质量测控条

1. GATF 测控条

①数码信号段：如图 5－18 所示，GATF 测控条数码信号段是通过网点面积的增大与网点边缘的总长度成正比的原理制作而成。GATF 数码信号条的背景由 26 线/cm 的粗网点（大小和密度均匀一致）组成。

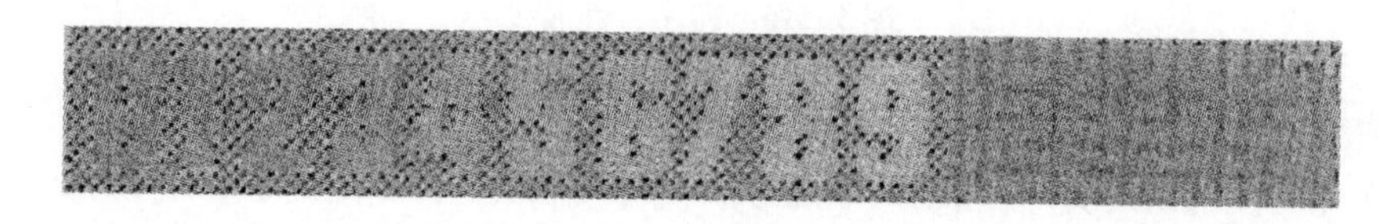

图 5－18 GATF 信号条的数码段

数码是由 80 线/cm 的网点组成，但每个数字网点大小不同，从“0”到“9”分段递减（见表 5－8），其中数字“2”的密度与背景的密度值相等，人眼区分不出来。

表 5－8　GATF 测控条数码信号段各数段的网点大小

数码值	网点大小/%	数码值	网点大小/%
0～2	30	6～7	15
3	25	8	10
4～5	20	9	5

当网点没有扩大现象时，数字“0～2”与背景浓淡基本一致，“3”以后的数字清晰可见。当网点扩大时，便不再是数字 2 与背景密度一致，当数字“3” ～ “7”与背景密度一致时，每级网点增大 3%～5%；数字“7”、“8”、“9”每级网点增大 5% 以上。例如“5”与背景融为一体，说明网点扩大 15%；当数字“8”与背景融为一体时，网点扩大 30% 以上。当数字的网点丢失，说明网点缩小，例如数字“9”内的网点没有了，说明网点缩小或损失了 5%，以此类推。

从目测数字与背景底色的密度差，可以判断印刷网点的扩大或缩小。但各种纸张的网点扩大率是不同的，印刷时应根据不同情况予以掌握。

②字母“SLUR”段：GATF测控条的字母“SLUR”段是利用等宽或不等宽的折线测控水平和垂直方位的变化原理制成。S、L、U、R这四个字母由水平方向的平行线构成，镶嵌在由竖直方向的平行线组成的背景上。线条线数相当于26线/cm。

当印刷正常时，底色和字母深浅一致。当印张上的网点发生变化时，信号条上的横线竖线的密度就会不同，字母“SLUR”就会因比底色深或浅而显示出来。当字母深出背景，表示横线变粗，判断为产生了径向滑动和重影。当字母淡入背景，表示竖线变粗，判断为产生轴向滑动和重影。

③星标信号段：GATF测控条的星标信号段是由36根黑色的楔形线条组成，以等距离辐射形排列在一个圆周内，主要检查印刷中的重影、网点扩大、糊版、花版、网点变形等现象。

星标控制白点在印刷中的变化，是建立在放大基础上的。正常的星标中心部位白点和楔形线条都很清楚，反映印张的网点扩大不明显。若白点变大、消失，表示印张的网点出现了问题，如图5－19所示。其鉴别方法如下：

a. 星标中心出现大黑圈，表明版面受墨量过多，黑圈越大，说明受墨量越多，网点扩大越严重。

b. 星标中心的空白点扩大，表示印版供墨量不足，网点缩小。

c. 星标中的黑圈纵向扩展成鸭蛋形，表示网点横向变形。

d. 星标中的黑圈横向扩展成鸭蛋形，表示网点纵向变形。

e. 星标中的中央部分消失，剩下的轮廓成“8”字形，表示出现重影。重影纵向出现，“8”字形呈横向扩展；重影横向出现，“8”字形呈纵向扩展。

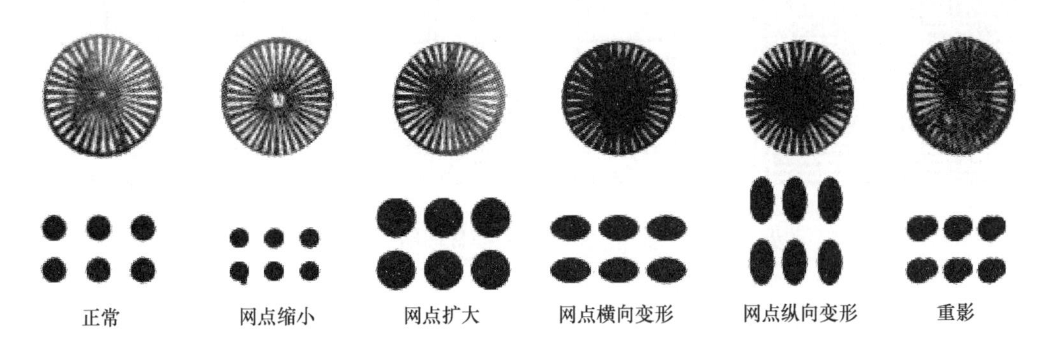

图5－19 GATF星标鉴别印刷情况示意图

2. 布鲁纳尔第三代测控条

布鲁纳尔公司于1981年研制了第三代测控条，如图5－20所示。布鲁纳尔测控条由色标段、复色叠印段、25%～75%网点段、布鲁纳尔三段式实地、50%超测微段、中性灰平衡段、0.5%～5%晒版检测段、印版分辨率段和四色三段式组合构成，可根据要求延伸使用。

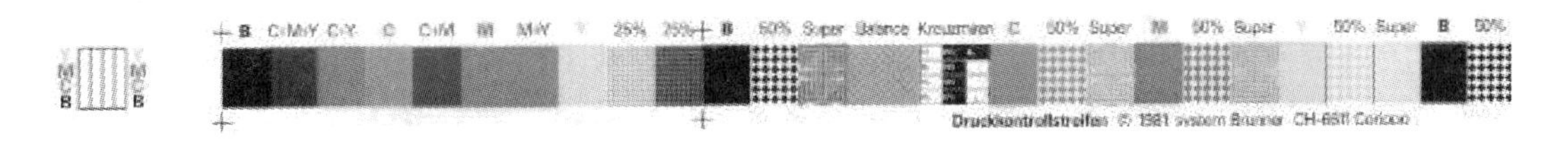

图5－20 第三代布鲁纳尔测控条

①色标段和间色叠印段：测控条上分别排列黑、青、品红、黄、红、绿、蓝实地色块。可用密度计测定三原色和黑色油墨的实地密度，及“品－青”、“黄－品”、“黄－青”的叠印率。

②50%的粗、细网点段：测控条设定了细网区（60线/cm）和粗网区（10线/cm）来监控网点扩大量。

印刷网点扩大值＝50%细网段密度－50%粗网段密度

这个值是测控条上特定线数（60线/cm）特定部位（50%网点面积）的绝对值，若印品的加网线数与测控条一致，则此值不做修正；若印品加网线数与测控条不一致，则要以此值为基准进行增减，按表5－9换算。

表5－9　不同网线数网点扩大值的修正量

线数/（线/cm）	90	80	70	60	50	40
增减值	+1/2	+1/3	+1/6	0	－1/6	－1/3

③布鲁纳尔信号块：布鲁纳尔信号块也称细网点微线块，线数（60线/cm）。如图5－21所示。

图5－21　布鲁纳尔信号块

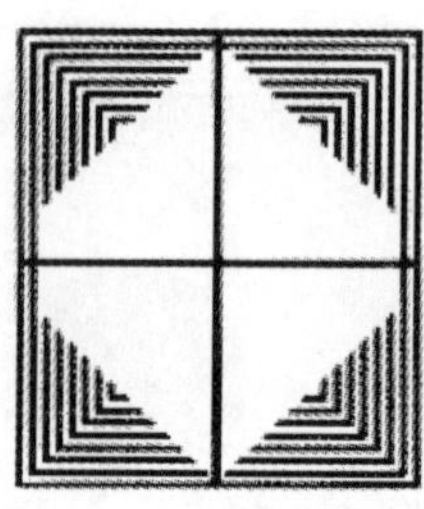

(a)没有重影

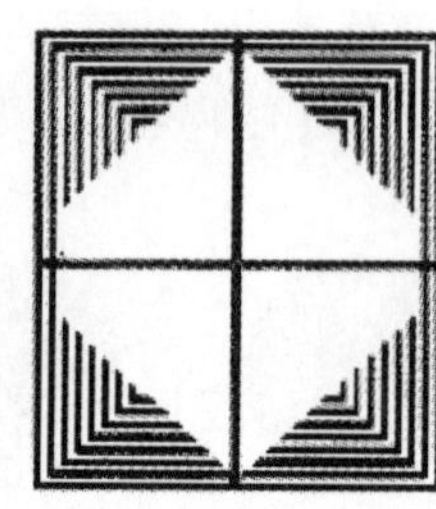

(b)周向重影

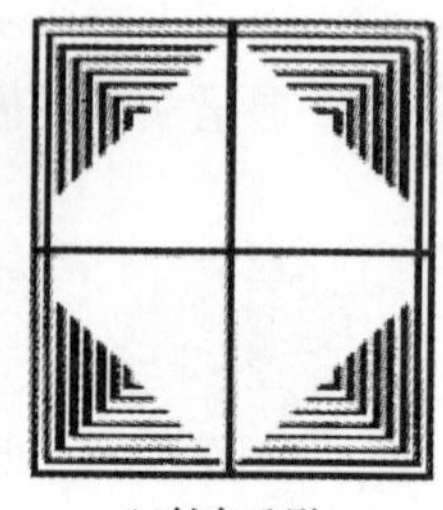

(c)轴向重影

图5－22　布鲁纳尔信号块中的折线（重影测控块）

a. 折线块（重影测控块）　如图5－22所示由60线/in（24线/cm）的等宽线组成，用来检测印迹横、纵向变形程度。当竖线变宽，则印迹横向变形；当横线变宽，则印迹纵向变形。

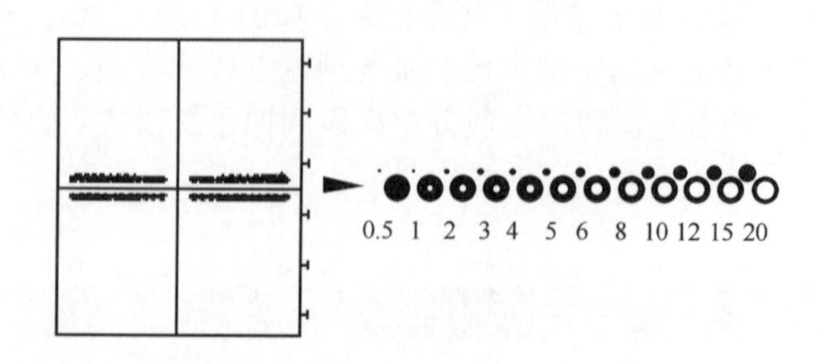

图5－23　布鲁纳尔信号块中极细小阴阳点

b. 极细小阴阳点　如图 5 – 23 所示，靠近十字横线有四组极细小阴阳点，阴阳网点的面积率依次是0.5%、1%、2%、3%、4%、5%、6%、8%、10%、12%、15%、20%，可用放大镜观察，根据高调处极细小网点和暗调处极细小白点的还原情况，可判断网点是扩大还是缩小、阶调层次再现范围。

c. 阴阳小十字　如图 5 – 24 所示，距十字横线上方或下方第三行，是阴阳小十字，可反映印迹的变化情况和变形方向。如果印迹横向变形时，十字线的阳竖线变粗，阴竖线糊死；如果印迹纵向变形时，十字线的阳横线变粗，阴横向糊死。如 8% 阴十字标消失，10% 的阴十字标还保留横线，竖线消失，12% 的阴十字竖线还保留，这说明网点横向增大在 10% 以内，竖向增大在 15% 以内。

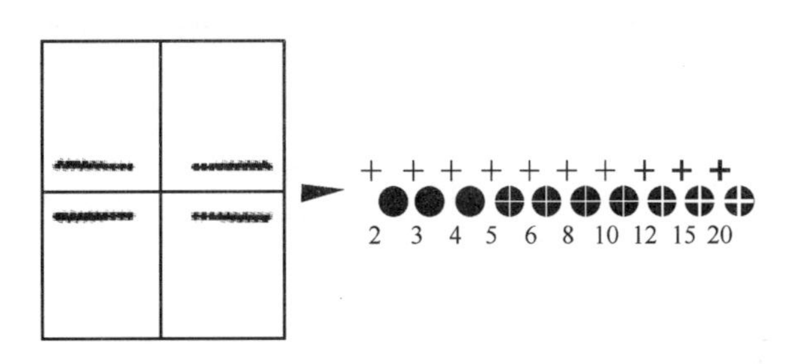

图 5 – 24　布鲁纳尔信号块中阴阳小十字

阴阳小十字还可判断晒版曝光量，以阳图 PS 版为例，阳十字变细小或虚化，表明曝光过度，阴十字糊死，表明曝光不足。如 2% 的阳十字线变细小或虚化，表明曝光过度，原版上 50% 的网点转移到印版上缩小为 48%。如 5% 的阴十字糊死，表明曝光不足，原版上 50% 的网点转移到印版上扩大为 55%。如图 5 – 25 所示。

d. 50% 的方形网点　如图 5 – 26 信号块被十字线分割的四个区域内各有 4 个 50% 的方形网点。用于鉴别晒版、打样、印刷等工序是否出现网点搭角现象，如果搭角明显图像显得深，则说明网点扩大；如果网点没有搭角，则表明网点缩小。

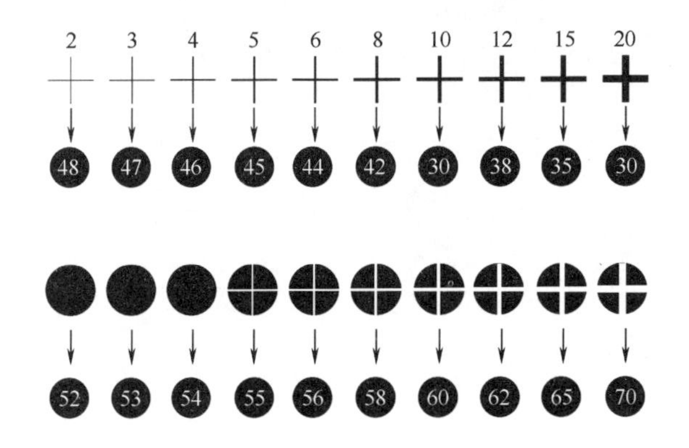

图 5 – 25　布鲁纳尔信号块阴阳十字线对应网点大小

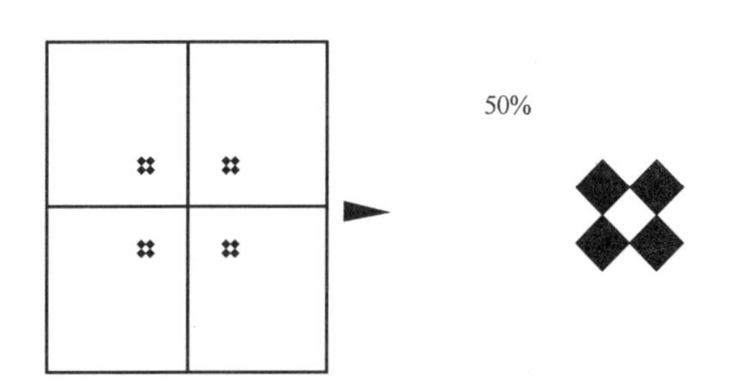

图 5 – 26　布鲁纳尔信号块中 50% 方形网点

e. 直径渐变且互补的圆形网点　靠近中心大十字竖线有四组直径渐变互补的圆形网点，渐变情况见图 5 – 27 所示，表示不同面积网点的距离和并联范围，如 75% 与 70% 网点边缘搭接，表示 70% 以上的网点区域发生糊版、层次并级。

④中性灰平衡段：布鲁纳尔测控条设置了三原色叠印的中性灰实地块、150 线/in（60 线/cm）50% 网点的三原色套印的中性灰网目块，用以鉴定打样和印刷品灰平衡的复制效果。

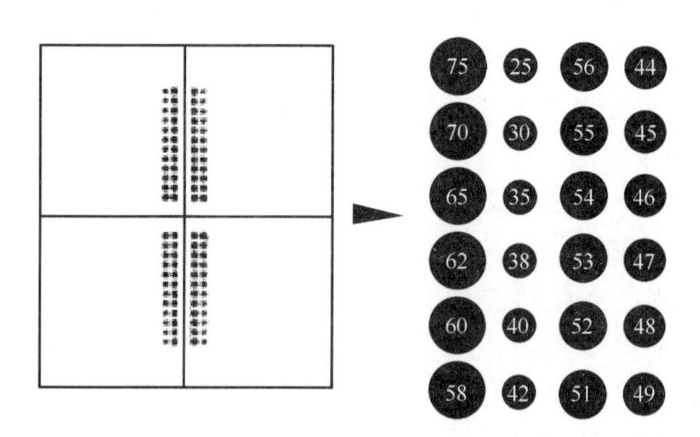

图 5－27　布鲁纳尔信号块直径渐变且互补的圆形网点

任务二　印刷测试版印张的判读

- 任务背景

通过对如图 5－28 类似的印刷测试版印张的判读，从纸张、油墨、印刷工艺条件三个方面，评判给印品的印刷质量。

图 5－28　印刷测试版印刷样张

- 任务要求

要求学生熟悉常见印刷测试版的构成要素，掌握其诊断功能。

• 任务分析

印刷测控条能够反映套印精度、实地密度、叠印率、网点扩大、印刷反差、中性灰等复制特性，但这些特性还不足以反映某印刷组合（纸张、油墨、橡皮布、印版、印刷机、操作者技术）的质量细节，而印刷测试版，增加了诸如纸张最大受墨量、皮肤色还原情况、亮部阶调、暗部复制情况、高饱和色的复制能力与品质等测控功能，更利于提高和控制印刷质量。

• 重点、难点

构成要素间的联系和相互影响。

知识点3　印刷过程的质量控制

最佳的印刷就是使印版上的网点尽可能忠实地传递到承印物上，并得到清晰的印迹，正确再现原稿的阶调和色彩。但在实际生产中，影响印刷质量的因数有很多，仅以单张纸胶印机印刷为例，其运转中常见的印刷变量就有：网点增大、印刷反差、网点变形、叠印、墨层厚度、油墨色相；油墨温度、油墨乳化、油墨干燥速度；纸张厚度、纸张平滑度、纸张表面效率、纸张相对含水量、纸张表面强度、纸张 pH；水斗溶液 pH；橡皮布硬度、橡皮布厚度；环境温度、环境相对湿度；印刷速度、包衬厚度、水墨平衡；辊子硬度、辊子压力、印版磨损等，因此粘连、滋墨、色彩差异、拉毛、重影、套印不准、非图文部分着墨、叠印不良、喷粉过量、蹭赃、褶皱等典型的印刷质量问题时有发生。印刷人员需要对印刷中出现的各种各样的现象进行准确的观察与判断，做出合理的工艺调节，才能达到满意的结果。

印刷品复制是一个系统工程，必须用质量控制方法去预防和减少质量故障的出现，做好印刷前的准备工作、印刷过程的检测工作、印刷品的质量统计分析工作，有利于稳定印刷品的印刷质量。

一、印刷前的准备工作

印刷前的准备工作做的是否充分，是印刷质量稳定的重要前提与条件。在印刷前对印刷质量进行事先控制，其主要内容有以下几点：

①根据印刷机制造厂提供的数据，调节滚筒包衬、印刷压力和墨辊压力、水辊压力。

②对印刷机进行检查和润滑，排除机械故障，调节好各工作装置和部件，使印刷机处于最佳的技术状态。

③检测常用承印物、油墨、橡皮布、印版和印刷机组合的印刷适性，确定其标准着墨量、灰平衡数据和印刷特征曲线，并依据其确定印前阶调复制曲线。

④挑选一个能使印刷品产生最好色相的印刷色序。（四色胶印目前最常用的印刷色序是黑、品红、黄或青、品红、黄、黑）

⑤确定选定印刷条件下，印刷质量特征参数控制值，如实地密度、网点增大值、油墨叠印率、相对反差等。

⑥印版、纸张、油墨、润版液和各种辅助材料的检查。

二、印刷过程的检查工作

在印刷过程中，通过对印刷品的抽样检查，调节墨量及套准精度等，来保证印刷品的质量。印刷过程中的检测包含两个方面：一是对印刷品表观质量的检查；二是对印刷品复制质量的检查。

1. 表观质量的检查内容

①套印是否准确；

②图像、文字是否完整；

③印品表面是否有脏污；

④实地是否均匀、有无掉粉、拉毛现象；

⑤是否有重影、条杠、龟纹、鬼影；

⑥印张背面是否有蹭脏或透印等现象。

2. 复制质量的检查内容

①网点是否完整，有无变形；

②颜色的鲜艳程度；

③是否有色偏；

④画面的层次和质感；

⑤画面的反差；

⑥画面的清晰度等。

三、印刷过程的质量控制

在印刷过程中，对印刷图像质量的控制，主要通过控制印刷实地密度（墨层厚度）、网点增大值、相对反差、油墨叠印率、灰平衡、印刷光泽度来实现。

1. 实地密度

实地密度是指承印物上均匀且无空白地印刷出来的表面颜色密度，即100%网点的密度。印刷实地密度与墨层厚度有密切关系，在一定范围内，墨层厚度增加，实地密度会随之增加，但实地密度随着墨层厚度增加，并不是无限增大的，当墨层厚度增加到一定值时，实地密度值达到最大，这时再继续增加墨层厚度，实地密度值则不会随之增大。最大实地密度受到印刷方式、油墨和承印物的制约。

合适的实地密度或墨层厚度可以得到较大的复制色域范围，因此可以较好地再现色彩。

利用实地密度控制墨量时，常在印张的咬口或托稍部位印刷实地色块作为测标，每隔10cm左右循环一次。实地密度的标准数据因所用的纸张、油墨及有关印刷条件不同而不同，可通过测量打样样张测标获取，也可通过试验获取。一般参数数据是：黄墨0.90～1.10、品红墨1.30～1.60、青墨1.50～2.00。公差范围也因质量要求不同而不同，通常取±0.05。打样的实地密度值一般比印刷稍高，这是因为打样的网点增大程度比印刷小。

用测定印刷密度的方法管理油墨量时，要注意标准数据所适用的条件、测量时所用的密度计的类型（是否带偏振滤色镜）及测量时的墨层状况。例如相同的油墨量印刷胶版纸和铜版纸，在铜版纸上测得的密度值较高。即使是同一纸张，刚印出来的印张密度较高，而经过数小时干燥后，因墨层表面的平滑度降低，密度值就会下降。这种在墨层干燥后测得的低密度通常称为“干退密度”，由于墨层干燥前后的密度值不同，印刷图像呈现的色调值也不同。生产中应当注意这种现象，如作为印刷时的标准样张（打样样张），其上的油墨层已经干燥，反射密度已经降低。如果按照干燥样张的墨色调节印刷样张的墨色，待印张干燥后，就很难与标准样的色调一样。故一般都使印刷样张的墨色稍比标准样张深，但究竟深多少没有定量标准，这就是印刷样与标准样在色调上产生差异的原因之一。解决的办法是采用数据化控制，在打样时，测定刚印下来的各色密度值，在印刷时，参照这些密度值来印刷，就能使两者的墨色接近一致。为了使干湿墨层的反射密度值是可以比较的，应当采用装有偏振滤光片的密度计。

2. 相对反差

对于彩色图像复制来说，通过确定实地密度控制图像暗调、确定小网点出齐来控制图像亮调、确定网点增大值控制图像的中间调之后，则控制了整条复制曲线。随着科学技术的发展，德国印刷研究协会（FOGRA）提出用相对反差，即 K 值作为控制实地密度和网点增大的技术参数。印刷相对反差用如下公式描述的：

$$K = \frac{D_s - D_t}{D_s} = 1 - \frac{D_t}{D_s} \quad (5-4)$$

式中 D_s——实地密度

D_t——75%（80%）网点积分密度

在印刷中总希望印刷色彩饱和鲜明，这就必须印足墨量，但是墨量不允许无限制地增加。当油墨量达到 10μm 厚度时，油墨即达到饱和实地密度，再增加墨量，油墨的实地密度增加缓慢或几乎不再增加，而导致网点不断增大。网点的积分密度提高，使图像的视觉反差降低，这样的物理过程可以用上面计算 K 值的公式量化描述。该式反映了实地密度和网点密度之间在实地密度变化过程中所产生的反差效果。在墨层较薄时，随着实地密度的增加 K 值渐增，图像的相对反差逐渐增大，当实地密度达到某一数值后，K 值就开始从某一峰值向下跌落，图像开始变得浓重、层次减少、反差降低，如图 5-29 所示。所以，实地密度的标准，应以印刷图像反差良好，网点增大适宜为度，从数据规律看，应以相对反差（K 值）最大时的实地密度值作为最佳实地密度。

相对反差的概念和计算公式都很简单，但在质量检测和数据化管理中却是一个重要的参数，这是因为：

①当 K 值最大时，说明此时具有最佳实地密度，阶调转移也处于最佳状态。

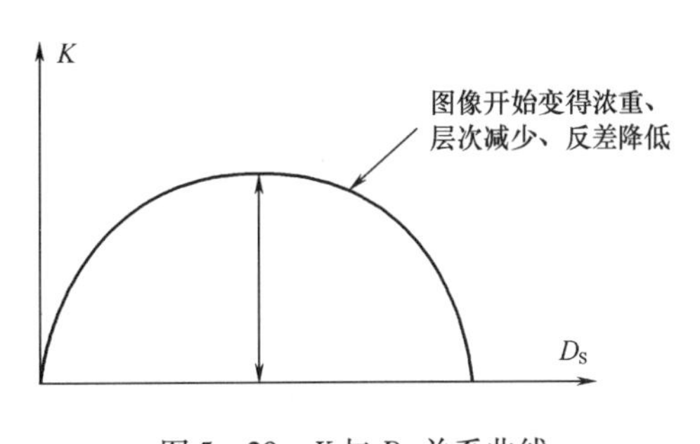

图 5-29 K 与 D_s 关系曲线

在印刷过程中，不同的实地密度就有其对应的 K 值。当墨量过大时，实地密度不适当的增大，网点会增大过量，K 值下降，这时，油墨本身的饱和度较好，但层次和清晰度受到损害。如果墨量过小，实地密度不饱和，K 值同样下降，这时，网点的增大率虽小，清晰度也不错，但油墨墨色欠饱和，整个图像显得没有精神，影响质量。在生产中，应首先测定 K 值，然后制订印刷中应控制的实地密度值，这才是具体印刷条件下符合数据化生产需要的实地密度值。

②最高 K 值时的实地密度值才可以作为分色时建立灰平衡和阶调分配时定标的依据。

印刷时的最高 K 值及有关色偏、带灰和色效率的测定数据反馈给分色工序作为制订中性灰平衡及三原色版网点分配时的信息依据。但最高 K 值时的三原色油墨实地密度值，可能并不是该三原色油墨最高效率（即最佳显色性）时的实地密度，前者是油墨在网点转移下的动态适性，后者是油墨自身的静态色度特性。对于这种矛盾的情况，如果照顾最大的实地色效率而舍弃印刷最高 K 值下的实地密度值，将会造成一些不良后果：其一，印刷的色密度反差和色相纯度的还原范围不够合理；其二，依照该实地密度制订的三原色版的中性灰平衡会在印刷网点转移中遭到破坏；其三，由于网点增大率不是处于最合理的状态，因而导致以网点组成的边缘层次清晰度的下降；其四，三原色版网点转移时的 K 值下降会导致暗调层次的损失。因此，在最高 K 值下的实地密度值，不仅反映了网点最合理的增大率和最佳转移，同时亦反映了该油墨在具体印刷转移条件下的最合理的显色效率。

③经测定确定的 K 值和实地密度值是数据化管理和质量控制的主要数据标准。在一定的印刷转移条件下，经测试制订出合理的 K 值和实地密度数据作为控制印刷图像质量的依据。一旦出现印样达到实地密度而 K 值降低时，那可能是由于原墨稀释过量、印刷压力过大、印版晒的过深等原因造成的；而如果在打样或印刷时的实地密度和 K 值正确、色调还原却发生问题，那就可能需要修改原版的分色参数。

相对反差 K 值范围，《平版印刷品质量要求及检验方法》中的推荐值见表 5 - 10。

表 5 - 10　　平版印刷品质量要求及检验方法中推荐的相对反差值

色别	精细印刷品的 K 值	一般印刷品的 K 值
黄	0.25 ~ 0.35	0.20 ~ 0.30
品红、青、黑	0.35 ~ 0.45	0.30 ~ 0.40

实际应用时，最好四个版的 K 值都用中间偏上的数值，如果达不到，四个版可同时选用上限或下限，一套版要尽可能接近、统一，这样有利于整体的印刷灰平衡，有利于控制印品质量。

3. 网点增大

在平版胶印印刷工艺中，网点增大对复制色相变化的影响比任何其他变量都大。在纸张上印刷的墨量会影响网点增大，而网点增大则影响印刷反差。这似乎说明，墨层厚度越大，得到的印刷反差越大，其实并不如此，太多的油墨会降低印刷反差，因为这会引起太大的网点增大。

网点增大是一个网目调网点从在网目调原版上开始直到把它在纸上印刷出来在尺寸方面的增加。在印刷黑白或彩色网目调图像时，网点增大会改变画面反差并引起图像细节与清晰度的损失。在多色印刷中，网点增大会导致反差丢失、图像变深暗、网点糊死并引起急剧的色彩变化。

在印刷过程中，网点增大是不可避免的，也是正常现象，但是要控制在一定的范围内，否则将影响图像阶调和颜色的再现，因此掌握补偿网点增大的方法是很重要的。

（1）网点增大的特性

同一加网线数不同大小的网点在径向的增大通常是一样的，使亮调、中间调和暗调的网点在径向产生等量的变化；但当网点的周边越长时，环绕着网点增加的面积越多（图 5 - 30），因此，最大的网点增大是在中调大约 50% 的地方，图 5 - 31 表示一个典型的胶印网点增大曲线。

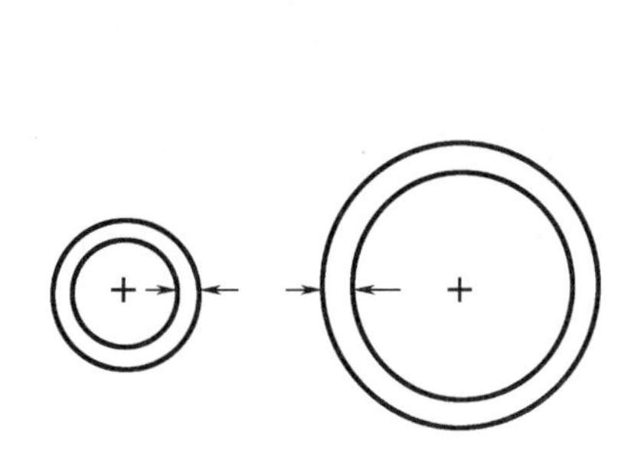

图 5－30　网点扩大与周边长关系

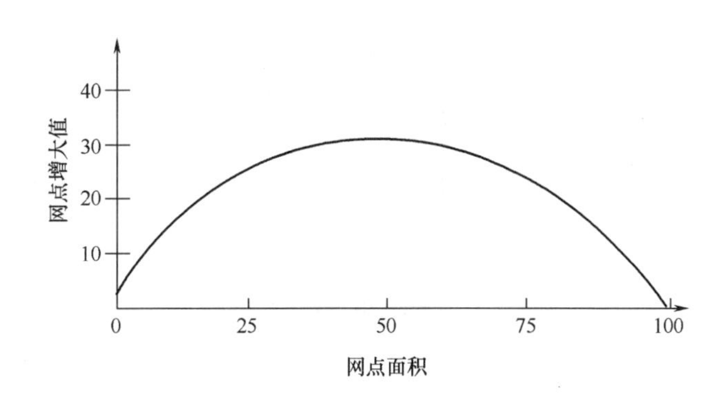

图 5－31　网点增大与网点面积的关系曲线

（2）网点增大的种类

网点增大分为两种：几何增大和光学增大。

网点几何增大是在力的作用下网点尺寸产生扩张的现象，主要在网点的周边上发生。在制作分色片中、晒版中、印刷中都会产生网点几何增大。由印刷故障造成的网点增大可能是不规则的，如重影和滑版造成的网点增大就是这样。

滑版使油墨在一个方向铺展引起的网点增大，网点可能变成橄榄球状或带尾巴的管星形状。如果只是某一个色发生网点变形，就会引起色彩变化，如果所有的色都发生网点变形，就会引起色彩变暗并显得浑浊。

重影是一种明显的故障，重影发生时，网点表现为互相不完全重合的双像。印刷供墨量太大（约超过 50%）时就会发生重影现象。重影会使某种油墨明显变暗，叠印色彩和图像反差也发生改变。

网点光学增大是指网点密度与网目调图像中实际网点面积不成比例的现象，这种现象使网点密度值大于预期的值，对眼睛的视觉感受是一个比实际几何面积要大的网点。

只要纸上有油墨存在，光学网点增大就会发生。在图 5－32 中，如果入射到空白部位和网点部位的光被反射后，仍分别从各自的入射面出射，这并不引起光学增大。只有当一些光线由印刷网点面射入，而从未印刷的空白面射出，而一些光由未印刷的空白面射入，从印刷的网点面射出时，才会产生光学增大现象。

由图 5－32 可以得知，网点周边区域存在着复杂的光学现象。首先考虑入射光束 1，它在纸面反射回一部分，进入纸张的光除被吸收一部分外，反射分量 $1b$ 仍从纸面返回，而反射分量 $1d$ 不从纸面返回，却从网点部分穿过，返回空间。再考虑入射光束 2，它是从网点部位入射，在墨层表面发生第一表面反射，穿过墨层并进入纸张的光除被吸收掉一部分外，被反射进入空间的光也由两部分组成，分量 $2d$ 仍从墨层返回空间，分量 $2b$ 却从空白区返回空间。造成光学增大的光线在靠近网点和纸面交界线的地方，从图 5－32 可知，当网点周围发生反射光线易位的空白区面积大于网点边缘发生反射光线的易位面积时，就会产生网点光线增大现象，如图 5－33 所示。网点周长变化时，网点的光学增大量也发生变化。网点覆盖率和网线数目改变时，网点光学增大量也发生变化。

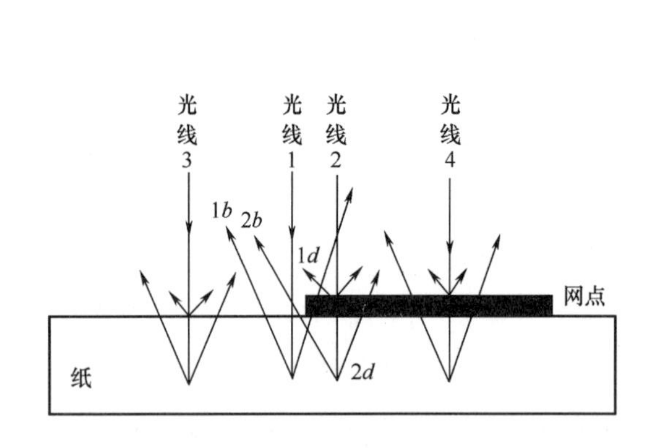

图 5－32　光入射到网点上的光学现象

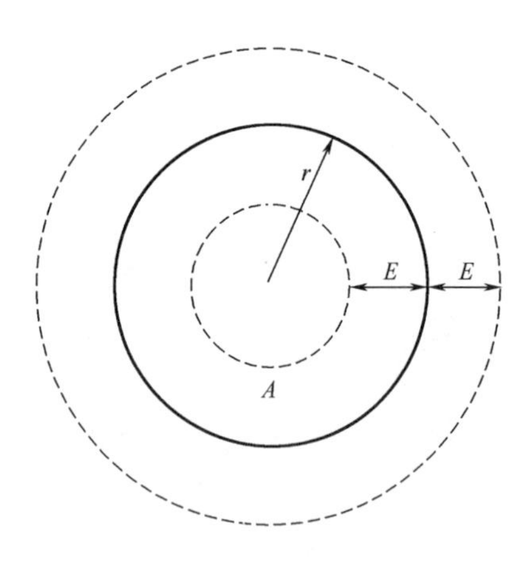

图 5－33　网点增大

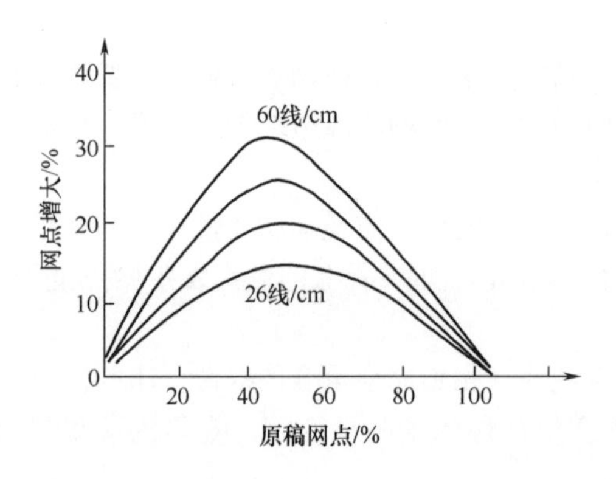

图 5－34　网点百分比与网点扩大值关系曲线

（3）影响网点增大量的因素

①加网线数：加网线数对网点增大的影响如图 5－34 所示。当加网线数由 26 线/cm 增加到 60 线/cm 时，网点增大量逐渐增加，26 线时网点增大约 12%，60 线时达 28%。这说明随着加网线数的增加，网点增大量随之增加。

挑选加网线数应在允许的网点增大和需要得到的细节之间选取折中方案，太细的网线易使暗调糊版。在印刷较细的网线，必须特别注意橡皮布的状况、油墨的黏度和流动度、严格控制水墨平衡。在印刷太细的网线活时，必须减少实地密度，使中调和暗调展开。

②墨层厚度（实地密度）：油墨从印版转移到纸面上会有一定的厚度，在印刷压力的作用下，油墨会向网点的四周铺展，网点增大的程度随供墨量的多少而不同。当供墨量少时，转移到纸面上的油墨首先要填充纸张的凹坑和毛细孔，没有多余的油墨向网点四周铺展。但随着供墨量的增加，多余的油墨就会向四周铺展，网点增大明显。若供墨量过大，就会造成糊版。

印刷中是选用实地密度来间接控制墨层厚度，一般规律是：实地密度增加时，网点增大则有可能增强。降低实地密度能够减少中调的网点增大，但对暗调有较大影响，在一定程度上使饱和色和叠印色彩变弱。

③印刷压力：一般情况下，网点增大值会随印刷压力的增大而增大，而网点面积增大过多时，会造成网点并级，图像模糊不清，并加剧印版的磨损，难以达到印刷效果。当印刷压力偏小时，各印刷面之间不能充分接触，从印版转印到纸面上的墨量偏少，导致印品的墨色浅淡，细线条、高光部分的小网点丢失等。

（4）网点增大的控制

如果只是在印刷阶段，通过调节印刷压力和供墨量（墨层厚度）来控制网点增大，充其量只是防止选定纸张、油墨、印版、橡皮布和印刷机组合的网点增大的加剧，也就是说，如果给定的印刷条件，其最佳状态下50%的网点增大值是12个百分点，通过调节印刷压力和供墨量，只能使其增大值不超过或少许超过最佳值。要进一步减少网点增大，只能通过分色阶段对网目调值进行补偿来实现。例如某印刷条件，其50%网点增大值是15%，40%网点的增大值是13.9%，如果不在分色制版阶段进行补偿，其50%的网点在印张上增大到65%，如果在分色阶段，将50%的网点用40%的网点替代，最终印张上的网点尺寸为53.9%（40%+13.9%）。

4. 油墨叠印率

在彩色印刷工艺中，后一色油墨附着在前一色油墨膜层上，称为油墨的叠印，也可称为油墨的承载转移。彩色印刷品一般是通过面积大小不同的黄、品红、青、黑色印刷的重叠或并列而呈现颜色的。因此印刷品色彩再现效果与油墨叠印墨量有密切关系。

（1）叠印率的定义

叠印率作为度量油墨叠印程度的物理量，用来描述一种油墨粘附到前一个印刷表面上的能力。从定义上讲，油墨叠印指的是第二印的油墨转移到前次印刷油墨上的量与直接印在承印材料上的墨量之比，用百分比值来表示。油墨叠印率通常用下式确定：

$$叠印率=\frac{叠印色密度-第一色色密度}{第二色色密度}\times 100\% \tag{5-5}$$

测量时用第二印刷色的补色滤色片。

叠印率的高低直接影响图像色彩再现效果，叠印率越高，叠印效果越好，色彩还原越正确，叠印率低，则色彩还原再现的范围就会缩小，色彩的某些浓淡阶调不能复制出来。从理论上说，油墨叠印的值可能在0～100%。当然在批量印刷中有时叠印所能达到的油墨叠印值甚至超过100%的上限值。油墨叠印100%指的是：印在前印油墨上的油墨具有与直接印在纸上相同的彩色密度。

（2）叠印率的测定

目前叠印率的测定，主要有重量法和密度法两种。

重量法要求称出所转移的油墨质量，这需要试验仪器和可剥离的印版，因此这种方法只适合在印刷实验室测定，而不被印刷实践接受。

用测定彩色密度的方法考察油墨叠印，印刷者只要借助一台密度计便可测量。通过检测各色油墨的单色密度值和叠印后的密度值，将其带入式5-5计算油墨叠印率。

双色叠印时，油墨叠印的密度测定是以与彩色密度保持理想加色状态为基础的，但这只能是近似的。此外，油墨层的光泽也经常有差异，这也会不同程度地影响彩色密度。在彩色密度较低时密度计的读数精度也有一定局限性。

由于种种原因，双色叠印时不能实现彩色密度的加法规则。因此用密度计测定的油墨叠印值不可能是绝对值，以至于不同厂商的油墨产品以及印在不同纸张上的油墨，原则上不可进行比较。只有在同一批印件中，也就是说在给定的油墨、纸张等印刷条件下观察并完善油墨叠印，其密度测定对印刷者才是有用的。

用密度计测定油墨叠印仅限于由两种原色油墨重叠产生的第一级混合色。检测一个原色油墨与黑色油墨的叠印率毫无意义，检测用三个原色油墨重叠印刷的叠印率也毫无意义。

如果正式印刷所用的色序是：黑（BK）—青（C）—品红（M）—黄（Y）时，可用密度计测定下面三种油墨叠印率：

品红油墨印在青色油墨上（M/C）

黄色油墨印在青色油墨上（Y/C）

黄色油墨印在品红油墨上（Y/M）

两个彩色油墨的叠印与着墨和网点调值增大一样，也是一个重要的有光学作用的参数，它共同决定印刷图像质量，特别是色彩还原。不过印刷者必须认识这个事实，密度计测定的油墨叠印与彩色密度本身一样，很少直接反映印刷品的色彩质量。因为色彩或更确切地说颜色是一种视觉感受，它是以物理/生理/心理学的规律为基础的，用纯物理性的测量方法是不足以测定这种规律性的。

（3）影响叠印率的因素

印刷中影响叠印率的因素主要有：印刷色序、先印油墨表面的干燥状况及纸张的吸收性等，控制好这些因素有利于提高或稳定叠印率。

①印刷色序：在实际的印刷过程中，不同的叠印顺序对叠印率影响很大，特别是在湿压湿的状态下，如果第二色油墨的黏度高于第一色，那么在叠印过程中就容易发生逆印现象，即通常所说的反拔色，叠印效果极差；如果第一色墨层厚度大于第二色，那么在叠印过程中也容易发生逆印现象。

一个叠印良好的印刷色序，应满足以下条件：

油墨黏度：第一色 > 第二色 > 第三色 > 第四色

墨层厚度：第一色 < 第二色 < 第三色 < 第四色

②前印油墨表面的干燥状况：先印油墨未干燥时，进行叠印，后印油墨层往往靠近前印油墨处分裂，导致叠印率很低。在先印油墨干燥后，进行叠印，后印油墨层在中间分裂，叠印率增大。但前印油墨干燥后时间太长，会使表面晶化，吸附性下降，自然会导致叠印率降低。叠印最好选择在先印油墨刚刚固着干燥的时间内进行。

③纸张的吸收性：如果纸张的吸收性过大，当油墨印刷在纸张上时，墨层中的连结料很快被纸张吸收，使墨层中颜料浓度增大。当叠印第二色后，靠近先印墨层的油墨处的颜料浓度也增大，后印墨层就容易在此处分裂，使叠印率降低。

5. 灰平衡

灰平衡是指在一定印刷或打样条件下，黄、品红、青油墨按一定比例叠印，得到视觉上中性灰的颜色。构成灰平衡的黄、品红、青的网点百分数，称为灰平衡数据，不同亮度的中性灰，对应的灰平衡数据是不同的。可见灰平衡数据不是一个，而是一系列数据。图 5－35 就是用三原色油墨套印或叠印得到的中性灰块，不同亮度中性灰块上标注的三原色网点百分比就是灰平衡数据。

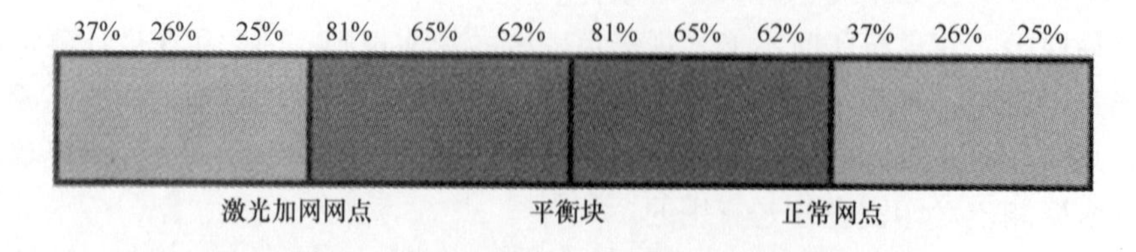

图 5－35　3M 公司的彩色印刷测控条灰平衡控制段

研究灰平衡数据，一方面是为了稳定色彩合成中纸张和油墨的呈色性能、墨层密度、网点增大、叠印效果对色彩还原的影响；另一方面是为了分色时对色彩数据进行全面调整和补偿，保证灰平衡的再现，使印刷品避免色偏现象。

（1）考察灰平衡的工具

①灰梯尺：a. 直观比较三色平衡；b. 通过比较两个灰梯尺的中性程度，可以比较复制的精确性；c. 既可以检测阶调复制，又可以用来检测灰平衡。

②以实用的三原色油墨印制的色谱，进行鉴别。

（2）判断灰平衡的方法

①在同一视场，用人眼对印品灰梯尺与标准灰梯尺进行比较。

②密度计测量判定，如果某点用红、绿、蓝滤色片分别测量，其测量值是否与灰平衡数据一致，在达到灰平衡数据则测量点的颜色是中性灰色。

③色度测量（色度计和分光光度计），印品上某点的测量数据与中性灰数据一致，则测量点的颜色是中性灰色。

（3）灰平衡数据的获取

灰平衡是产生灰色的颜色组合。在 RGB 加色空间中，色光三原色只需要等量相加就可以产生中性灰。然而在 CMYK 印刷颜色空间，情况就不是那么简单了，等量的黄、品红、青三色油墨叠印时并不是中性灰。通常情况下，构成灰平衡的三原色中，青油墨要比品红和黄的比例多，亮度部分会高出 3% 左右，中间调部分高出 10% 左右。

灰平衡数据可以通过绘制灰平衡曲线获取，绘制灰平衡曲线的步骤如下：

①印刷灰平衡矩阵（或印刷测试矩阵）。在这里，要用到测控条，可以自己设计，也可选用，例如 GATF 数字页面测试格式中的灰平衡图（如图 5－36 所示）。

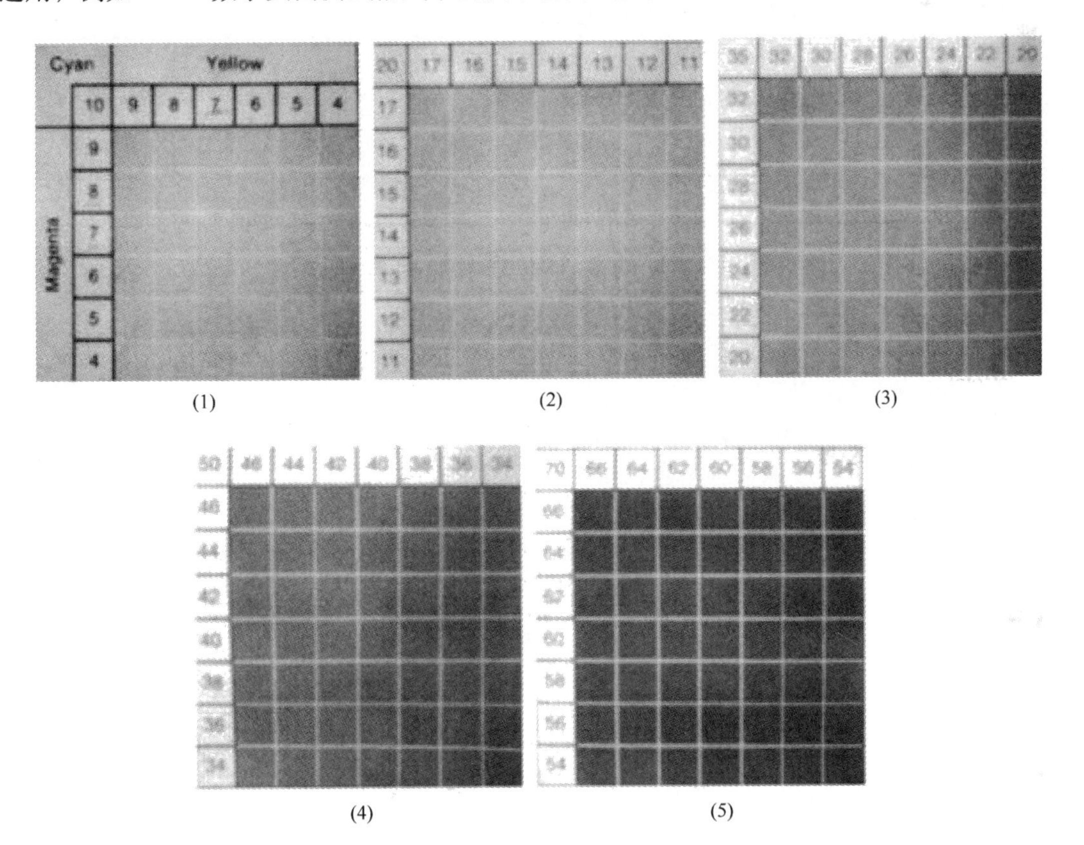

图 5－36 GATF 数字页面测试格式中的 5 个灰平衡矩阵

GATF 数字页面测试格式中的灰平衡图，是由 C、M、Y 三色以不同网点百分比叠加后形成的一系列色块，组成矩阵。图 5－36 中每一个矩阵，同行的黄色油墨百分比不同，同列的品红油墨百分比不同，青色油墨百分比相同。不同矩阵中青色油墨的网点百分比不同。

②找出中性灰块，测量其密度，按大小规律排序，并记录在表上。在印刷之后的测控条上，找出各矩阵中的中性灰色块，测量其密度值，再按照密度大小排序，记录在中性灰数据记录表中。比如，在四个矩阵中找出 4 个中性灰色块，分别标记为 A、B、C、D，其密度关系为 B < D < A < C，则记录在表 5－11 中。

表 5－11　　中性灰测试数据记录表

色块	密度测量值	C 网点百分比	M 网点百分比	Y 网点百分比
A				
B				
C				
D				

③在矩阵中查找各中性灰块对应的坐标，得出各色块 CMY 的网点百分比，填入上表中。

④以纵坐标代表网点面积，横坐标代表各色块密度，绘制灰平衡曲线。如图 5－37 所示。

为了使灰平衡曲线更精确，可将 C 色版按照 10%、20%……递增的阶调层次进行细分，做出更多的矩阵，比如做 10 个矩阵，这样就能找出 10 个的中性灰块，描出 10 个点，绘出更精细的灰平衡曲线。

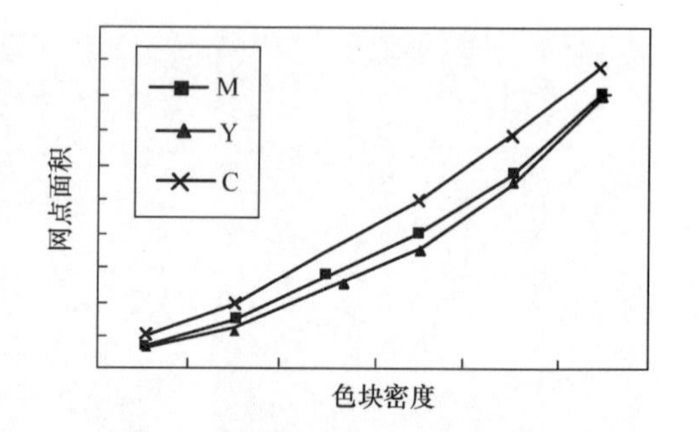

图 5－37　印刷灰平衡曲线绘制图

绘制出灰平衡图后，可以四象限循环转换的方法，即可以通过灰平衡曲线、网点扩大曲线、印刷复制曲线，得到最佳的分色曲线及彩色图像的最佳复制曲线，从而指导实际生产。

（4）影响灰平衡的因素

灰平衡不是一个独立的变量，不同纸张、油墨和印刷条件下，有不同的灰平衡数据。在相同的纸张、油墨和印刷条件下，墨层厚度、网点增大特性及叠印率的变化，都会使灰平衡产生偏差。

6. 印刷光泽度

印刷品上的光泽有：金、银墨呈现的金属光泽；普通油墨叠印在金银墨上呈现的半金属光泽；油墨连结料产生的树脂光泽。在这里讨论的最后一种光泽。

印刷品上印迹的光泽来源于光的反射，反映了印迹墨层的平滑程度。印刷品上反射光的成分有：①镜面反射光：影响印迹颜色的饱和度。②表面漫射光：有损彩色印刷品质量。③内部散射光：反映印迹的真实颜色。

（1）光泽的表示方法

虽然光泽与物体表面的镜面反射有关，但也与观察者的生理和心理状态相互作用，因而还不能单纯以对镜面反射的物理测量来表征。Hunter 提出 6 种表示方法，其中镜面光泽与反差光泽两种适用于印刷业和造纸业，已被广泛采用。

镜面光泽（G_S）系物体表面镜面反射光量（S）与入射光量（I）之比，如图5－38（a）所示：

$$G_S = \frac{S}{I}$$

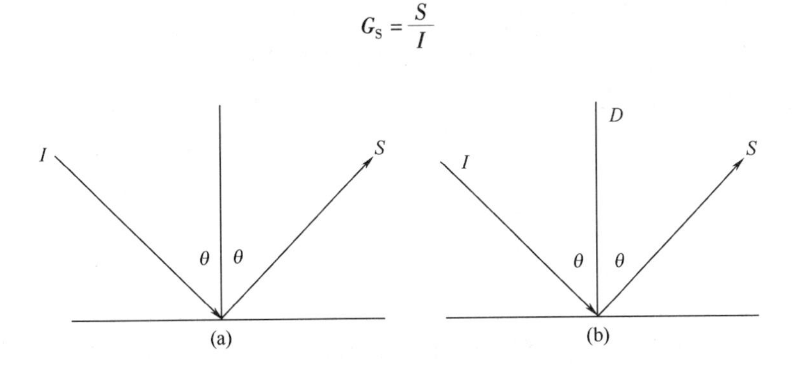

图5－38　镜面光泽与反差光泽

当入射角θ采用85°角时，测量结果称为光泽，一般用于描述低光泽表面。

反差光泽（G_c）又称对比光泽，系物体镜面反射光量（S）与总反射光量（D）之比值。

$$G_c = \frac{S}{D} \tag{5-6}$$

（2）光泽的测量角度

测量光泽使用光泽仪，大多数光泽仪是测量物体表面反射率，即镜面光泽。测量时所选入射角角度不同，结果也不同。入射角越大，镜面反射率越大，光泽越高；反之亦然。由此可见，光泽高低不仅取决于物体的表面特性，而且取决于测量角度。一般对高光泽表面采取小角度，如20°、45°角；对于低光泽表面则采取较大角度如60°、75°等角度进行测量。

（3）光泽测量角度的国家标准

20°角测量法：高光泽纸及纸板，高印刷光泽表面。

45°角测量法：金属复合纸及纸板、铝箔、真空镀铝纸。

75°角测量法：涂布、非涂布纸及纸板，低印刷光泽表面。

（4）印刷条件对印刷品光泽的影响

在印刷过程中，墨膜转移到纸张表面，并填充了纸面的凹凸不平，使印刷品表面相当平滑。印刷品墨膜表面对光的镜面反射决定着印刷品光泽的大小。而墨膜表面又同印刷条件、纸张、油墨性质以及两者的配合有关。

①墨膜厚度：墨膜厚度是影响印刷品光泽的主要因素。在纸张最大限度吸收油墨的连结料以后，剩余的连结料仍保留在墨膜中，它可以有效地提高印刷品的光泽。墨膜越厚，剩余的连结料越多，越有利于提高印刷品的光泽。但光泽随墨膜厚度提高的趋势，因不同的纸张和不同的油墨而有所不同。

②其他印刷条件：其他印刷条件对印刷品光泽的影响，缺乏系统的研究。印刷压力对吸收能力小的涂料纸张印刷所形成的印刷品光泽影响较小；对于非涂料纸，增加印刷压力则会降低印刷品光泽；当印刷速度变化未导致印刷墨膜厚度变化时，其对印刷品光泽的影响并不十分显著。有关资料指出，印刷车间的作业条件也是相关因素。车间相对湿

度提高，将使印刷品光泽降低。美国造纸化学学院（IPC）研究并作出解释，这是由于相对湿度的提高导致纸张孔隙增加的结果。此外，车间温度的提高将导致油墨黏度下降，也会降低印刷品光泽。

（5）油墨性质对印刷品光泽的影响

印刷品光泽取决于墨膜的平滑度，而在墨膜中的连结料保留有利于平滑度的提高。因而油墨应含有分散均匀的细微颜料，并具有足够的黏度和较快的干燥速度，以避免连结料过多地渗入纸张孔隙。此外，油墨还应具有良好的流动性，以便使印刷后的油墨流平，形成平滑的墨膜。油墨的组分决定着油墨的性质，而油墨各种性质之间是相互影响的，孤立地研究某一性质，很难弄清楚它对印刷品光泽的影响，需要综合进行研究。

①连结料的黏度与颜料的含量：在压印瞬间，油墨被整体地压入纸张较大的孔隙内，压印后，连结料开始从油墨分离，渗入纸张较小的孔隙内。连结料的黏度，决定连结料渗入的速度，油墨膜层毛细管的大小决定着连结料分离的量。油墨的颜料含量高，能使墨膜内形成更多的小毛细管，更能使墨膜保留更多的连结料。相反，颜料含量低的油墨，虽然连结料的黏度高、含量高，压印瞬间渗透较小，离开压印区后毛细管渗透缓慢，但终因颜料含量少，墨膜形成的毛细管大，使渗透到纸张孔隙的连结料增加。因此，油墨颜料颗粒间形成的毛细管网络结构是决定印刷品光泽的一个重要方面。

在实际印刷时，可采用上亮光油的和增加油墨的颜料含量的方法来增加印刷品的光泽。这两种增加印刷品光泽的方法在应用时，要根据油墨的组分和印刷墨膜厚度而选择。由于彩色印刷颜色还原的需要，增加颜料含量的方法受到限制。颜料量只能增加到一定限度，否则会由于颜料颗粒不能被连结料完全覆盖，使墨膜表面光散射现象加剧反而导致印刷品光泽降低。

②颜料颗粒的大小及其分散程度：如前所述，墨膜毛细管作用是形成印刷品光泽的一个重要因素。颜料颗粒小能形成更多的小毛细管，因而有利于提高印刷品光泽。但是，颜料的分散状态下比颗粒的大小更重要，它直接决定墨膜毛细管的状态。因而颜料颗粒在油墨中分散良好，减少絮聚现象，有利于提高印刷品光泽。此外，颜料颗粒小，分散良好，又有利于形成平滑的墨膜，对于提高光泽也是非常有利的。

在吸收能力强的非涂料纸上，墨膜中连结料的保留量随颜料含量的增加而增加，只有在颜料颗粒大小差异很大时才可能出现不同的趋势；在吸收能力弱的涂料纸上，印刷品的光泽对颜料状况相当敏感，这时可从两个方面提高印刷品光泽：一是增加颜料含量以保留墨膜中的连结料；二是提高颜料颗粒的分散程度或采用更小颗粒的颜料来保留更多的连结料以形成平滑的墨膜。

③干燥时间：油墨干燥时对印刷品光泽的影响非常明显。墨膜在纸面迅速干燥可以减少连结料渗入纸张孔隙的量，从而提高印刷品的光泽。

（6）纸张性质对印刷品光泽的影响

①纸张的吸收性：由于纤维交织而形成毛细管网络结构，使纸张具有大量孔隙，成为它吸收油墨的基础。纸张毛细管网络对油墨连结料的吸收时间和连结料固着时间之间的平衡决定着印刷品光泽形成时连结料渗透的程度。一般印刷品光泽均随纸张吸收能力的增强而降低。

②纸张平滑度和光泽：纸张平滑度及本身光泽也影响印刷品光泽。平滑度高有利于形成均匀平滑的墨膜，从而提高印刷品光泽。这在许多研究者的研究中已得到证实。纸张本身的

光泽好则能提高墨膜的反射率，尤其对于透明油墨更是如此。Borchers 的研究发现，印刷品光泽与纸张本身光泽之间存在着极好的相关性，比印刷品光泽与纸张吸收能力之间的相关性还好。

从上面的讨论中可以发现，纸张平滑度、光泽和吸收能力之间也存在着相关性。从造纸过程很容易解释这一点。例如，压光处理能改进纸张的平滑度和光泽，同时也减少纸张的孔隙量，从而降低纸张的吸收能力。

③纸张 pH：纸张表面 pH 也是印刷品光泽形成的一个不可忽视的因素。pH 高，有利于油墨干燥，因而有利于提高印刷品的光泽；反之，则可能使油墨干燥延续。

（7）纸张和油墨的相互关系对印刷品光泽的影响

越来越多的研究发现，纸张和油墨的相互关系对印刷品光泽影响最大。

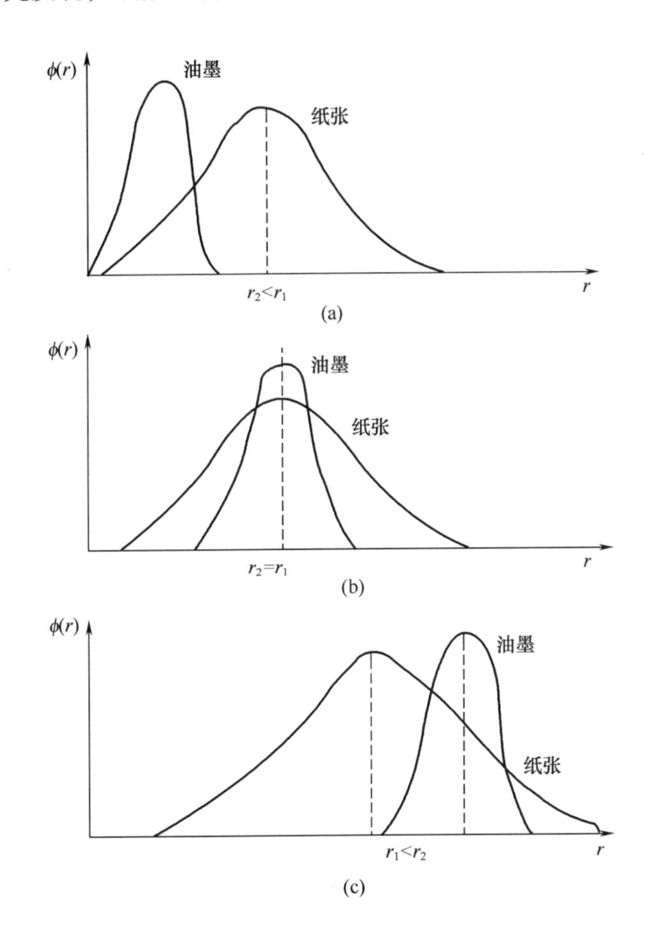

图 5－39　纸张毛细孔径与油墨颜料粒径的关系

r_1—纸张毛细孔径　r_2—油墨颜料粒径　ϕ（r）—孔径或粒径分布曲线

图 5－39 展示纸张毛细孔径与油墨颜料粒径的关系。当纸张毛细孔径大于油墨颜料粒径［图 5－39（a）］，纸面的墨膜能保留适量的连结料，有利于墨膜面平滑度。其他两种情况，油墨的连结料会过量渗入纸张，墨层粉化，无光泽。

任务三　印刷过程的质量控制参数设定

- 任务背景

4 开或对开四色印刷。

- 任务要求

要求学生根据印品的用途及质量要求，选择纸张和印刷油墨、确定印刷色序和各原色实地密度控制值。

- 任务分析

在工业产品生产中，是本着“够用、适度”的指导思想选择材料、技术、质量控制指标。一切过度选用材料、使用技术、制定过高的质量指标等行为，都会降低企业的经济效益。

- 重点、难点

实地密度控制值的确定。

知识点 4　平版胶印故障分析

所谓印刷故障，是指在印刷过程中影响印刷正常进行或印刷品质量缺陷的总称。

在印刷过程中，影响印刷品质量的因素是比较复杂的，稍有不慎就会产生印刷故障。因此，仔细观察印刷品故障的现象，确定印刷故障的类型，分析故障产生的原因，采取合理有效措施，及时排除印刷故障，是确保印刷品质量稳定不可缺少的重要环节。

平版胶印无论是在印刷原理、所使用的印刷设备和印刷材料上，还是在对印品质量要求和对操作者的技术水平上，都比其他印刷方式复杂得多。下面主要针对套印不准、重影、条痕、糊版、带脏、鬼影、印迹干燥不良、背面蹭脏等故障进行简要分析。

一、套印不准

套印不准是平版胶印最常见、最典型的印刷故障之一，而套印准确是印刷品应达到的首要指标。所谓套印误差是指在套色印刷过程中，印迹重叠的误差超过所规定的范围。对平版胶印而言，我国国家标准规定套印误差一般为 0.20mm，精细印刷品的套印误差则为 0.10mm。

1. 套印不准对印品质量的影响

①套印不准会使图文呈现多重轮廓。

②由于误差，各色版之间出现平行错位，使得图像层次轮廓边界渐变密度的变化宽度变大，从而使边界发虚，影响了合成图像的清晰度。如图 5 - 40（a）所示。

③产生色差。

2. 套印不准的形式

①纵向套印不准：套印标志沿进纸方向出现较大误差。

②横向套印不准：套印标志沿印机滚筒轴向出现较大误差。

③纵向和横向同时套印不准：套印标志沿进纸方向和印机滚筒轴向同时出现较大误差。

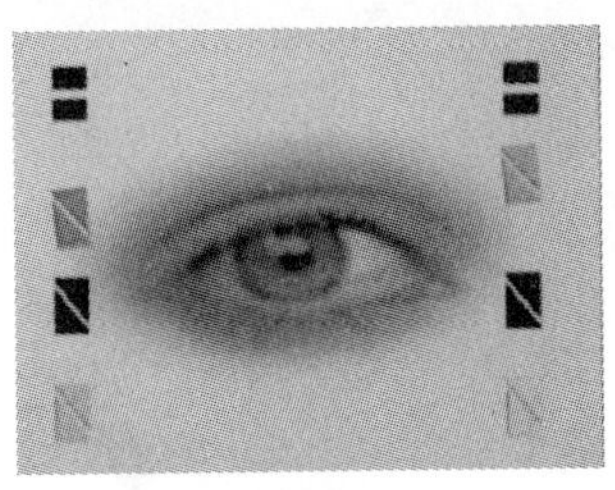

(a)青版歪斜

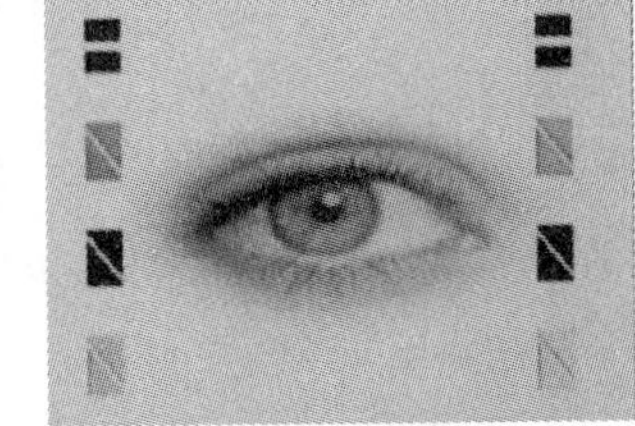

(b)各色版套印准确

图 5－40　套印不准和套印准确对比图

④局部套印不准，例如咬口套准，托稍套印不准；四个角套准，中间部分套印不准。

3. 故障分析

（1）图像整体错位，造成套印不准

其细分原因有以下几点：

①纸张在前规和侧规处的定位误差；

②纸张从规矩处经递纸机构传送到压印滚筒的过程中出现位置误差；

③压印滚筒咬牙咬住纸张在印刷过程中的位置误差；

④纸张在机组间传递过程中出现位置误差。

（2）图像变形导致的套印不准

特点是整个画面套印精度分布不均匀。其原因有以下几个方面：

①印前制版时，由于激光照排机的精度不够，或各色底片的显影、烘干温度不一致，导致各色底片上图像不相重叠；对于需要手工拼版的底版，由于拼版时定位不准，晒版时吸气导致局部移动。

②印版的弯曲变形、印版的拉伸变形、印版的歪斜、印版轴向、周向移动。

③纸张的变形：因含水量变化引起的伸缩变形、因正反面含水量不等引起的卷曲变形、受滚压产生的延展变形（扇形）；纸张皱拱等。

④各色组印版滚筒衬垫厚度不适当，使印迹径向尺寸发生了变化。

⑤橡皮布的变形。

二、重影

1. 重影的定义及产生

（1）定义

重影又称双影，还可称为重叠印故障，是指同一印版上的线条或网点在印品上出现两重或三重偏移，而形成侧影的一种印刷故障。如图 5－41 所示。

(a)正常网点

(b)纵向重影

(c)横向重影

(d)综合重影

图 5－41　印刷网点扩大、重影示意图

印刷中一旦出现重影故障，会使印品线条变粗，图文模糊不清，严重影响印品质量。

（2）重影的产生

重影印迹只反映在橡皮布和印刷品上，印版上无痕迹。产生重影的本质原因有两个：

①橡皮布上剩余墨层和印版的下一次供墨不相重合。如图 5－42 所示。

②湿压湿叠印时，印张上的油墨没有干燥，在与后一机组橡皮布接触时，会留下印迹，当下一张印张和上一印张所留的印迹不相重合是，也会产生重影。如图 5－43 所示。

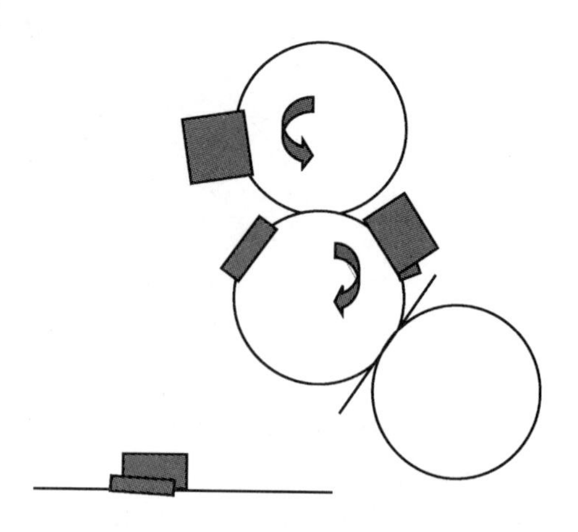

图 5－42　橡皮布余墨与印版供墨不重合

2. 故障分析

重影按虚影所处的相对位置关系分为三种：纵向重影、横向重影、AB 重影。

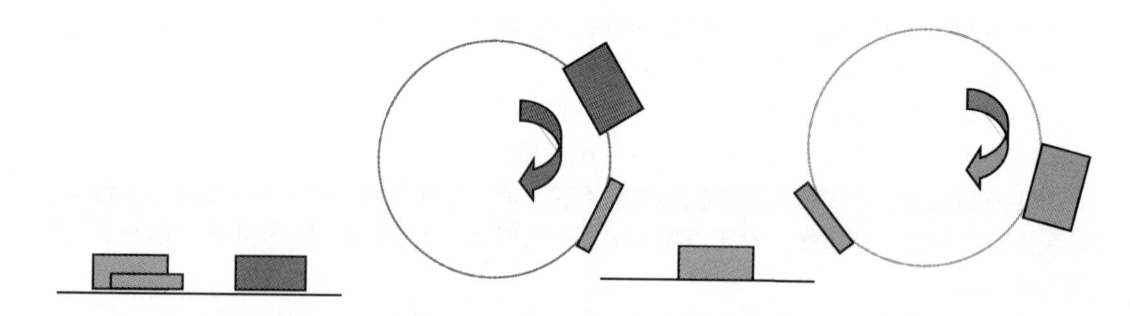

图 5－43　湿压湿叠印在下一色组产生重影原因示意图

（1）纵向重影

重影方向与印刷方向相同，其虚影在原网点的上下两侧，位置固定，有轻有重。如图 5－41（b）所示。

产生的原因如下：

①油墨的干燥性，前色油墨印到纸上还没有固化，转移到下一色组的橡皮布上。

②橡皮布绷得不紧；半径比例不当或压力太大造成橡皮布错位（每次转印后不能完全复位）。

③印版没绷紧或裂开，造成印版错位（位置径向飘移）。

④因为机械制造精度与磨损，造成印版滚筒和橡皮滚筒的筒体相对位置错位。

⑤机器调节不好，剥离张力使纸张在咬牙中移动，造成周向传纸误差。

（2）横向重影

重影方向与印刷方向垂直，其虚影在原网点的左右两侧，位置固定，有轻有重。如图 5－41（c）所示。

产生的原因如下：

①印刷材料：纸张的伸缩变形和延展变形。

②操作：包衬太厚，压力过大。

③设备：印版滚筒和橡皮布滚筒横向串动。

（3）AB 重影

重影有的在原网点的上下两侧，有的在原网点的左右两侧。如果前一张在原网点的左侧或上侧，后一张却在原网点的右侧或下侧。

AB 重影为双倍径、多倍径滚筒印刷机所“拥有”。主要原因是双（多）倍径传纸滚筒两（多）副咬牙的制造精度和安装精度不够。

3. 重影排除的一般方法

①排除印刷设备因素：按规程定期维修、定期擦洗机器；仔细调节机器，特别注意叼牙叼力和相邻两滚筒的中心距。

②排除印刷工艺因素：橡皮布要绷紧、绷正、绷平；印版拉紧拉平；压力适中；包衬配置合理。

③排除印刷材料因素：材料印刷比较复杂，较难判断，重点注意纸张的尺寸稳定性和平整性。

4. 重影排除的步骤

生产过程中一旦出现可能是重影问题，一是利用放大镜或测控条断定是否真是重影；二是分清重影的类型；三是根据所使用的机器类型和出现重影的色别，分析发生重影的本质原因；四是在已缩小的范围内找出具体原因，然后对症下药，采取相应的措施加以解决。

三、鬼影

所谓鬼影，即在连续印刷中隐隐约约出现的一种幻影，是垂直于滚筒轴线、墨色深浅不同的直条纹或图文，大多发生在实地的网目调印品上。鬼影可分为工艺鬼影和机械鬼影，它是印刷过程中时常遇到的故障之一。如图 5－44 所示。

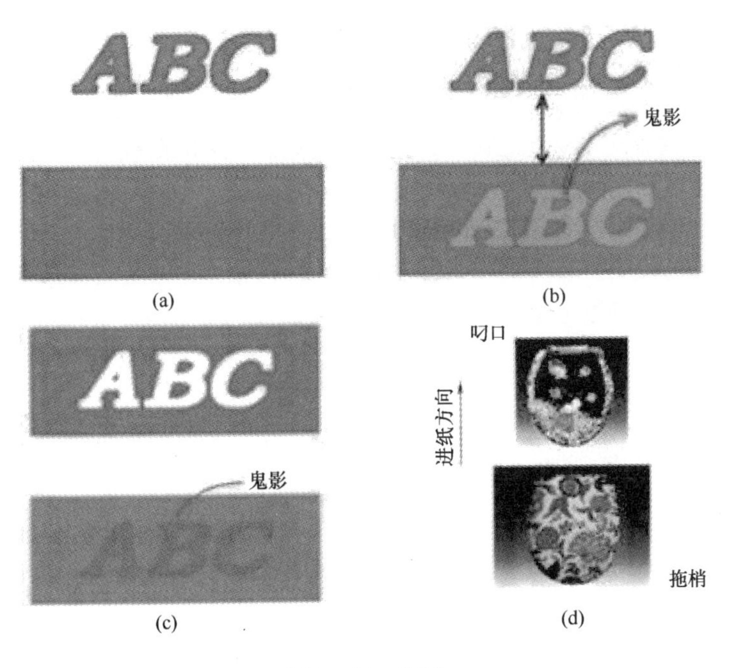

图 5－44 鬼影

工艺鬼影是由于工艺原因所产生的鬼影，主要是油墨在干燥过程中的化学变化引起的，多发生在无光纸上印刷亮光油墨或在亮光纸上印刷亚光油墨时，这类鬼影出现不规律，很难控制和避免，有时出现在活件印刷完且油墨干燥后。彻底消除这类工艺鬼影很难，但印刷单位可以采取相应措施来避免鬼影，如改善收纸部通风条件，保持加工车间与储存车间温度恒定。如果还是出现鬼影，也可以在图文部分上光。

机械鬼影是由于机械原因所产生的鬼影，它主要受印刷机墨辊、橡皮布和印版等因素的影响。橡皮布和印版引起的鬼影需要人工排除，而由墨辊引起的鬼影，又称缺墨鬼影，主要是由于印前设计不合理所致。缺墨鬼影多由于印刷画面某一部分需要大量油墨，而墨辊又不能及时供墨引起的。如图 5 – 44（a）所示，在大面积实地上方（咬口方向）设计同色大粗体字，墨辊上用以印刷粗体字的部分，在印刷后面的实地部分前没有时间来补充油墨，所以粗体字后面的实地部分比其他实地部分略浅，如图 5 – 44（b）所示。

按照在印品图文上的表现来划分，鬼影可分为正像鬼影和负像鬼影。印品本身的正像在其圆周方向的后方，形成相对于周边较浅的负像影子，这就是正像鬼影；如果印品本身的负像图案在其圆周方向的后方，形成相对于周边较深的正像影子，则是负像鬼影。图 5 – 44 中的（b）是正像鬼影，（c）是负像鬼影。

1. 缺墨鬼影出现的前提

①基础：在叼口方向上有需要墨量较大的图案或文字。

②载体：在拖稍部分有需要墨量同样很大并且面积较大的图案。

③“基础”和“载体”间的距离和着墨辊的直径成倍数关系。

具备了以上条件在印刷过程中就有可能出现鬼影，当然也有可能不出现。

2. 缺墨鬼影的产生

墨辊向叼口部分的图案供墨，如果叼口部分的图案的需墨量很大时，就会在着墨辊上表面留下较深的墨层潜影。当着墨辊完成向叼口部分图文供墨后，转回并由供墨墨路补充油墨，供墨有时不能将潜影部分补平，在着墨辊旋转，向托稍部分大面积图文部分供墨时，就会将这种潜影用浅影的方式表现出来。

3. 消除缺墨鬼影的方法

①根本办法：版面设计或者组版时，避免出现鬼影产生的前提。

②加大串墨辊的窜动量。

③适当增加下串墨辊与着墨辊间的压力。

④将出现鬼影的版面掉转头来印刷，重新晒版，将原拖梢改为咬口进行印刷。

⑤改进印刷机，使着墨辊窜动。

四、印刷品干燥不良

印刷品干燥不良时平版胶印中时常出现的印刷故障，主要包括两种类型，即印品印迹干燥过慢和干燥过快。

1. 印品印迹干燥过慢

一般而言，胶印用亮光树脂油墨，经橡皮布滚筒转印至这纸张表面上的印迹，需要 4 ~ 12h 才能干燥，其干燥时间的长短主要取决于环境温度和湿度，以及燥油的比例和纸张性质等。如果发现印迹干燥过慢，可以从以下几方面进行调整。

①减少版面水分。

②适当调节润湿液的 pH。

③合理控制车间温、湿度，可以将环境温度控制在 18 ~20℃，相对湿度调整为 55% ~65% 。

④油墨中调墨油去黏剂过多，而燥油用量不足，此时要适当减少助剂的用量，并适当提高燥油用量。

⑤纸张吸收性较差，此时要适当提高纸张的吸收性。

此外，保持车间通风，可加速印品印迹的氧化结膜速度。

2. 印品印迹干燥过快

（1）故障现象

在多色印刷中，有时会发现后印油墨不能充分印在前一色印刷表面，其结果必然造成后印墨层不能充分与前一色墨层相附着，严重影响印刷质量。

（2）故障原因

造成这种故障的主要原因有两点：

①燥油用量过多，前一色印迹干燥过快。

②半成品堆放时间过长，造成印品墨层形成玻璃化光滑薄膜层，使墨层表面吸附性减弱，从而造成后一色套印不上。

（3）故障排除

①套印不上的印品较少时，可采用干净软布，沾硫酸镁粉后，在每张印品上轻轻擦拭。

②当套印不上的印品较多时，可以加印一次烧碱水进行弥补。

③印刷黄墨时，可事先在油墨中加入适量的碳酸镁粉或不干性蜡质辅助剂，使印品的印迹干燥后，表面不会形成光滑墨膜。

④印刷浅色底满版时，可以将维利油和冲淡剂混合调配，也可以防止该故障。

五、条痕

1. 定义

我国印刷技术术语（国标）对条痕作了描述，即在印刷过程中，出现在网纹平面上与滚筒轴向平行的条状印痕，包括暗条痕和浅条痕，这时最典型的印刷故障之一，特别是在网目版或实地版中更容易出现该故障。

①暗条纹：也称墨杠，是由于“杠子”区域内网点出现的无规则扩大而产生的一条明显的深色条纹。

②浅条纹：也称白杠，是由于“杠子”区域内网点出现无规则缩小而产生的一条明显的浅白条纹。

2. 墨杠的形式、原因及排除

（1）白杠

杠子特征：前轻后重，有时在单边，位置不固定。

产生原因：着墨辊与串墨辊之间压力太小，着墨辊表面得不到足够的油墨来补充，特别是后两根着墨辊压力太轻时，更易出现。另一个原因是水辊的压力过大，印版上水量过多所致。

排除方法：重新调整着墨辊和水辊压力。

（2）墨杠

现象一：在叼口处出现墨杠

墨杠特征：轻重不一。

产生原因：着墨辊与印版的接触压力太大，当着墨辊遇到印版叼口边缘时，产生冲击跳跃现象。

排除方法：①调整着墨辊压力；②更换磨损的墨辊。

现象二：位置不固定的墨杠

墨杠特征：有时是单边出现。

产生原因：着墨辊与串墨辊之间压力过大，使得着墨辊与串墨辊之间滚动不灵活，造成着墨辊与印版间的摩擦滚动变成摩擦滑动。

排除方法：①调整着墨辊与串墨辊直径的压力；②更换被磨损的着墨辊。

现象三：几条宽墨杠

墨杠特征：有时呈等距离。

产生原因：着墨辊轴端间隙过大，被串墨辊带动沿轴向移动，使着墨辊与印版间既有滚动又有滑动。

排除方法：①调整轴承座，消除轴端间隙；②调整串墨辊换向时间，使其在印版滚筒空挡时换向。

现象四：不规则的墨杠

墨杠特征：伴有墨层过薄或墨色不均现象。

产生原因：着墨辊轴承座松动或轴孔磨损，引起着墨辊与串墨辊不均匀的接触和不定位的滑动。

排除方法：先排除轴承座松动，调整着墨辊压力；再检查轴承座孔磨损情况，必要时进行修复。

现象五：等距离墨杠

墨辊特征：墨辊的间距等于滚筒传动齿轮的节距。

产生原因：齿轮和轴承磨损；主动齿轮的精度不符合要求；齿轮的齿面沾有异物；润滑不良。

排除方法：改进润滑、清除异物、合理调整着墨辊压力、补偿磨损。

任务四　给定印张的质量分析

- 任务背景

一批平版胶印样张，版面图文结构至少有：纯文字线条、纯彩色图像、图文混排、专色背景或边框。

- 任务要求

要求学生找出样张所存在的质量缺陷，分析其产生原因。

- 任务分析

识别印品质量缺陷，分析其产生原因是控制印刷质量的前提和基础。

- 重点、难点

产生缺陷的原因分析。

知识拓展

1. 油墨、承印物、橡皮布、印版和印刷机组合印刷适性的测定

印刷适性的检测，要求在最佳印刷条件下进行。换个角度说，所谓印刷适性就是指某种印刷条件能够达到的最佳质量水平。检测某种印刷条件的印刷适性，首先要确定其标准着墨量，然后再测定网点转移情况。

准备工作：根据纸张选定印刷油墨；确定印刷色序；按操作手册要求装好橡皮布和调整好印刷机；晒制印版［版面应有三原色实地块、两原色叠印块、75%（80%）网点块、50%网点块、25%网点块、星标、灰梯尺、微线段、阴阳小网点段等测控块］。

检测工具：放大镜、反射密度计（带补色滤色镜）

测定一：用试验方法，找出给定印刷条件下的最大相对反差值。先用较小的墨量，印刷出样张 N1，在逐步提高墨量，印刷出样张 N2、N3、N4……

数据处理：

①逐一测量样张 N1、N2、N3、N4、……的实地密度 D_s 和网目块密度 D_t，得到相对反差值 K_1、K_2、K_3、K_4、……；

②以 K 为纵坐标，D_t 为横坐标绘制"$K-D_t$"曲线图；以 D_s 为纵坐标，D_t 为横坐标绘制"D_s-D_t"的曲线图；

③确定最大相对反差值或相对反差值范围，其对应的实地密度值就是给定印刷条件下标准墨量的额定密度值。

测定二：检测给定印刷条件下的叠印率、网点扩大和变形、阶调层次范围、印刷特征曲线等。

2. 印刷不同承印材料的印刷要点

①哑粉纸的印刷要点。

②铝箔纸印刷要点。

③硫酸纸印刷时应注意的问题。

④压纹纸印刷时应注意的问题。

3. 解决质量纠纷的方法（双方协商、仲裁、司法诉讼）

当企业与客户针对产品发生了纠纷，可以采取不同的方法去解决。首先是双方协商解决，协商不成可申请相关仲裁委员会仲裁，最后还可采用司法诉讼的方法去解决。

项目二　印刷在线检测

知识点

知识点　印刷质量的在线检测系统

印刷品的在线检测是将图像处理技术与印刷原理相结合而形成的一种适合高速印刷的全

自动检测方法。它的优势主要表现在以下两个方面：

首先，在线检测更精确，能够检测极细微缺陷。例如，我们集中精神检查某印品，只有当印品的对比色比较强烈时，人眼才可以发现大于0.3mm以上的缺陷，且得到的检测质量很难保持持续稳定。在同一色系，尤其是在淡色系的印刷品中检测印刷品质量，人眼就很难发现缺陷。而在线检测则能够轻而易举地发现0.1mm大小的缺陷，且只需一个灰度级的差别就可以。

其次，在线检测提高了生产效率。在线检测系统的质量评估独立于操作者的主观判断，在运行过程中的调节实施更快速更容易，甚至一个步骤就完成了调节，检测速度大大提高。同时，在出现质量缺陷时，操作者可以根据现场中的实时报告，及时对工作中出现的问题进行解决，减少废品率。管理者也可以依据检测结果的分析报告，对生产过程进行跟踪，提升管理效益。

同时，在线检测系统的应用，还可以减轻工人的劳动强度，改善劳动条件等。

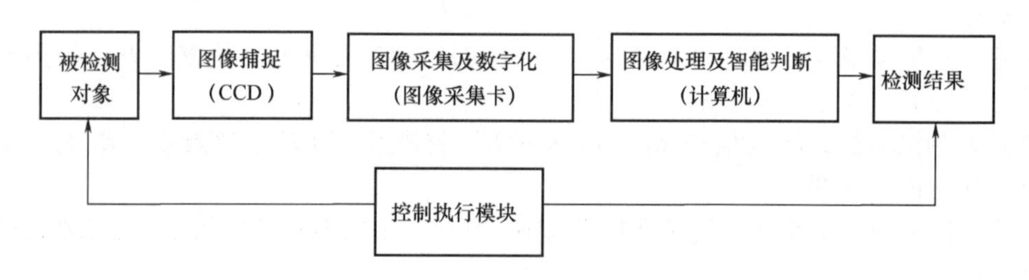

图5-45　视觉检测系统结构框图

一、视觉检测系统的基本构成

如图5-45所示基于图像信息采集技术的印刷品质量检测系统一般由硬件和软件两部分构成，其中硬件部分包括：镜头、CCD（或CMOS）、光源、图像采集卡、计算机、数据线、工作台等，软件部分主要是指系统操作界面。

1. 镜头

镜头是机器视觉设备的“眼睛”，它的性能直接关系到采集图像的质量并进一步影响检测结果的精度和准确性，所以镜头的性能对整个系统至关重要。一般镜头的选择须从分辨率（Resolution）、明锐度（Acutance）、景深（DOF），并结合所检测产品的特点综合考虑。

2. CCD扫描传感器（或CMOS）

CCD是目前比较成熟的成像器件，CMOS被看作未来的成像器件。

CCD和CMOS在制造上的主要区别是CCD是集成在半导体单晶材料上，而CMOS是集成在被称做金属氧化物的半导体材料上，工作原理没有本质的区别。CCD制造工艺较复杂，采用CCD的摄像头价格都会相对比较贵。成像方面：在相同像素下CCD的成像通透性、明锐度都很好，色彩还原、曝光可以保证基本准确。而CMOS的产品往往通透性一般，对实物的色彩还原能力偏弱，曝光也都不太好，由于自身物理特性的原因，CMOS的成像质量和CCD还是有一定距离的。从原理上，CMOS的信号是以点为单位的电荷信号，而CCD是以行为单位的电流信号，前者更为敏感，速度也更快，更为省电。

3. 光源

光源的合适与否直接影响到本系统的检测质量和结果。一个良好的光源需具备以下条件：突出被测印刷品的特征，能在印刷品需要检测部位和无需检测部位之间产生尽可能大的对比度；光源需保证足够的亮度和稳定性；当被测印刷品位置发生变化时，不影响成像质量。在 CCD 和镜头均相同的情况下，光源的光波波长越短，得到图像的分辨率就越高。所以，对精度要求比较高的印刷品进行质量检测时，应尽量选用短波单色光作为光源进行照明。

4. 图像采集卡

图像采集卡是图像采集部分和图像处理部分的连接桥梁，它将 CCD 拍摄下来的图像经过 A/D 转换后变成计算机可处理的数字格式，并通过 PCI 总线实时传送到计算机的内存和显存，以备接下来图像处理部分的使用。

二、视觉检测系统的分类

检测系统按照其安装的载体可分为在线检测系统和离线检测系统。

1. 在线检测系统：过程控制

在线检测系统（如图 5－46 所示）安装在胶印机、凹印机、柔印机、印码机等印刷设备上，在印刷设备印刷的同时进行实时检测印刷质量，在尽可能短的时间内为操作人员提供印刷错误信息，及时排除故障，大大降低废品率。印品可以是单张纸，也可以是卷筒纸，适用于印刷过程中的质量控制。

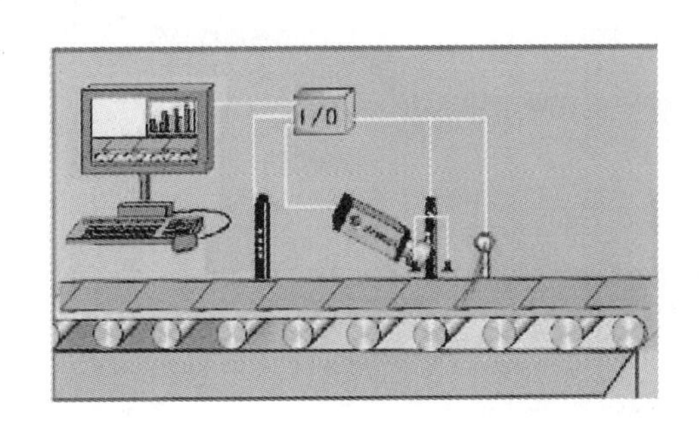

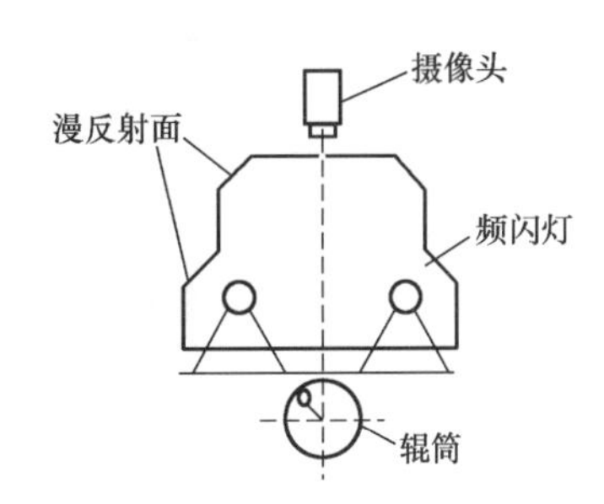

图 5－46　印刷品质量在线检测系统示意图

2. 离线检测系统：印后控制

离线检测系统通常装在检品机、复卷机或分切机上。一般都是在产品完成印刷以后，单独通过机器进行印刷质量检测的一道工序，适用在出厂前的最后检测。如图 5－47 所示。该检测系统由图像采集系统、工作台、计算比对系统和检测显示装置构成。

三、印刷品质量在线检测系统的功能

印刷品质量在线检测系统主要有在线套准检测和在线色彩检测。

（1）在线套准检测

套准检测是通过测量印刷测控条的套印标记来实现的。检测系统把纵向和横向套准的测量数据和原设定的套印标准（要求）对照，计算两者的差异值，然后做出判定，发出警报或调节指令。如图 5－48 为卷筒纸胶印机在线套准系统示意图、图 5－49 为单张纸胶印机在线套准系统示意图。

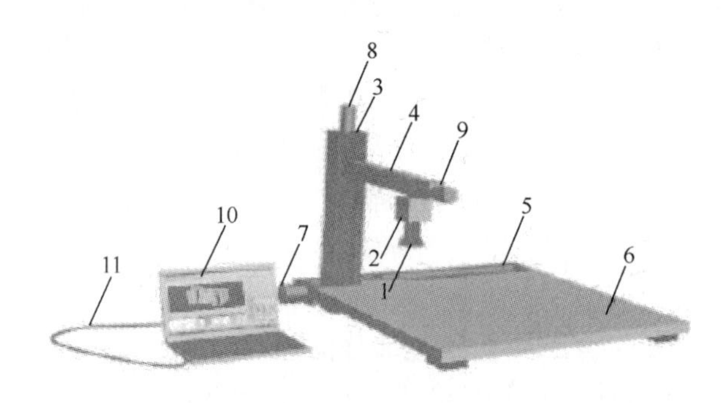

图 5-47 刷品质量离线检测系统示意图
1—镜头 2—CCD（或 CMOS） 3~5—工作台导轨 6—工作台
7~9—伺服电机 10—计算机（内含图像采集卡） 11—数据线

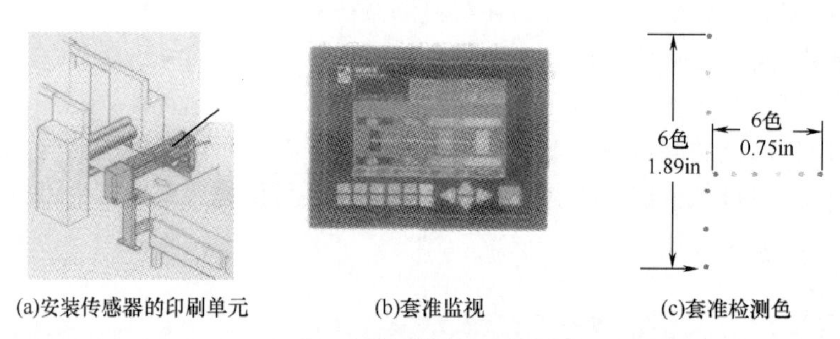

(a)安装传感器的印刷单元 (b)套准监视 (c)套准检测色

图 5-48 卷筒纸胶印机在线套准系统示意图

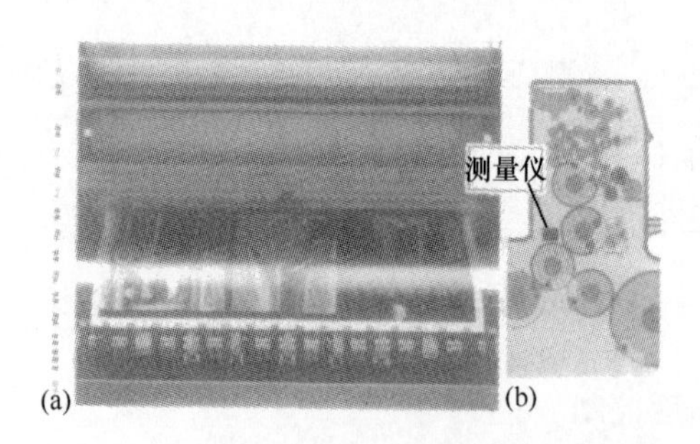

图 5-49 单张纸胶印机在线套准系统示意图
（a）套准检测色标 （b）印刷单元的传感器

（2）在线色彩检测

色彩测量有三种基本方法：密度测量法、色度测量法和分光光度计测量。目前，三种方法都在使用，都可以在线测量，其测量情况参见表 5-12。

表 5-12 三种色彩在线检测方法对比

测量方法	测量内容	控制指标	对颜色特征的描述	与墨量的关联
密度测量法	墨膜光学密度	密度差	不精确	直接
色度测量法	颜色三刺激值	色差	精确匹配	不直接
分光光度计测量	分光光度曲线	色差	精确匹配	不直接

从上表可看出，三种测量方法各有特点。密度测量虽然不能反映颜色的特征，但能直接反映墨膜厚度的变化，也就是直接反映每个印刷机组给墨量的变化。色度测量和分光光度测量，虽然比密度测量可以更有效的测量和控制印刷质量，但其测量值与标准值的差异，并不能直接反映每个印刷机组墨量控制的变化，需要通过计算转换，才能得到墨色调整值。

（3）印刷图文检测

在印刷品在线检测技术中，密度法、色度法和基于数字图像处理技术都得到了运用。基于密度计或色度计的检测方式只能对很小的区域进行检测，因而必须在印张上加印特殊的色块（信号条），并且无法完整直接地从印刷画面上获得我们要求的信息。为了克服这些不足，近年来人们将数字图像处理技术引入印刷品检测系统中，基于数字图像处理技术的工作原理如图 5－50 所示：

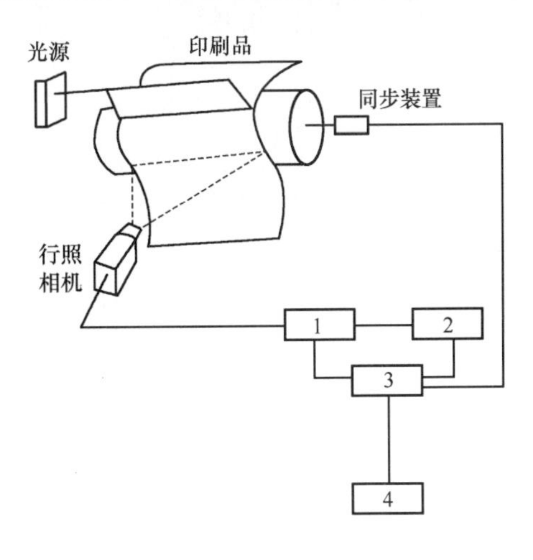

图 5－50 印刷图文检测原理
1—现在值存储器 2—基准值存储器
3—比较判定电路 4—缺陷显示

①先利用安装于印刷机内的高清晰度、高速摄像镜头拍摄标准图像，并把它变换为相应的电子信号，在此基础上设定标准，记忆于“基准值存储器”。

②然后拍摄被检测的图像，并把它变换为相应的电子信号，记忆于“现在值存储器”。

③其后由“比较判定电路”依次比较现在值存储器和基准值存储器的同一地址（印刷图像的同一位置）的内容。对比之后只要发现被检测图像与标准图像的差异超出阈值，系统就认为这个被检测图像为不合格品。印刷过程中产生的各种错误，对电脑来说只是标准图像与被检测图像对比后的不同。

标准影像与被检印刷品影像的对比精确是检测设备的关键问题，通常情况下，检测设备是通过镜头采集影像，在镜头范围内的中间部分，影像非常清晰，但边缘部分的影像可能会产生虚影，而虚影部分的检测结果会直接影响到整个检测的准确性。从这一点来说，如果仅仅是全幅区域的对比并不适合于某些精细印刷品。如果能够将所得到的图像再次细分，比如将影像分为 1024dpi × 4096dpi 或 2048dpi × 4096dpi，则检测精度将大幅提高，同时因为避免了边缘部分的虚影，从而使检测的结果更加稳定。

四、印刷品在线检测流程

印品有无缺陷是相对样张来说的，印刷缺陷主要指印刷完成后得到的印品和样张不同。在印刷品质量检测的准备阶段，首先要用 CCD 扫描传感器对一幅无缺陷的标准印刷图像进行采样，得到基准值，保存在计算机中，如图 5－51 所示。

在实际检测过程中，用 CCD 扫描传感器在线采集印品图像，将采集得到的数值送入比较判定电路，与基准值进行匹配比较，根据匹配的结果来判断是否有缺陷，有缺陷进行显示并且控制印刷机同步装置以进行调整。

1. 图像采集

图像采集是为了获取准确的数字图像，使用 CCD 扫描传感器进行图像的在线数字化采

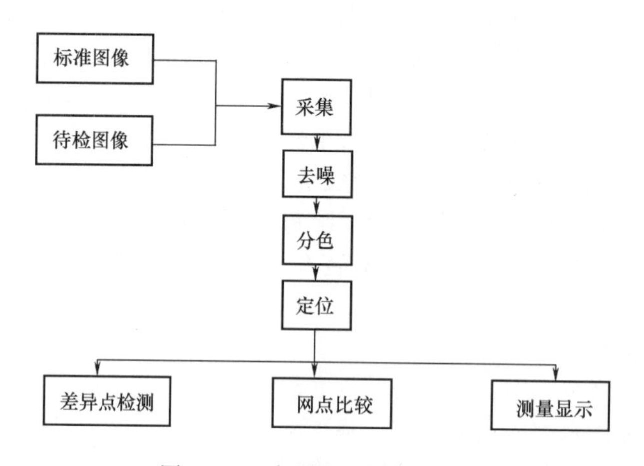

图 5-51 印品在线检测流程图

集。有如下几个因素对自动检测的质量和效率有重要影响：扫描分辨率、图像的空间分辨率、图像空间坐标的校正、彩色图像的色调、CCD 的速度、光照条件和机器振动等。

2. 匹配判定

在印刷品的自动缺陷检测中主要是进行图像与图像的匹配。匹配时要借助相关算法进行比较，不同的算法其复杂度和精确度各不相同。根据每次匹配时采用的基本单元，可将匹配方法分为 3 种：逐像素匹配、分区域匹配和分层匹配。逐像素匹配可以检测出面积较小但像素值有较大差异的缺陷（如油墨痕迹）；而分区域匹配可以检测出范围较大但像素值偏差较小的缺陷（如胶印油墨量偏大或偏小）。实际应用中，两种算法配合使用，只用其中的一种不能满足所有的检测要求。分层匹配综合了逐像素匹配和分区域匹配的优点，分层匹配可以看作是应用分区域的思想对图像进行逐像素的匹配。

3. 缺陷显示及其控制

采用检测设备进行质量检测可提供检测全过程的实时报告和详尽、完善的分析报告。当计算机控制系统判定印品缺陷、质量不合格时，信号灯或蜂鸣器发出警报，同时，控制印刷机同步装置并在产生缺陷的印张上作出标志，机器停止供纸和供墨动作，现场操作者可以根据实时分析报告，及时对工作中的问题进行调整，或许减少的将不仅仅是一个百分点的废品率，管理者可以依据检测结果的分析报告，对生产过程进行跟踪，更有利于生产技术的管理。因为客户所要求的，高质量的检测设备，不仅仅是停留在检出印刷品的好与坏，还要求具备事后的分析能力。某些质量检测设备所能做的不仅可以提升成品的合格率，还能协助生产商改进工艺流程，建立质量管理体系，达到一个长期稳定的质量标准。

五、印刷品质量在线检测系统的应用

1. 印刷品质量在线检测系统可检出的印刷缺陷

印刷品质量在线检测系统可检测出的印刷缺陷有：漏印、缺版、飞墨、糊版、蹭脏、污点、墨色过浅或过深、字符局部或全部漏印、套印不准、起皱折、机械损坏、条纹、颜色失真、颜色不均匀等，如图 5-52 为在线检测系统可检测的部分质量缺陷。

2. 国内可供选用的印刷品质量在线检测和控制系统

国内外知名胶印机制造商，都在研制印刷质量在线检测和控制系统，或者在市场上采购

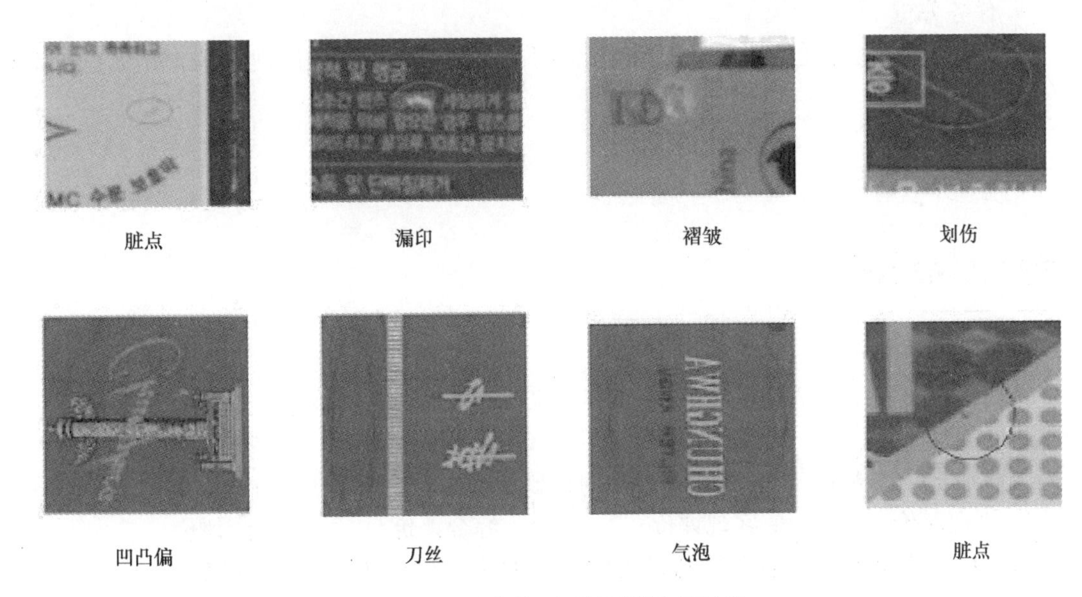

图 5－52　在线检测可检测的印刷缺陷

由专业厂商生产的印品质量检测和控制系统，再集成到自己的控制系统中。目前，市场上已有许多印刷品质量在线检测和控制系统供用户选用。国内生产的系统有：

①人民币印刷质量在线检测装置。该装置采用线阵相机，结构简单，成本较低，光源均匀，像元响应均匀，分辨率高。

②无色荧光油墨在线检测装置。该装置可以实现印刷过程中对无色荧光油墨的在线检测。

③钞票防伪号码在线实时检测系统。该系统采用先进的快速图像处理技术，对钞票号码印刷过程中的钞票图像进行实时识别处理。检测速度 6000～10000 张/h，可以检测 10 位号码的蹭脏、半码、跳号、重号、走版、糊版等质量问题。

④SW－YP0001 系列全自动彩色线阵扫描视觉检测系统。该系统集自动检测、测量、分辨、定位于一体，主要用于在线跟踪，识别飞墨、刀丝、墨斑、墨色不匀、套印误差等缺陷。检测结果可以在监视器上显示，可以贴标，还可声光报警。

⑤Vision Expert 4000 印刷质量检测系统。该系统主要检测颜色漏印、颜色失真、糊版、条纹、墨斑、蹭脏、墨色不匀、字符局部或全部漏印、套印不准、机械损坏等。卷筒材料检测速度可达 600m/min，单张材料检测速度可达 18000 张/h。在检测过程中，可显示印刷的实时图像和检测结果，可局部放大选定区域的检测结果。

任务　分析在线质量检测系统的原理

- 任务背景

收集国内研发的质量检测系统至少一项。

- 任务要求

根据收集的资料绘制出在线检测系统的组成结构和控制检测原理图。

- 任务分析

该系统是套准控制检测还是色彩控制检测系统，其控制检测的原理是基于密度还是和基于色度的控制。

- 重点、难点

检测原理

技能知识点考核

1. 选择题

（1）平版装潢印刷品标准中规定，4 开以下单面裁切成品误差为多少。（　　）

A. ±0.1mm　　B. ±0.50mm　　C. ±1mm　　D. ±2mm

（2）在实际工作中，目前书刊行业中对印刷质量的评价采用什么方法为主。（　　）

A. 主观评价　　B. 客观评价　　C. 综合评价　　D. 意念评价

（3）检验承印物透明度高的印刷品的质量，样品应放在（　　）色衬垫上。

A. 黑　　B. 白　　C. 灰　　D. 透明

（4）布鲁纳尔测试条计算 50% 网点区的增大值是以粗、细网点相对比的原理，在粗、细网点总面积相等基础上，其线数比是多少。（　　）

A. 1∶6　　B. 1∶5　　C. 1∶4　　D. 1∶3

（5）CY/T 5—1999 中规定，同批产品不同印张的实地密度允许青色误差为（　　）。

A. ≤0.10　　B. ≤0.15　　C. ≤0.20　　D. ≤0.30

（6）CY/T 5—1999 中规定精细印刷品品红相对反差值为多少。（　　）

A. 0.20～0.30　　B. 0.30～0.40　　C. 0.35～0.45　　D. 0.35～0.50

（7）网点密度与实地密度之比越小，网点增大值怎样。（　　）

A. 小　　B. 无增大　　C. 略大　　D. 大

（8）什么情况下，实地密度值为最佳实地密度。（　　）

A. 网点无增大　　B. 网点清晰

C. 相对反差值最大时　　D. 墨层厚度最大时

（9）在同一条件下 60 线/cm 比 50 线/cm 印刷时网点扩大如何。（　　）

A. 多　　B. 一样　　C. 略少　　D. 少

（10）相对反差值是控制图像层次的重要参数，它能控制什么。（　　）

A. 实地密度　　B. 网点扩大

C. 实地密度、网点扩大　　D. 套印、分辨率

（11）在印刷品光泽的测量中，高光泽表面宜采用的测量角度是（　　）度。

A. 30　　B. 45　　C. 60　　D. 75

（12）影响胶印产品质量的参数除套准精度和实地密度外，还有（　　）。

A. 墨色均匀性　　B. 网点增大值　　C. 墨层厚度　　D. 油墨叠印率

E. 相对反差值

2. 判断题

（1）印刷质量是主要对原稿的复制再现性。（　　）

（2）虽然印刷品的用途不同，但其质量要求是一样的。（　　）

（3）印刷质量的评价方法分为主观与客观评价。（　　）

（4）分辨率是图像复制再现原稿细部的能力。（　　）

（5）印刷品的综合评价是以客观评价的数值为基础，与主观评价的各种因素相对照，得到的评价标准。（　　）

（6）信号条只能提供定性的质量信息，而不能提供控制印刷质量的定量信息。（　　）

（7）测控条放置在叼口和拖梢，其效果是一样的。（　　）

（8）所谓的标准着墨量是印刷相对反差的最大值范围所对应的最大实地密度。（　　）

（9）通常印刷品的网目调阶调值与晒版原版的网目调阶调值之差构成了网目调阶调值的增大。（　　）

（10）“鬼影”，即在连续印刷中隐隐约约出现的一种幻影，是平行于滚筒轴线、墨色深浅不同的直条纹或图文，大多发生在实地的网目调印品上。（　　）

（11）所谓套印误差是指在套色印刷过程中，印迹重叠的误差超过所规定的范围。

（12）AB 重影为等径、双倍径、多倍径滚筒印刷机所“拥有”，主要原因是传纸滚筒咬牙的制造精度和安装精度不够。（　　）

（13）通常印刷品的网目调阶调值与晒版原版的网目调阶调值之差构成了网目调阶调值的增大。（　　）

3. 简答题

（1）印刷产品质量等级的评定原则有哪些?

（2）印刷产品标准水平的划分原则是什么?

（3）签样的依据是什么?

（4）简述印刷质量控制检测的主要参数。

（5）试叙述网目调印刷性能及其对应的控制块。

（6）简述灰平衡的定义和测量、评价。

（7）印刷质量测控条测控原理是什么?

（8）简述条痕检测方法。

（9）比较在线色彩检测基本方法的优缺点。

第六单元

印后加工质量

我们日常见到的绝大部分印刷品，都要经过印前处理、印刷和印后加工三个步骤，才能达到使用要求。印后加工是指为了使经过印刷的承印物得到人们所需要的形式和使用性能所采用的生产技术的总称。承印物印刷完成以后，加工过程并没有结束，还需要通过印后加工过程，对印刷品进行美化装饰，或者使其获得特定的功能，以促进商品销售，并提高其附加值。印后加工的质量，将直接影响到最终印刷品的好坏，甚至成为决定印刷产品成败的关键。

能力目标

1. 能够区分平装书和精装书；
2. 能够对各类书刊的装订质量进行检查；
3. 能够对平装书和精装书的成品质量进行检查；
4. 能够对进行覆膜的产品进行质量鉴别；
5. 能够对上光的产品进行质量鉴别；
6. 能够对烫印的产品进行质量鉴别；
7. 能够对凹凸压印的产品进行质量鉴别。

知识目标

1. 掌握装订工艺基本知识；
2. 平装书和精装书的成品质量检查的内容；
3. 覆膜工艺及故障排除方法；
4. 上光工艺及故障排除方法；
5. 烫印工艺及故障排除方法；
6. 凹凸压印工艺及故障排除方法。

学时分配建议

18 学时（授课 8 学时，实践 10 学时）

项目一　书刊产品质量的鉴别及控制

我国每年出版的图书和期刊有几十万种，书刊印刷占据整个印刷行业相当大的比例。近些年，图书期刊的出版总量还在增加，印刷和装订的质量也有所提高，有些精品图书的印装质量已达到国际先进水平，在国际上获得了印制大奖。但就全国书刊印装质量的总体水平来说，还不太理想，许多普通书刊的印装质量较差，造成使用上的不便，甚至传递错误的信息给读者。

造成书刊印装质量水平不高的因素有很多，如：设备陈旧、原材料质量差、工人技术水平低等，更重要的原因是一些地方的管理部门和印刷企业把关不严，没有在生产和发行的过程中严格执行产品质量检验标准。要保证书刊印装质量，必须加强对书刊印装生产过程中的质量检验。

知识点

知识点 1　书籍装订的基本知识

1. 装订

装订就是将印好的书页根据开本规格加工成册的工艺过程，包括订和装两大工序，订就是将书页加工成本，是书芯的加工，装是书籍封面的加工，就是装帧。GB/T 9851. 7—2008 中装订的定义是指将印张加工成册所需的各种加工工序的总称。

2. 开本

开本指书刊幅面的规格大小，通常把一张按国家标准分切好的原纸称为全开纸，把全开纸裁切成面积相等的若干小张的数量，称之为多少开数。如把一张全张纸切成幅面相等的 16 小页，叫 16 开；将它们装订成册，则称为多少开本。有时也这样表述，全张纸对折后的幅面称为对开，把对开纸再对折后的幅面称为 4 开；把 4 开纸再对折后的幅面称为 8 开，以此类推。表 6 - 1 是《GB/T 148—1997 印刷、书写和绘图纸幅面尺寸》。

表 6 - 1　**国家标准规定的印刷、书写和绘图纸幅面尺寸**　单位：mm

组号	A	B	C
0	841 × 1189	1000 × 1414	764 × 1064
1	594 × 841	707 × 1000	532 × 760
2	420 × 594	500 × 707	380 × 528
3	297 × 420	353 × 500	264 × 376
4	210 × 297	250 × 353	188 × 260

续表

组号	A	B	C
5	148×210	176×250	130×184
6	105×148	125×176	92×126
7	74×105	88×125	
8	52×74	62×88	
9	37×52	44×62	
10	26×37	31×44	

3. 书帖

将印张按照页码顺序折叠成书刊开本尺寸的一沓书页称为一个书帖。大幅面的印张都要折成书帖后才能进行装订成册的加工。

4. 书芯

将折好的书帖按顺序配页并装订成册的半成品称书芯，即没有包上封面的毛本书。

5. 书封

书封即书的封面，也称书衣、外封、封皮、封壳等，包在书芯外面，有保护书芯和装饰书籍的作用。书封分封一（封面）、封二、封三、封四（封底）。

6. 天头、地脚

天头指书刊中最上面一行字头到书刊上面纸边之间的部分，如图6－1中的 a。地脚指书刊中最下面一行字脚到书刊下面纸边之间的部分，如图6－1中的 b。

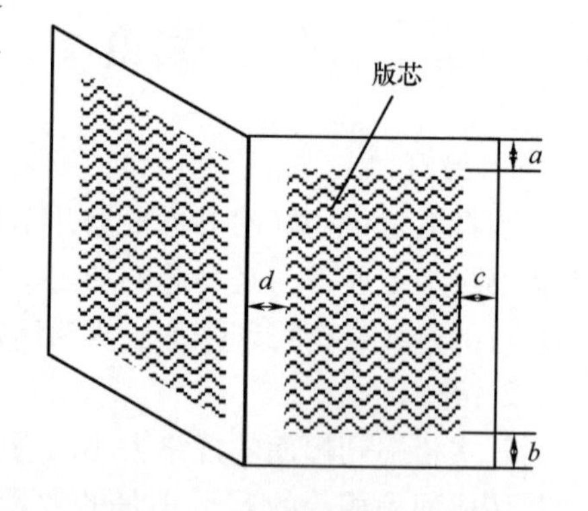

图6－1　书籍各部位示意图

7. 前口、订口

订口是指书刊需要订联的一边、靠近书籍装订处的空白部位，如图6－1中的 d。前口也称切口或书口，即订口的相对面，指书刊的翻阅口处的空白，如图6－1中的 c。

8. 勒口、飘口

勒口是平装书的一种加工形式，指封面的前口边宽于书芯前口边，包完封面后将宽出的封面和封底沿书芯前口切边向里折齐在封二和封三内的加工形式。

飘口是指精装书刊经装订加工后，书封壳大出书芯的部分。飘口一般情况为3mm，也可根据书刊幅面大小增大或缩小，其作用是保护书芯和使书籍外形美观。

9. 书背、书脊

书背是指书帖配册后需订联或者粘联的平齐部分，包上封面后的书背处一般印有书名、出版社或作者名字等内容，精装书背还有方背（或称平背）、圆背之分，平装书均为方背。

书籍的前封和后封与书背的连接处，书芯的表面与书背的连接处称为书脊。

书芯书背的形状分为圆背有脊、圆背无脊和方背三种。方背书芯是指书芯的书背平直方正，书背不突出，形成直角。圆背有脊书芯指书芯背部呈圆弧形，书脊高起有脊垄，这种书背形式适合于装订较厚的书籍，装上书壳后有明显的书槽，翻阅方便，目前精装书籍多采用这种圆背有脊的形式。圆背无脊书芯的书背部呈圆弧形，书背与书芯的厚度相同，没有高出的书脊。

知识点 2　装订方法的分类

根据书刊的用途、保存的时间长短、贵重价值等方面的不同，可以将装订方法分为平装、精装、骑马订和特殊装订。

1. 平装

平装又称简装，它是一种方法简单，成本低廉的常用装订方式，适用于篇幅少，印数多的书籍，一般采用纸质软封面。目前采用平装装订的书刊最多，多用铁丝订、无线胶订和线装订三种完成。GB/T 9851. 7—2008 中平装的定义是书芯经订联后，包粘软质封面、裁切成册的工艺方式。

2. 精装

精装是书籍的精致制作方法，与平装相比，一般用硬纸、皮革、织物、塑料等做封面，在书的封面和书芯的脊背、书角上进行各种造型加工后制成。精装书制作精美，工艺复杂，牢固耐用，但是成本较高，多用于长期保存或者经常使用的较厚的经典著作、辞典等。GB/T 9851. 7—2008中精装的定义是书芯经订联、裁切、造型后，用硬纸板作书壳的，表面装潢讲究和耐用、耐保存的一种书籍装订方式。

3. 骑马订

骑马订是将封面和各个书帖套在一起，沿折缝骑在机器的支架上，钉子在折缝处从外向内穿透书帖完成订书的方法，因其类似骑马而得名。骑马订工艺简单、速度快，主要应用于出书快、价格低且页数较少的期刊、杂志、小册子一类的书刊。

4. 特殊装订

特殊装订包括很多种类，如：线装、螺旋圈装订、开闭环装订、豪华装订等，这些装订方式适用范围广，多用于装订数量少又要求式样典雅美观的印刷品。

知识点 3　装订工艺流程的术语

1. 折页

折页就是将印张按照页码顺序折叠成书刊开本尺寸的书帖，或将大幅面印张按照要求折成一定规格幅面的工作过程。折页的方法有：垂直交叉折、平行折、混合折三种，如图 6 - 2 所示。折页之后的书帖才能进行装订。

2. 配页

配页也称配帖，是将多个书帖或多张散页按照页码的顺序配集成书的工作过程。配页的方法有两种：套配法和叠配法，如图 6 - 3 所示。套配法用于骑马订的装订方式。

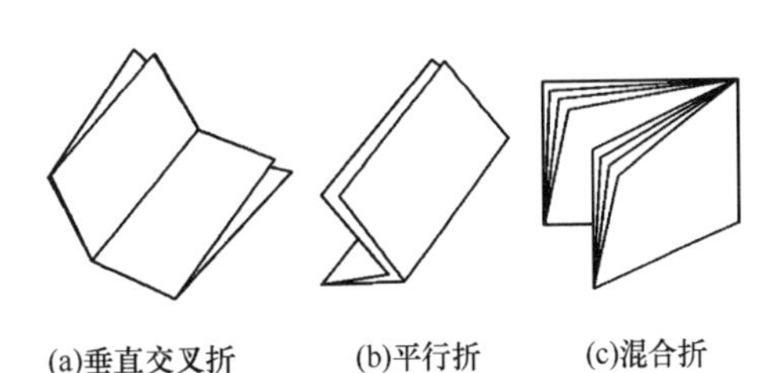

(a)垂直交叉折　(b)平行折　(c)混合折

图 6 - 2　常见的折页方式

3. 订书

将配好的多个散开的书帖，用各种方法牢固地订联起来，成为完整书芯的加工过程称为

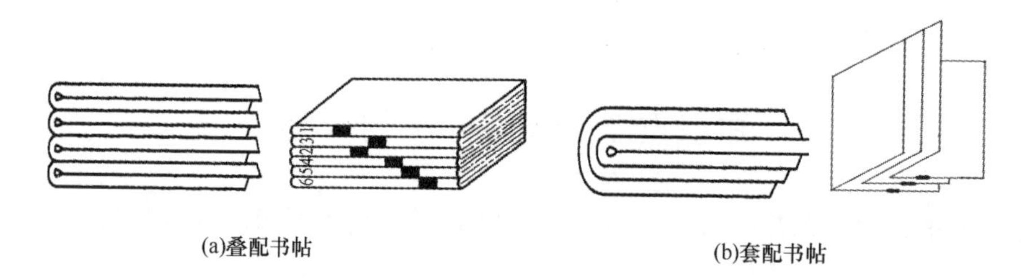

(a)叠配书帖　　(b)套配书帖

图6－3　不同的配页方式

订书。常用的装订方法有：锁线订、无线胶订、铁丝订、缝纫订、骑马订等。

4. 铣背、打毛、切槽

铣背是将配好书页的书帖闯齐、夹紧，沿订口把书帖的背脊处用刀铣平，使书背处成为单张书页，便于每张书页都能与胶接触并粘牢固。

打毛是用打毛刀将铣削好的平滑的书背打得粗糙些，使其起毛，纸边松散，利于胶液的渗入和纸页的粘接。

切槽是在书背处切出许多有间隔的小沟槽，来贮存胶液，并增强书页粘接的牢度。

5. 贴背

书芯贴背是指在书背上粘纱布，粘背脊纸（卡纸）、粘堵头布（花头）三道工序，故又称“三粘”，其目的在于掩盖书脊的线缝，提高书帖与书帖之间、书壳与书芯之间的连接牢度，使上壳后的书籍耐用，美观和便于翻阅。

6. 压平

压平使书芯在压力作用下压实，排出书页间的空气，让书芯结实紧密平整，厚度变均匀，便于后序加工。

7. 烫背

烫背是将包好封面的书册背部，用烫背机器热压，使书背烘干烫平，封面平整牢固地粘贴在书芯上的加工。只有平装书需要烫背加工，骑马订、精装和线装书刊都不需要烫背加工。

8. 扒圆、起脊

扒圆是将书芯的背部做成圆弧形，每一书页都均匀地相互错开微小距离，书芯的前口成为均匀的凹半圆形。扒圆后的书籍易于翻阅，增强了书壳与书芯的连接牢度；同时书帖折缝错开，也降低了书背处因锁线夹在书帖中而堆积变厚的程度。

将扒圆后书芯的书背与表面连接处加工出凸起的脊垄，形成沟槽的过程称为起脊。起脊的目的是：压实书背，将扒圆的书脊揉倒，形成两边凸起的脊垄，可以确保扒圆所形成的圆弧形态，不回圆变形，起定型作用；另一方面也美化书籍的外观。此外，沿凸起的脊垄可以压出清晰的槽沟，使书壳易于开合。

知识点4　平装装订工艺流程

平装书籍常用的装订方式有铁丝订、骑马订和无线胶订，对于较厚的书籍也会采用锁线订的装订方式。

1. 铁丝订流程

折页→上蜡→配页→撞捆→浆背→干燥→分本→铁丝订书→半成品检查→刷胶→包封面→烫背→切成品→成品检查→包装

2. 锁线订流程

折页→上蜡→配页→锁线→半成品检查→压平→扎捆→刷胶→粘纱布卡纸→干燥→分割成本→刷胶→包封面→烫背→切成品→成品检查→包装

3. 无线胶订

折页→配页→半成品检查→撞捆→铣背打毛→刷胶→粘纱布卡纸→干燥→刷胶→包封面→烫背→切成品→成品检查→包装

4. 骑马订

折页→配页→订书→裁切→压平→成品检查→包装

知识点 5　精装装订工艺流程

1. 精装书芯加工

折页→粘环衬→配页→锁线→半成品检查→压平→捆书→刷胶→干燥分本→切书→扒圆起脊→刷胶→粘书签丝带和堵头布→刷胶→粘纱布和书脊纸

2. 精装书封面的加工

计算规格开料→刷胶→糊书壳纸板和中径纸板（组壳）→包壳包角→压平→自然干燥→烫印

3. 书芯和封面套合加工

中缝刷胶→套书壳→粘衬→压平→压槽→检查→包护封→套书盒→包装

任务一　书刊装订方式的区分

- 任务背景

将学生分成若干小组，给每个小组提供不同种类的书刊，要求同学们对其进行区分，搞清楚各自的装订方法是什么，生产工艺流程是怎样的。

- 任务要求

要求学生能正确区分平装书和精装书，掌握相关术语及平装、精装的工艺流程。

- 任务分析

不同书刊的外观特征和结构组成不同，可根据各自特点和相互间的差异，如：平装书一般封面为软的纸张，精装书封面较厚，骑马订是在折缝处订合书帖，据此识别出不同类型的书刊，并在观察和研究的过程中，明确术语含义，弄明白各装订工艺流程。

- 重点、难点

1. 各工艺流程的差别
2. 书籍各部位的名称

知识拓展 印后加工的行业标准概述

目前的书刊基本都是采用平版胶印的方式印刷，但其装订方式却有多种，如：平装、精装、骑马订等，装订方法的不同，使得书刊检验的内容也有差异。

我们国家曾经发布实施了一些书刊印刷质量标准，尤其是1991年，发布实施了15项书刊印刷的系列行业标准，其中有九项是和装订有关的标准，随着时代的发展和印刷、装订技术的不断更新，这些标准有的已经不适应当前实际生产的需要，全国印刷标准化技术委员会从1997年开始对这些标准进行了修订，并最终于1999年发布实施了新的行业标准。

此次修订主要是将《CY/T 7.3—1991 印后加工质量要求及检验方法　精装书芯质量要求及检验方法》《CY/T 7.4—1991 印后加工质量要求及检验方法　胶粘装订质量要求及检验方法》《CY/T 7.5—1991 印后加工质量要求及检验方法　锁线订质量要求及检验方法》《CY/T 7.6—1991 印后加工质量要求及检验方法　精装书壳质量要求及检验方法》《CY/T 7.7—1991 印后加工质量要求及检验方法　覆膜质量要求及检验方法》《CY/T 7.8—1991 印后加工质量要求及检验方法　烫箔质量要求及检验方法》《CY/T 7.9—1991 印后加工质量要求及检验方法　裁切质量要求及检验方法》的相关内容合并，并吸收1995年实施的《CY/T 13—1995 胶印印书质量要求及检验方法》《CY/T 16—1995 精装书刊质量分级与检验方法》《CY/T 20—1995 精装画册质量分级及检验方法》《CY/T 21—1995 经典著作质量分级及检验方法》等标准中的有关内容，修订为《CY/T 27—1999 装订质量要求及检验方法—精装》。

将《CY/T 7.2—1991 印后加工质量要求及检验方法　平装书芯质量要求及检验方法》《CY/T 7.4—1991 印后加工质量要求及检验方法　胶粘装订质量要求及检验方法》《CY/T 7.5—1991 印后加工质量要求及检验方法　锁线订质量要求及检验方法》《CY/T 7.7—1991 印后加工质量要求及检验方法　覆膜质量要求及检验方法》《CY/T 7.8—1991 印后加工质量要求及检验方法　烫箔质量要求及检验方法》《CY/T 7.9—1991 印后加工质量要求及检验方法　裁切质量要求及检验方法》的相关内容合并，并吸收1995年实施的《CY/T 13—1995 胶印印书质量要求及检验方法》《CY/T 14—1995 教科书印制质量要求及检验方法》《CY/T 15—1995 平装书刊质量分级与检验方法》《CY/T 19—1995 平装画册质量分级及检验方法》等标准中的有关内容，修订为《CY/T 28—1999 装订质量要求及检验方法—平装》。

对1995年实施的《CY/T 22—1995 骑马订书刊质量分级及检验方法》标准的内容也进行了修订，并吸收修订的九项装订标准中的《CY/T 7.7—1991 印后加工质量要求及检验方法　覆膜质量要求及检验方法》《CY/T 7.8—1991 印后加工质量要求及检验方法　烫箔质量要求及检验方法》《CY/T 7.9—1991 印后加工质量要求及检验方法　裁切质量要求及检验方法》等标准的有关内容，修订为《CY/T 29—1999 装订质量要求及检验方法——骑马订装》。

现行的国家标准中，涉及印后加工的主要有《GB/T 7705—2008 平版装潢印刷品》《GB/T 7706—2008 凸版装潢印刷品》《GB/T 9851.7—2008 印刷技术术语　第7部分：印后加工术语》《GB/T 18359—2009 中小学教科书用纸、印制质量要求和检验方法》等，这些标准中，对装订的质量标准规定的不够详细，在实际检验中，大部分时候还是要参照行业标准进行检验，以下介绍的内容主要按修订后的1999年的行业标准并结合企业实际做法展开。

知识点6 精装书刊装订质量检查的内容

一、书页与书帖的检查

①三折及三折以上的书帖，应划口排除其中的空气。

②纸张定量为59g/m^{2}以下的最多折四折；60～80g/m^{2}的纸张最多折三折；81g/m^{2}以上的纸张最多折两折。

③书帖平服整齐，无明显八字皱折、死折、折角、残页、套帖和脏迹。

④书帖页码和版面顺序正确，以页码中心点为准，相连两页之间页码位置允许误差≤4.0mm，全书页码位置允许误差≤7.0mm；画面接版允许误差≤1.5mm。

⑤书帖与零散页张、图表的粘连位置要准确，遇有横图粘天头，不能漏粘、联粘，且要牢固平整。

二、书芯订联的检查

1. 锁线订

①锁线订针位与针数应该满足不同开本书本的要求（表6－2），针位应该均匀分布在书帖的折缝上。

表6－2　锁线订针位与针数要求

开本数	上下针位与上下切口的距离/mm	针数	针组	开本数	上下针位与上下切口的距离/mm	针数	针组
≥8	20～25	8～14	4～7	32	15～20	4～8	2～4
16	20～25	6～10	3～5	≤64	10～15	4～6	2～3

②用线规格：42支纱或60支纱、4股或6股的白色蜡光塔线，或相同规格的塔形化纤线。

③订缝形式：40g/m^{2}及以下的四折页书帖，41～60g/m^{2}的三折页书帖，或相当以上厚度的书帖可用交叉锁，除此以外均用平锁。

④锁线前要根据开本尺寸与要求，调好订距、针数，并检查配页有无差错。

⑤锁线后书芯各帖应排列正确、整齐、无破损、掉页和脏迹，书芯厚度应基本一致。

⑥锁线松紧适当，无卷帖、歪帖、漏锁、扎破衬、折角、断线和线圈，缩帖≤2.5mm。

2. 胶粘装订

①胶粘装订用黏合剂黏度适当，严禁使用植物类黏合剂。

②书帖划口排列正确，均在最后折缝线上。

③锯口深度：2.0～3.0mm，锯口宽度：1.5～2.5mm，锯口数如表6－3所示。

表 6－3 胶粘装订开本与锯口数

开本数	锯口数	开本数	锯口数
8	10～12	32	6～8
16	8～10	64	4～6

④胶粘装订以使黏合剂能渗透到书帖最里页张上，并粘牢为准。

⑤胶粘装订后的书芯，每本厚度应基本一致，书背平直。

三、书芯加工

①书芯加工形式：方背、圆背。圆背分有脊、无脊，方角、圆角，有无堵头布，软、硬衬，有无筒子纸。

②半成品书芯加工前必须压平，排除书芯内部空气。压平后的书芯平实，厚度基本一致。

③书芯裁切尺寸及误差符合 GB/T 788《图书和杂志开本及其幅面尺寸》的规定，非标准尺寸按合同要求；纸板尺寸误差 ±1.0mm；护封尺寸误差≤1.5mm；书芯、纸板歪斜度以对角线测量为准。

④扒圆起脊要求如下：书芯圆背的圆势应在 90°～130°；起脊高度为 3.0～1.0mm，书脊高与书芯表面倾斜度应是 120°±10°。扒圆起脊后的书芯四角应垂直，书背无呲裂、皱折、破衬。

⑤堵头布粘贴前，应用黏合剂将其过浆，干燥挺括后使用。具体要求如下：方背堵头布的长以书背宽为准，误差 ±1.5mm；圆背堵头布的长以书背弧长为准，误差范围 1.5～2.0mm。堵头布粘贴平服牢固、不歪斜，外露线棱整齐。

⑥丝带书签应粘贴在书背上方中间位置，粘正、粘平、粘牢。丝带长应比书芯对角线长 10.0～20.0mm；丝带宽：32 开本及以下为 2.0～3.0mm，16 开本及以上为 3.0～7.0mm。

⑦书背布应居中，粘正、粘平、粘牢。书背布的长应短于书芯长 15.0～25.0mm，书背布的宽应大于书背宽（方背）或书背弧长（圆背）40.0～50.0mm。

⑧书背纸粘贴位置应准确，粘平、粘牢。书背纸的长应短于书芯长 4.0～6.0mm，宽应与书背宽（方背）或弧长（圆背）相同；8 开以上画册书背纸的宽可与书背布宽相同。

⑨筒子纸应粘贴平整、牢固。筒子纸的长应短于书芯长 2.0～4.0mm，宽应是书背宽（方背）或弧长（圆背）的两倍加 5.0mm 粘口。筒子纸应使用牛皮纸。

⑩书芯加工的各种粘结，严禁使用植物类黏合剂。

四、书壳加工

①书壳加工形式包括：整面、接面、圆角、方角、包角、不包角、活套、死套、烫箔、烫压凸凹印。

②书壳应使用挺、平、光滑的灰白纸板。

③纸板含水量不应高于 12%，贮存温度应为 5～30℃，相对湿度应为 50% 左右，严禁露天放置。

④书壳尺寸要求：

a. 中缝尺寸　方背（假脊）应是两张书壳纸板厚度加 6.0mm（槽宽）；圆背应是一张书壳纸板厚度加 6.0mm（槽宽）。

b. 中径宽　圆背应是书背弧长加两个中缝宽；方背（假脊）应是书背宽加两个中缝宽

和两张书壳纸板厚。

c. 飘口宽 32 开本及以下为（3.0 ±0.5）mm；16 开本为（3.5 ±0.5）mm；8 开本及以上为 4.0mm ±0.5mm。

d. 包边宽 15.0mm。

e. 接面连接边宽 12.0 ~14.0mm；粘口宽：4.0 ~6.0mm。

f. 书壳纸板 长应是书芯长加两个飘口宽，宽应是书芯宽减 2.0 ~3.0mm。

g. 中径纸板 长应与书壳纸板长相同；方背假脊宽应是书背宽加两张书壳纸板厚；圆背宽应是书背弧长，或加 1.5mm。

h. 整面面料 长应是书壳纸板长加两个包边宽；宽应是两张书壳纸板宽加中径宽和两个包边宽。

i. 接面书腰 长与整面长相同；宽应是中径宽加两个连接边宽。

j. 接面面料 长与整面长相同或加长 5.0mm；宽应是纸板宽加 8.0 ~10.0mm。

五、书壳制作要求

①应使用水分少、干燥快、黏结牢固的动物胶或性能相近的合成树脂胶糊制书壳。

②动物胶应提前浸泡，要用套锅形式。

③动物胶在使用中应保持胶体流动的均匀性。

④使用动物胶时，胶温应保持在（75 ±10）℃，胶与水的比例一般为 1∶3 左右。

⑤使用聚乙烯醇（PVA）合成树脂胶时，应使用套锅形式水浴加热。

⑥聚乙烯醇（PVA）的使用温度应是（45 ±10）℃，胶与水的比例一般为 1∶2 左右。

⑦涂胶应少而均，不溢不花。

⑧书壳纸板和中径纸板组合正确，尺寸允许误差：长≤1.5mm，宽≤2.5mm。

⑨书壳糊制后，应表面平整，无胶脏粘联，方角整齐；圆角塞折至少五折，圆势适当、整齐；包边坚实、牢固，无空套。

⑩书壳糊制后应面对面堆积、压平。压平后，将其立放，自然干燥 10h 以后，再进行堆积，自然压平，不得烘干暴晒。

六、烫箔与压印

①烫箔与压印分为单一烫箔、单一压凹凸印、混合烫和套烫几种形式。

②烫印要求：

a. 上版正确、牢固，根据所烫面积调定压力。

b. 根据烫印形式、封面材料和烫箔种类确定烫印温度和时间，书壳应字迹、图案清晰，不糊版、花版，烫箔牢固，光泽度好。

c. 压烫凹凸印应图文清晰。

d. 以书背中心线为准，书背字误差范围见表 6 –4。

表 6 –4 书背字误差要求 单位：mm

书背厚度	误差范围	书背厚度	误差范围
≤10	≤1.0	>20，≤30	≤2.5
>10，≤20	≤2.0	>30	≤3.0

七、套合加工

1. 套合形式

套合形式有方背的假脊、平脊、方脊，圆背的真脊、假脊，粘合中的软背、硬背、活腔背等。

2. 书芯与书壳套合要求

①套合前，中缝（或书背）必须涂黏合剂，黏合剂不得涂在书壳纸板上，严禁使用植物类黏合剂。

②套合时，以飘口规矩为准，符合飘口宽度的规定。

③套合后，三面飘口一致，书的四角垂直，歪斜误差≤1.5mm。

3. 压槽要求

压槽用铜、铝或塑料线板。

①压槽线板的高应为3.0mm，宽应为3.0～4.0mm。

②先用热压板加热，温度要适当，压力要正确，然后用压槽板定型，或直接用压槽板及压槽金属条定型。槽形应牢固，整齐。

4. 扫衬

①根据书壳面料和环衬的质地选用适当的黏合剂。

②扫衬黏合剂的黏度应适当，涂抹时应少而均，不溢不花。

③扫衬压平后的精装书，错口堆积12h以上，方可作为成品检查与包装。

5. 精装成品质量要求

①表面应平整、无明显翘曲，书的四角垂直符合书芯与书壳套合要求中的规定；飘口符合书壳尺寸要求中的规定；圆背圆势符合扒圆起脊中的规定。

②烫印字迹、图案清晰，不糊、不花，牢固有光泽。

③书槽整齐牢固，深、宽度为（3.0±1.0）mm。

④环衬和书芯前后无明显皱折。

⑤烫印歪斜误差要符合要求。

⑥全套书的书背字上下误差≤2.5mm。

八、检验方法

1. 测量法

按各个标准的要求，用符合规定的计量工具检验页码、粘口、针距、针数、圆势、脊高、飘口和书背、封面的烫印印迹。

2. 目测法

按有关标准的要求，目测相应部位的质量。

知识点7　平装书刊装订质量检查的内容

一、书页与书帖

①三折及三折以上的书帖，应划口排除其中的空气。

②$59g/m^2$以下的纸张最多折四折；$60\sim80g/m^2$的纸张最多折三折；$81g/m^2$以上的纸张

最多折两折。

③书帖平服整齐，无明显八字皱折、死折、折角、残页、套帖和脏迹。

④书帖页码和版面顺序正确，以页码中心点为准，相连两页之间页码位置允许误差≤4.0mm，全书页码位置允许误差≤7.0mm；画面接版允许误差≤1.5mm。

⑤胶粘装订书帖的划口排列正确，划透，均在折缝线上。

⑥书芯粘连的零散页张应不漏粘、联粘，牢固平整，尺寸允许误差≤2.0mm。粘口要求如表6－5所示：

表6－5　　平装书粘口要求　　单位：mm

订联方法	页张图表粘口	环衬粘口
铁丝平订	4.0～7.0	盖住订痕
缝纫订	4.0～8.0	盖住订痕
锁线订	3.0～4.0	3.0～4.0，先粘时缩进折缝2.0，后粘与折缝对齐
胶粘订	3.0～4.0	3.0～4.0

⑦涂蜡均匀、不溢，蜡口宽度为1.5～2.5mm。

二、书芯订联的检查

1. 锁线订

①锁线订针位与针数应该满足表6－6的要求，针位应该均匀分布在书帖折缝上。

表6－6　　锁线订针位与针数

开本数	上下针位与上下切口的距离/mm	针数	针组
≥8	20～25	8～14	4～7
16	20～25	6～10	3～5
32	15～20	4～8	2～4
≤64	10～15	4～6	2～3

②用线规格：42支纱或60支纱、4股或6股的白色蜡光塔线，或相同规格的塔形化纤线。

③订缝形式：40g/m^{2}及以下的四折页书帖，41～60g/m^{2}的三折页书帖，或相当以上厚度的书帖可用交叉锁，除此以外均用平锁。

④锁线前要根据开本尺寸与要求，调好订距、针数，并检查配页有无差错。

⑤锁线后书芯各帖应排列正确、整齐、无破损、掉页和油脏。

⑥锁线松紧适当，无卷帖、歪帖、漏锁、扎破衬、折角、断线和线圈，缩帖≤2.5mm。

2. 胶粘订

①胶粘装订用黏合剂黏度适当，以使黏合剂能渗透到书帖最里面的页张上，并以粘牢为准，严禁使用植物类黏合剂。

②书帖划口排列正确，均在最后的折缝线上。

③锯口深度：2.0～3.0mm，锯口宽度：1.5～2.5mm，锯口数如表6－7所示。

表6－7　胶粘钉开本与锯口数

开本数	锯口数	开本数	锯口数
8	10～12	32	6～8
16	8～10	64	4～6

④铣背深度：三折书帖为2.0～3.0mm，四折书帖为2.5～3.5mm，以书帖最里面一页能粘牢为准，铣削歪斜≤2.0mm。

⑤粘书背纸

a. 书芯厚度在15mm以上时，应粘书背纸；书芯厚度在15mm以下时，可不粘书背纸。

b. 封面用纸≥150g/m^{2}时，可不粘书背纸。

c. 用胶粘装订联动机粘贴书背纸时，其长度应比书芯长度长5.0～8.0mm，宽度与书背的宽度相同或两边各小于书背宽度1.0mm。

d. 手工粘贴书背纸，其长度应比书捆长20.0～40.0mm，宽度应与书芯的长度相同，误差应≤3.0mm。

e. 捆书时，天头或地脚的书芯缩帖≤2.5mm，书背缩帖≤1.0mm。书背纸应粘平、粘牢、不断裂、无歪斜。

f. 分本正确，书背无岗线，不割坏书页。

3. 铁丝平订

①铁丝平订的订位为钉锯外订眼距书芯上下各1/4处，允许误差±5.0mm。钉锯与书脊间的距离：书芯厚度≤4mm时，为3.0～6.0mm；书芯厚度>4mm时，为4.0～7.0mm。

②无坏锯、漏订、重订，订脚要平服牢固。

③根据纸质及书芯厚度，选用直径为0.5～0.7mm的铁丝。

4. 缝纫订

①订线与书脊的距离要求：100页及以下为4.0～6.0mm，100页以上为5.0～8.0mm。

②针数要求见表6－8。16页以下针距为3.0～4.0mm。

表6－8　缝纫订开本与针数

开本数	锯口数	开本数	锯口数
16	17±2	64	7±2
32	12±2		

③订线平直，无漏针、出套、扎豁和破碎，断线不超过1针。订线歪斜≤2.0mm，天头地脚空针≤15.0mm。

④订缝的上线和底线对称锁紧，无线圈。

⑤缝纫订应使用60支纱或60支纱以上的6股白色蜡光塔线，或规格相同的化纤线。

三、包封面

1. 胶粘装订封面

①机械粘贴封面的侧胶宽度为3.0～7.0mm。

②粘贴封面应正确、牢固、平整。

③定型后的书背应平直，岗线≤1.0mm。无粘坏封面，无折角。

④黏合剂黏度要适当，书背纸和封面应粘牢，无黏合剂溢出。

2. 铁丝平订和锁线订封面

①根据书芯和封面纸的厚度，正确选用黏合剂的种类、黏度和用量。以书背为准，浆口≤7.0mm。封面与书应吻合，包紧、包平，无双封面，上下误差≤3.0mm。

②烫背后，书背应平整，无马蹄状压痕及杠线、变色等。

③封面用纸超过200g/m^2时，粘口应压痕。

④书背及粘口压痕误差≤1.0mm。

四、成品质量

①封面与书芯粘贴牢固，书背平直，无空泡，无皱折、变色、破损。粘口符合要求。

②成品尺寸符合GB/T 788《图书和杂志开本及其幅面尺寸》的规定，非标准尺寸按合同要求。

③成品裁切歪斜误差≤1.5mm。

④成品裁切后无严重刀花，无连刀页，无严重破头。

⑤书背字平移误差以书背中心线为准，书背厚度在10mm及以下的成品书，书背字平移的允许误差为≤1.0mm；书背厚度大于10mm，且小于等于20mm的成品字，书背字平移的允许误差为≤2.0mm；书背厚度大于20mm，且小于等于30mm的成品书，书背字平移的允许误差为≤2.5mm；书背厚度在30mm以上的成品书，书背字平移的允许误差均为3.0mm。书背字歪斜的允许误差均比书背字平移的允许误差小0.5mm。

⑥成品护封上下裁切尺寸误差≤2.0mm。护封或封面勒口的折边与书芯前口对齐，误差≤1.0mm。

⑦成品书背平直，岗线≤1.0mm。无粘坏封面，无折角，不显露钉锯。

⑧成品外观整洁，无压痕。

五、封面覆膜

①黏结牢固，表面平整不模糊，光洁度好。无皱折、起泡、粉箔痕和亏膜。

②分割尺寸准确，不出膜，不明显卷曲，破口≤4.0mm。

③干燥程度适当，无粘坏表面薄膜或纸张的现象。

④覆膜后放置10~20h，覆膜质量应无变化。

⑤覆膜环境应防尘、整洁，室内温度适当，涂胶装置应密封。

六、烫箔质量

①烫箔后字迹、图案清晰，不糊版、花版，烫箔牢固，光泽度好。

②烫箔后书背字居中，歪斜误差的要求同前面书背字的要求。

七、检验方法

1. 测量法

按各个标准的要求，用符合规定的计量工具检查相应部位的尺寸。

2. 目测法

按有关标准的要求，目测相应部位的质量。

知识点 8　骑马订书刊装订质量检查的内容

一、使用铁丝规格

根据纸质与厚度，铁丝直径为 0.5 ~ 0.6mm。

二、书页与书帖

①三折及三折以上的书帖，应划口排除其中的空气。

②59g/m^{2}以下的纸张最多折四折；60 ~ 80g/m^{2}的纸张最多折三折；81g/m^{2}以上的纸张最多折两折。

③书帖平服整齐，无明显八字皱折、死折、折角、残页、套帖和脏迹。

④书帖页码和版面顺序正确，以页码中心点为准，相连两页之间页码位置允许误差≤4.0mm，全书页码位置允许误差≤7.0mm；画面接版允许误差≤1.5mm。

三、装订质量

①配（或贮）帖应正确、整齐。

②订位为钉锯外钉眼距书芯长上下各 1/4 处，允许误差 ±3.0mm。

③订后书册无坏钉、漏钉及垂钉，书册平服整齐、干净，钉脚平整、牢固，钉锯均钉在折缝线上，书帖歪斜≤2.0mm。

④全书整洁，成品尺寸应符合 GB/T 788《图书和杂志开本及其幅面尺寸》的规定，非标准尺寸按合同要求。

四、成品质量

①成品裁切歪斜误差≤1.5mm。

②成品裁切后无严重刀花，无连刀页，无严重破头。

③成品外观整洁，无压痕。

五、检验方法

1. 测量法

按各个标准的要求，用符合规定的计量工具检查相应部位的尺寸。

2. 目测法

按有关标准的要求，用目测检验书本幅面及钉位的尺寸。

任务二　书刊装订质量的检查

- 任务背景

现有几本不同类型、不同印刷厂家生产的精装、平装、骑马订的书刊（字典、名著、杂志、教材、小说等)，需要进行装订质量的检查。

• 任务要求

要求学生检查出这些书刊中存在的所有装订方面的问题，分析问题原因，查找解决的办法。

• 任务分析

不同类型的书刊采取的装订方式通常不同，不同的生产厂家，所用的装订材料和设备、员工技术水平等也有不同，导致最终生产出来的书刊在装订质量上也有差别。

检查内容：折页有没有歪斜、配页有没有错误、书芯订联是否符合规定、精装书封面加工情况、封面包合情况、书背文字有无歪斜、外观是否干净整洁等。

• 重点、难点

①配页情况的检查；

②书芯订联情况的检查；

③封面包合情况的检查；

④问题原因的查找。

知识拓展

1. 书刊质量分级

平装书刊和精装书刊都有精细产品和一般产品之分，精细产品是指用高质量原辅材料精细加工印制的平装书刊产品，精细产品以外的符合相应质量标准的书刊产品就是一般产品。从质量等级方面可以把它们划分为优质品、良好品、合格品、不合格品。

2. 产品检验形式

产品的检验通常包括：进货（或者原材料）检验、产品生产过程中的检验和生产完成后的最终检验，在生产中要重点抓好后两种检验工作。现在很多生产设备本身带有一些检查功能，可以对产品的某些参数进行全程监控，并能根据监控结果自动调整生产设备；机台的生产人员也会不断地抽查产品；此外质量控制人员也会对生产中的产品进行抽查，这些都是生产过程中的检验，可以及时地发现问题并立即纠正，减少废品、次品，降低损失。当产品加工完成得到最终成品后，质量控制人员要对产品进行最终检验，确保出厂产品的质量。

按检验产品的数量不同可以把检验分为全数检验和抽样检验，全数检验需要对每个产品进行检验，虽然结果可靠，但是工作量很大，周期长，一般不采用。抽样检验是按照规定的抽样方案，随机地从一批或者一个过程中抽取少量个体进行的检验，并据此判定一批产品或者一个过程是否符合要求，这种检验结果有一定的风险，可能有错判的存在，但由于周期短，大大减少检验工作量和检验费用，在企业得到普遍的采用。大部分印刷企业采用一次抽样检验方案，具体方案如表 6 - 9 所示。

表 6 - 9　　一次抽样方案　　单位：册

批量	151 ~ 500	501 ~ 1200	1201 ~ 10000	10001 ~ 35000	35001 ~ 500000	≥500001
样本数	13	20	32	50	80	125
合格判定数	1	2	3	5	7	10
不合格判定数	2	3	4	6	8	11

技能知识点考核

1. 填空题

（1）装订包括订和装两大工序，装是指________的加工，订是指________的加工。

（2）一张对开的张，折成32开的大小，需要对折________次。

（3）书刊翻阅口处的空白，即订口的相对面称为________口。

（4）平装胶粘订三折书帖的铣背深度在________之间。

（5）平装书刊成品裁切歪斜误差要≤________ mm。

2. 选择题

（1）折了（　　）折及以上的书贴，应该划口排除其中的空气。

A. 2折　　B. 3折　　C. 4折　　D. 5折

（2）书芯圆背的圆势应该在（　　）。

A. 90°～130°　　B. 80°～130°　　C. 90°～150°　　D. 80°～150°

（3）字典的配帖方式是（　　）。

A. 套配　　B. 叠配　　C. 混合配　　D. 任意都可

（4）不能起到让胶液粘牢每一张书页作用的是（　　）。

A. 烫背　　B. 铣背　　C. 切槽　　D. 打孔

（5）精装书背纸的长应该短于书芯（　　）。

A. 3.0～5.0mm　　B. 3.0～6.0mm　　C. 4.0～5.0mm　　D. 4.0～6.0mm

3. 判断题

（1）粘在封面背后，连接封面和书芯、上下一折两页的纸称为夹衬。（　　）

（2）飘口是指精装书封壳大出书芯的部分。（　　）

（3）骑马订的配页通常采用叠配法。（　　）

（4）胶粘订用的黏合剂主要是植物胶和动物胶。（　　）

4. 简答题

（1）什么是抽样检验？有何优缺点？

（2）精装书的成品质量要求有哪些？

（3）什么是贴背？

（4）扒圆和起脊各指什么？

项目二　整饰加工质量要求、鉴别及控制

印刷品的整饰加工就是在印刷品的表面进行适当的处理，提高印刷品表面的光泽度、耐光性、耐水性、耐磨性等各种性能，以增加印刷品的美观和耐用性能。GB/T 9851.1—2008中表面整饰的定义为：对印刷品进行上光、覆膜、烫箔、压凹凸及其他装饰加工的工艺总称。表面整饰加工技术不但可以加强对印刷品的保护，而且可以让印刷品更美观，提高商品的艺术效果，促进商品销售，提升商品的附加值。常见的表面整饰加工技术主要是：覆膜、

上光、烫印、凹凸压印等，这些技术的工艺各不相同，而且有时一个印刷品上要同时采用几种表面整饰技术，如果任何一个环节出现问题，都将会影响最终产品的质量。

知识点

知识点1　覆膜相关知识

一、覆膜的概念

覆膜就是将涂有黏合剂的塑料薄膜覆盖黏合到印刷品的表面，形成纸塑合一的印刷品的工艺。覆膜可以增强印刷品表面平滑光亮程度，改善印刷品的耐磨、防水、防污等性能，延长其使用寿命，提高产品的装潢效果和竞争力。

二、覆膜工艺流程

1. 干式覆膜

干式覆膜是在塑料薄膜上涂布一层黏合剂，经过覆膜机的烘道蒸发掉溶剂干燥后，在热压状态下与纸张粘合在一起的工艺，是一种常用的覆膜方法。其工艺流程如下：

塑料薄膜放卷—表面电晕处理—涂布黏合剂—烘道干燥—热压辊作用下黏合纸板—冷却—收卷—分割，如图6－4所示。

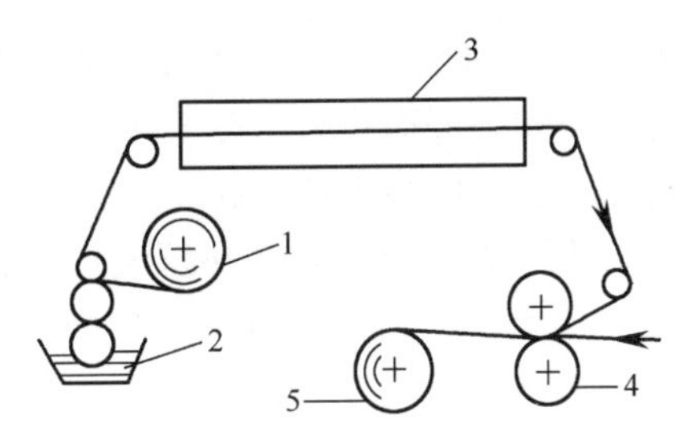

图6－4　干式覆膜流程图
1—进料卷　2—黏合剂　3—烘道
4—压合辊　5—收料卷

2. 湿式覆膜

湿式覆膜是在塑料薄膜表面涂布一层黏合剂，在黏合剂未干的情况下，通过压辊与印刷品粘合在一起。目前湿式覆膜常用水溶性黏合剂，故又称为水性覆膜。其工艺流程与干式覆膜类似，只不过是热压覆膜后再烘干，有的甚至不烘干直接收卷，如图6－5所示。

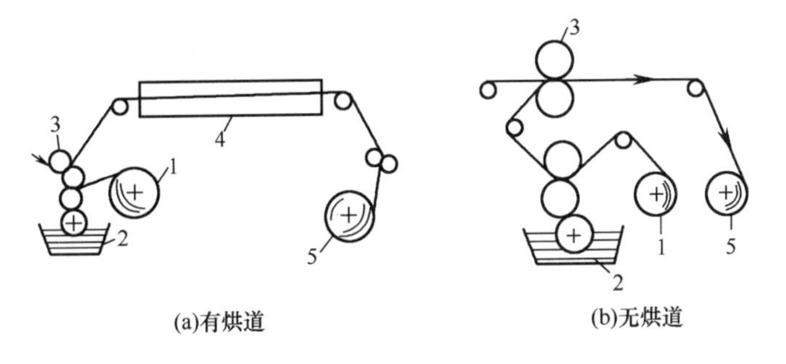

图6－5　湿式覆膜流程图
1—进料卷　2—黏合剂　3—压合辊　4—烘道　5—收料卷

3. 预涂覆膜

预涂覆膜工艺始于20世纪90年代。通过专用设备将黏合剂定量均匀地涂布在薄膜上，烘干后得到的就是预涂膜。覆膜厂家直接购买这种预先涂布有黏合剂的塑料薄膜，在需要覆膜时，将该薄膜与纸质印刷品一起在没有黏合剂涂布装置的覆膜设备上进行热压，完成覆膜过程。

三、覆膜检验要求

《CY/T 7.7—1991 印后加工质量要求及检验方法　覆膜质量要求及检验方法》规定了书刊封皮覆膜的质量要求及检验方法，具体要求如下：

①根据纸张和油墨性质的不同，覆膜的温度、压力及黏合剂应适当。

②覆膜黏结牢固，表面干净、平整、不模糊，光洁度好，无皱折、无起泡和粉箔痕。

③覆膜后分割的尺寸准确、边缘光滑、不出膜、无明显卷曲，破口不超过10mm。

④覆膜后干燥程度适当，无粘坏表面薄膜或者纸张的现象。

⑤覆膜后放置6～20h，产品质量无变化，有条件用恒温箱测试。

四、检验方法

①专业技术人员按标准要求目测检验产品的外观质量。

②日常生产中，经常根据企业条件，采用一些简单的方法检测覆膜粘合的质量，通过几种方法综合检验，符合要求后才可投入批量生产。这些方法有：

a. 撕揭法　把覆膜样张薄膜的一个角和纸张分离开，然后按住纸张，向对角撕揭，先把宽度方向全部揭开后，再全部揭开，如果印品表面的油墨印迹随黏合剂和纸张的纤维转移到薄膜上，说明覆膜粘合良好。

b. 压折法　把试样放在压痕机上试压，如压出的凹凸部分不脱层则为合格品。

c. 烘烤法　把试样放入烘道内，以60～65℃烘烤约30min，如果没有起泡、脱层、起皱，则为合格品。

d. 水浸法　把试样放入水中浸泡约1h后取出，如果薄膜与印刷品不脱离则为合格品。

五、覆膜常见故障及原因

1. 黏合不良

①黏合剂涂布量不够，或者黏合性能较差；

②印刷品表面喷粉过多，应将喷粉去除；

③印刷品墨层太厚，黏合剂难以渗透到纸张表面，应增大黏合剂涂布量和覆膜时的压力；

④印刷品墨层未干透；

⑤塑料薄膜表面处理不够或者表面处理已经失效；

⑥覆膜时压力、温度偏低，速度偏快。

2. 产品起泡

①印刷品墨层太厚或者墨层不干；

②涂布的黏合剂中残留溶剂过多；

③油墨中的助剂成分引起起泡；

④黏合剂中的水分或者纸张的含水量太多引起起泡；

⑤印品或薄膜表面不整洁。

3. 薄膜起皱

①薄膜传送辊不平衡；

②薄膜两端松紧不一致或呈波浪边；

③覆膜时辊之间的压力两端不一样；

④拉力过小或者过大，牵引力不当；

⑤涂布黏合剂过厚，没有干透。

4. 纸张起皱

①车间温、湿度控制不当，纸张含水量发生变化，出现“荷叶边”或“紧边”的现象，纸张表面不平整，造成覆膜时起皱；

②辊间的压力不均匀，纸张受力不一致；

③胶辊表面本身不平整或者有污物；

④输纸有歪斜。

5. 产品有雪花点

①印刷品上喷粉残留过多；

②黏合剂中有杂质；

③黏合剂涂布量太小；

④涂胶辊和施压辊上不整洁，涂布和压合不匀。

6. 分切后产品卷曲

①纸张含水量大；

②纸张偏薄，厚度不够；

③薄膜张力过大；

④压辊温度偏高，压力偏大。

任务一　覆膜产品质量的检查

- 任务背景

对一些不同厂家生产的覆膜产品（覆膜于不同类型的纸张上面），进行覆膜质量的检查对比。

- 任务要求

要求学生检查出这些覆膜产品中存在的所有问题，分析问题原因，查找解决的办法。

- 任务分析

不同生产厂家的覆膜产品质量上有差别，出现的问题可能不太相同，同一问题也可能有不同的原因，要根据问题的具体情况，分析最可能导致问题产生的原因。

检查内容：覆膜是否牢固、有无起泡现象、有无起皱现象、有无雪花点、产品是否卷曲等内容。

- 重点、难点

①覆膜质量的检验；

②问题原因的查找。

知识拓展

1. 开窗覆膜

开窗覆膜是在带有窗口的印刷品上进行覆膜，印刷品上有空缺的部分，这种印刷品主要用来制作包装盒，使人们能通过窗口，从外面看到里面的被包装的商品，具有可视性。但是窗口的存在要求不能用传统的先给薄膜涂胶、再和印刷品压合的生产工艺，因为这种方法会使窗口部位的薄膜有黏合剂存在。开窗覆膜工艺和传统的覆膜工艺有点不同，它实际上是把黏合剂涂布到印刷品上，模切开窗后再和塑料薄膜粘合在一起，这样可以避免窗口部位的薄膜上再有胶存在。

2. 亮光膜与亚光膜

覆盖有亮光膜的印刷品表面，有一层平滑光亮的薄膜层，对光线的反射能力较强，给人以光亮华丽的感觉；覆盖有亚光膜的印刷品表面，薄膜层亮度较低，对光线的反射能力差，有点像毛玻璃的表面，没有刺眼的光线，给人以稳重素雅的感觉。

知识点2　上光相关知识

一、上光的概念

上光就是在印刷品表面涂布一层无色透明涂料，干燥后在印刷品表面形成薄而均匀的透明光亮层的加工技术，如图6-6所示。上光可以让印刷品表面光亮美观，提高印刷品的防潮、耐磨、防污等性能，更为耐用，改善产品的外观和竞争力。

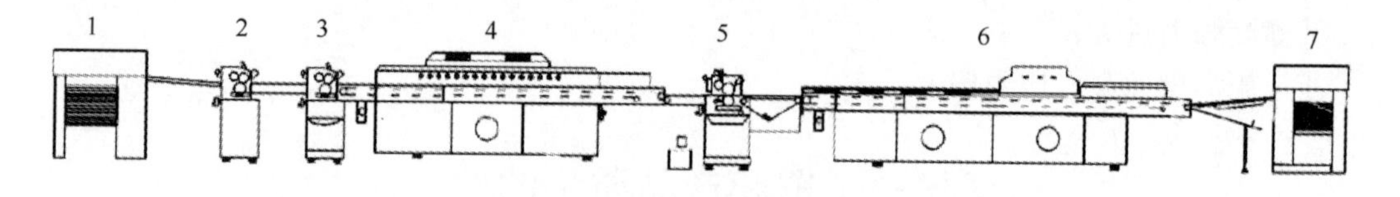

图6-6　自动上光机的结构

1—输纸　2—除粉　3—打底油　4—红外线干燥　5—涂布　6—UV干燥　7—收纸

二、上光加工技术

上光加工技术一般包括涂料的涂布、涂层的压光、UV上光等方式

1. 涂料涂布

利用涂布机器将透明涂料涂布在印刷品的表面，并进行干燥。涂布后的印刷品表面形成光亮涂层，可以不经过其他加工而直接使用。

2. 涂层压光

压光是在涂布的基础上进行的，一些对光泽度要求较高的印刷品，在上光涂布后还需要经过压光机压光。印刷品先要在上光机上涂布压光涂料，待干燥形成涂层后再通过压光机的不锈钢带热压，经冷却、剥离后，使印刷品表面的涂层更加平滑，形成镜面反射效果，从而获得高光泽的涂层。

3. UV 上光

UV 上光即紫外线上光，是在印刷品表面涂布 UV 上光涂料，在紫外光线的照射下，迅速固化而形成一层光亮的薄膜。UV 上光具有高亮度、耐磨损、防潮防污、涂层性能优异的特点，而且涂料无溶剂，可以在室温下快速固化。

三、上光技术分类

①按上光设备不同可分为：脱机上光和联机上光。

②按上光涂料不同可分为：溶剂型涂料上光、水性涂料上光和 UV 涂料上光。

③按上光效果不同可分为：全幅上光、局部上光、消光（亚光）上光和特效（艺术）上光。

四、上光检验要求

《CY/T 17—1995 印后加工纸基印刷品上光质量要求及检验方法》对上光产品的质量检验要求做出了规定，并提出了相应的检验方法。

①外观要求：表面干净、平整、光滑、完好、无花斑、无皱折、无化油和化水现象。

②根据纸张和油墨性质的不同、光油涂层成膜物的含量不低于 $3.85g/m^2$。

③A 级铜版纸印刷品上光后表面光泽度应比未经上光的增加 30% 以上，纸张白度降低率不得高于 20%。

④印刷品上光后表面光层附着牢固。

⑤印刷品上光后应经得起纸与纸的自然摩擦不掉光。

⑥在规格线内，不应有未上光部分，局部上光印刷品，上光范围应符合规定要求。

⑦印刷品表面上光层和纸张无粘坏现象。

⑧印刷品上光层经压痕后折叠应无断裂。

五、上光检验方法

①外观：按标准要求，用目测检验。

②光泽度：在印刷品上光前后的相同部位，成 75° 角，用纸和纸板镜面光泽度测定法测试。

③白度：在印刷品无图纹的空白部位，用纸和纸板白度测定法漫射/垂直法，进行上光前后的白度对比测试。

④耐折性：上光后印刷品，经对折后用 5kg 重压辊，于折痕处滚压一次无断裂。

⑤牢度：用国产普通粘胶带与印刷品成大于 170° 角缓慢粘拉。

⑥耐粘连性：印刷品上光后，取不少于 1000 张纸张，在温度 30℃、压力 $200kg/m^2$ 的条件下，经 24h 叠放，进行耐粘性测试。

六、上光常见故障及原因

1. 光亮度差

①印刷品纸质差，表面粗糙，吸收性强；

②上光涂料质量差，成膜后光泽度低；

③涂料浓度小，涂布量不足，涂层薄；

④压光过程中温度和压力不够。

2. 印品粘连

①涂料干燥性能不好，涂层干燥不良；

②涂层太厚，内部溶剂没有完全挥发，残留较多；

③烘道温度偏低。

3. 上光涂层不均匀，有气泡或麻点

①上光涂布的工艺条件不合适；

②油墨层已经晶化，上光涂料不容易附着上去；

③上光涂料的表面张力偏大，不容易润湿印刷品的表面。

4. 涂层表面出现条痕或起皱

①上光涂料黏度太高；

②涂料的涂布量太大；

③涂料对印刷品表面墨层的润湿性不好；

④上光工艺条件与涂料适性不匹配，涂料的流平性差。

5. 产品表面易折断

①涂布和压光过程中温度偏高，印刷品含水量降低，纸张失水变脆；

②压光中压力大，印刷品被挤压变形，柔韧性下降；

③涂料本身性能不好，柔韧性差。

6. 上光后印刷部位颜色有变化

①墨层干燥不够，和涂料发生反应；

②涂料层的溶剂对油墨有一定的溶解，降低油墨颗粒的附着牢度；

③光油涂料质量较差。

任务二　上光产品质量的检查

- 任务背景

现有不同厂家生产的一些上光产品，所用纸张的种类不同，上光所用材料和加工方式也有差别，需要进行上光质量的检查。

- 任务要求

要求学生检查出这些上光产品中存在的所有问题，分析问题产生的原因，查找解决的办法。

- 任务分析

不同生产厂家的上光产品质量上有差别，出现问题的原因也各种各样，要具体情况，具体分析，找出最可能导致问题产生的原因，必要时可借助一定的仪器。

检查内容：上光涂层是否均匀，光亮程度如何，有无起皱、条痕或者麻点现象，耐折性如何，产品间有无粘连、有无粘坏涂层的现象等。

- 重点、难点

①上光质量问题的检验；

②问题原因的分析查找；

③检测方法的运用。

知识拓展

1. 覆膜和上光

覆膜和上光的作用基本一样，都可以对印刷品起到装饰和保护等作用，两者在市场上都有着广泛的应用。比较而言，覆膜价格略高，给环境带来的污染比上光要严重，且不利于纸张的回收，不符合目前环保的发展主题要求。但是由于它的良好的保护性及用户的爱好习惯，覆膜在市场上仍占有重要位置。

2. 全幅上光和局部上光

全幅上光也叫满版上光，是指整个印刷品的图文表面全部涂布上光油，起到良好的保护和装饰作用，可用上光机或者印刷机完成。局部上光是指在印刷品的个别地方涂布上光油，对上光部位起到对比强调和装饰作用，多用印刷的方法完成。

知识点 3　烫印的相关知识

一、烫印的概念

烫印就是借助于一定的压力与温度，使金属箔或者颜料箔烫印到印刷品或者其他承印物表面的整饰加工技术，又称烫箔。烫印可以让印刷品表面产生独特的金属光泽和强烈的视觉效果，使产品色泽明亮，显得富丽华贵，提高产品的装饰效果，提升产品的档次。

二、烫印加工技术

1. 烫印材料

烫印材料种类较多，主要有金属箔、粉箔、普通电化铝箔、全息烫印箔等。目前普通电化铝箔是最为常用的烫印材料，而全息烫印箔以其独特的装饰效果和防伪功能，也得到了较广泛的应用。

2. 烫印原理

烫印主要是利用热和压力，把烫印材料转移粘合到承印物上，并形成相应花纹图案的工艺过程。烫印时，烫印材料上的黏合剂受热熔化，在压力的作用下，紧密接触纸张，形成黏结力，同时烫印材料上的脱离层受热后黏结力变小，金属箔层便会与基膜层脱离而转移到承印物表面，产生明亮的金属光泽，烫印工艺原理如图 6－7 所示。

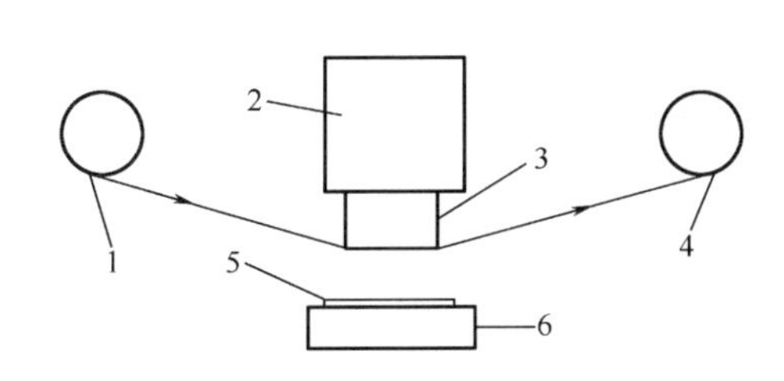

图 6－7　烫印原理

1—烫印箔放卷　2—加热装置　3—烫印版
4—烫印箔废料收卷　5—承印物　6—承印平台

3. 烫印工艺过程

烫印的过程一般包括以下几项内容：

烫印准备工作→装版→垫版→烫印工艺参数的确定→试烫→正式烫印。烫印准备工作主要是电化铝的裁切和烫印版的检查准备；装版和垫版是将烫印版固定到机器上，并调整到合适的位置，对局部不平部位进行垫版调整，使各处压力均匀；烫印的主要工艺参数包括：烫印温度、烫印压力和烫印速度，要根据实际情况，大致确定好合适的参数；通过试烫，根据烫印的实际效果，对参数进行修正，确定合适的参数后就可以进行正式生产。

4. 普通电化铝箔结构

常用的普通电化铝箔包括五层结构：片基层，也称为基膜层，对电化铝箔其他各层起到支撑作用，电化铝上其他各层物质依次粘附在片基层上。隔离层，也称脱离层，它使镀铝层与片基层相互隔离开，以便于烫印时容易与片基层分离。染色层，也称颜色层，可使电化铝呈现出需要的颜色，烫印后覆盖住镀铝层，起到保护作用。镀铝层，作用是利用铝的高反射率，使烫印处呈现光彩夺目的金属光泽，让染色层的颜色增加光辉，得到所谓的烫印的效果。胶粘层，烫印时在热压的作用下，将镀铝层和染色层粘贴到承印材料上，在贮存和运输时还可以保护电化铝层。

三、烫印注意事项

①在印刷品表面进行烫印，必须等油墨层干燥透彻，附着牢固后才能烫印，以防止烫印不上或者烫印发花。

②烫印的压力、温度和速度三者要选定合适的值，互相配合，通常应该根据被烫物品质地和表面状况、烫印面积和图文结构、电化铝的型号和性能等因素来决定这三者，要保证电化铝最终能够牢固地黏附在承印物上，烫印清晰，又不能糊版。

③要保证烫印位置的准确，不能烫偏，印刷规矩要定位好。

④通常在正式烫印前要进行试烫印，确保烫印质量达到要求后才可进行正式生产。

四、烫印检验要求

《CY/T 7.8—1991 印后加工质量要求及检验方法　烫箔质量要求及检验方法》《CY/T 60—2009 纸质印刷品烫印与压凹凸过程控制及检测方法》对烫印产品的质量检验要求做出了规定，并提出了相应的检验方法，其中CY/T 7.8—1991 主要是针对书刊封皮表面的烫印。目前的烫印产品，经常同时采用烫印和压凹凸的技术，使烫印位置同时产生凹凸不平的浮雕感，即立体烫印技术，CY/T 60—2009 对采用烫印和压凹凸技术的纸质印刷品提出了相应的检测控制要求。

1. CY/T 7.8—1991 对烫印的具体质量要求

烫印的版材、温度和时间

①烫印的版材用铜版或锌版，厚度不低于1mm；

②烫印压力、时间、温度与烫印材料、封皮材料的质地应适当，字迹和图案烫牢，不糊。

2. 烫印

①有烫料的封皮：文字和图案不花白、不变色、不脱落，字迹、图案和线条清楚干净，表面平整牢固，浅色部位光洁度好、无脏点。

②无烫料的封皮：不变色，字迹、线条和图案清楚干净。

③套烫两次以上的封皮版面无漏烫，层次清楚，图案清晰、干净，光洁度好，套烫误差小于1mm。

④烫印封皮版面及书背的文字和图案的版框位置准确，尺寸符合设计要求。封皮烫印误差小于5mm，歪斜小于2mm。书背字位置的上下误差小于2mm，歪斜不超过10%。

3. CY/T 60—2009 对烫印的具体质量要求

（1）工艺过程控制要求

①根据工艺要求设定烫印温度，温度波动范围控制在±10℃以内。

②调整压力均匀适当。

③作业环境的温度：(23±7)℃；相对湿度：(60±15)%。

（2）质量要求

①烫印表面平实，图文完整清晰，无色变、漏烫、糊版、爆裂、气泡。

②烫印材料与烫印基材间的结合牢度≥90%。

③同批同色色差（CIE$L^*a^*b^*$）$\Delta E a^* b^* \leqslant 3$。

④烫印与压凹凸图文与印刷图文的套准允差≤0.3mm。

五、烫印检验方法

①按标准要求，用目测检验产品外观的质量。

②可使用分度值为0.01mm的标准量具进行烫印套准检测。

③烫印材料与烫印基材的结合牢度检测，按照GB/T 7706—2008《凸版装潢印刷品》中的检验方法规定执行，将规定类型的胶带粘在印品表面，用圆盘剥离实验机测试其结合牢度。

④用测量仪器检验同一批产品中，不同样张的同部位同色的色差。

六、烫印常见故障及原因

1. 烫印不上或者烫印不牢

①印刷品底色墨层太厚或者墨层晶化；

②印刷品墨层中含有不易粘合的石蜡类物质；

③电化铝型号选用不当，不适合被烫物质；

④烫印温度和压力不够。

2. 烫印图文光泽度差或者变色

①烫印温度过高；

②油墨不干，连接料和溶剂产生影响。

3. 反拉

①底色墨层没有干透；

②浅色墨层上过多地使用白墨作冲淡剂，造成印刷品表面粗糙粉化。

4. 烫印字迹发毛

①烫印温度低，压力小；

②烫印版表面不平；

③烫印物表面粗糙。

5. 烫印图文不完整

①电化铝拉得过紧或过松；

②烫印压力过轻或者印版压力不均匀；

③电化铝裁切和输送有偏差；

④印版制作不够精确或者损坏；

⑤印版移位或者衬垫移位；
⑥电化铝型号选择不当；
⑦烫印表面不洁净或者粗糙不平。

任务三　烫印产品质量的检查

• 任务背景

现有一些不同类型的烫印产品，由不同厂家生产，所用的承印材料不同，烫印面积和图案复杂程度也不一样，需要进行烫印质量的检查。

• 任务要求

要求学生检查出这些烫印产品中存在的所有问题，分析问题产生的原因，查找解决的办法。

• 任务分析

烫印产品的质量问题有许多，出现问题的原因也各种各样，要根据不同的情况分析，找出最可能导致问题产生的原因。

检查内容：烫印光亮程度，电化铝箔与印刷品粘合牢固程度，烫印位置的套准误差大小，烫印图文边缘是否光洁整齐，有没有漏烫和糊版现象等。

• 重点、难点

①各种烫印质量问题的检验；
②问题原因的分析查找；
③烫印检测方法和检测仪器的使用。

知识拓展

1. 全息烫印箔

全息烫印箔是以塑料薄膜为基材，经涂布、镀膜、模压及分卷等工序而制成的一种全息烫印材料，与普通烫印箔相比，它显示色彩或图像的不是颜料，而是全息图案。

2. 冷烫印

普通的烫印技术都是通过对烫印箔加热加压，把烫印箔上的胶粘层熔化，与承印物之间产生黏合力，把呈现颜色和图案的涂层粘到承印物表面的。而冷烫印则与此不同，它不需要对烫印箔加热，而是在印刷品上需要烫金的部位先印上胶黏剂，烫金箔是专用的电化铝，在不用加热的压印滚筒作用下，依靠压力和黏合剂实现烫印箔的转移。

知识点4　凹凸压印的相关知识

一、凹凸压印的概念

凹凸压印也称压凸、击凸、扪凸、压凸纹印刷等，是印刷品表面装饰加工的一种技术，它使用凹、凸模具，在一定的压力作用下，使印刷品基材发生塑性变形，压出凸起的图案、文字和花纹的工艺过程。这种技术不用油墨和胶辊，加工后的产品具有明显的浮雕感，增强了印刷品的立体感和层次感，具有良好的艺术装饰效果，其加工原理如图6－8所示。

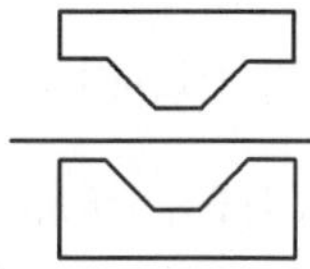

图6－8　凹凸压印原理

二、凹凸压印加工技术

1. 凹凸压印版材

凹凸压印工艺需要制作两块印版，一块为凹版，一块为凸版，并要求两版有很好的配合精度。凹凸压印中，印版要受到较大的压力作用，要求版材具有一定的硬度和耐磨性。常用凹版基材有：锌版、铜版和钢版，常用凸版基材有：高分子材料和石膏。

2. 凹凸压印工艺流程

制作凹版→以凹版为模版来制作凸版→装版→压印。

凹版的制作通常采用腐蚀和雕刻结合的方法完成。凸版的制作，通常要以制作好的凹版为母版，用它作为模版来复制出一块与它良好吻合的凸版，复制工艺有两种，一种是传统的石膏凸版工艺，一种是新的高分子凸版工艺。把制作好的凹版和凸版安装到压印机构上（有的把制作凸版和装版的工作一起完成），调整好压力、平整度等参数，开机试压印，若无问题，即可进行正式压凹凸生产。

3. 凹版质量的简易检测

凹版是影响凹凸压印的关键因素，制作好后，又不太容易直接看出它的制作效果如何，可借助于橡皮泥，根据需要对凹版进行检查。可把橡皮泥填充要检查的图文部位，施加一定的压力，橡皮泥上所呈现出凸起状的图文，就是凹陷部分的情况，据此来检查凹版的层次、深浅、立体感等效果如何。

4. 凹凸压印的加工效果

①单层凸纹：即印刷品表面经压印变形后，其表面凸起部分的是高度是一致的，没有高、低层次之分，凸起部分的表面近似为一个平面。

②多层凸纹：即印刷品经压印变形之后，其表面凸起部分的高度不一致，有高低层次的变化，凸起部分的表面近似于图文实物的形状。

③凸纹清压：即印刷品经压印变形之后，凸起部分同印刷品图文边缘相吻合，中间部位的形态、线条则可稍微自由一些，不必完全重合。

④凸纹套印：即印刷品经压印变形之后，凸起部分同印刷品图文不仅边缘相吻合，中间部位的每一个细部也要相吻合。

三、凹凸压印注意事项

①凹版图文深度要控制好，要和所压印的纸张承受能力配合适宜，太薄的纸张无法产生较大的变形，容易在压印时破裂，凹版制作的深度需根据纸张承受压力和变形程度，保证其不破为宜。

②图案的压凹凸面积分布要尽量均匀，防止大面积凹凸的出现，以均匀分布的线条、点形为好。

③凹凸部分所占画面不宜过大，通过对比，突出画面印后加工的立体效果即可。

④装版位置要准确，保证凹、凸版的位置能精确套准。

四、凹凸压印检验要求

国家对凹凸压印产品的质量检验要求，所作的规定并不多，在《CY/T 60—2009 纸质印刷品烫印与压凹凸过程控制及检测方法》中对压凹凸产品的质量检验要求只做出了少许规定，此外，在《GB/T 7705—2008 平版装潢印刷品》《GB/T 3007—2008 凹版纸基装潢印刷品》《CY/T 27—1999 装订质量要求及检验方法—精装》等标准中也对凹凸压印做出了一些规定。在实际生产中，企业和客户都会对凹凸压印产品提出自己的要求，归纳起来，大致包括以下内容：

①凹凸模具之间的配合压力均匀适当、不错位。

②压凹凸图文对应位置的凹凸效果无明显差异。

③烫印与压凹凸图文与印刷图文的套准允差≤0. 3mm。

④图文凹凸压印轮廓要清晰、饱满，纸张纤维应无断裂现象出现。

⑤凹凸压印位置不能出现斑点状。

⑥凹凸压印的效果整体要和谐自然，重点突出，层次丰富，表现出良好的立体感。

五、凹凸压印检验方法

①按标准要求，用目测检验产品外观的质量。

②可使用分度值为0. 01mm 的标准量具进行套准检测。

六、凹凸压印常见故障及原因

1. 图文轮廓不清晰

①装版的时候，版下面没有垫实，造成压力过轻；

②石膏层分布不均匀，厚度不够，压印过程中石膏层也可能产生了变形；

③压印机构精度差，凹版和凸版配合不好，有偏移；

④压印数量过多，石膏凸版产生压缩变形，或者被磨损，导致压力发生变化；

⑤承印物厚薄不均匀，或者有多张压印，使压力消耗在摩擦和挤压的过程中，压力显得不足。

2. 图文压印位置不准

①印版雕刻规格和精度与原始的图文不相符；

②定位规矩位置不准确，造成压印位置与印刷品上的图文错位；

③同一版面图文分布多处，无法全部一次套准，可以分两次压印；

④印版的版框产生了位移，凹版和凸版的位置无法准确配合。

3. 图文表面产生斑点

①制作石膏凸版的石膏粉或者胶水中有杂质，导致石膏层表面不光洁；

②承印物表面不够光洁，质量较差，或者沾有杂质；

③凹版的表面在加工过程中沾上了杂质。

4. 纸张压破

①纸张不合适，厚度偏小，或者纸张质量差，韧性不够，偏脆；

②印版边角坡度大，有比较锐利的角存在；

③凹版和凸版套合不准，压力过大。

任务四　凹凸压印产品质量的检查

● 任务背景

现有不同厂家生产的，不同类型的凹凸压印产品一批，它们所用的承印材料不同，压凹凸的图案花纹的形状、文字复杂程度、面积大小等都不一样，需要进行凹凸压印质量的检查。

● 任务要求

要求学生检查出这些凹凸压印产品中存在的各种质量问题，分析问题产生的原因，提出解决的办法。

● 任务分析

采用凹凸压印技术，主要是为了让产品产生浮雕状的立体感，很多产品压印以后，产生的效果并不理想，有很多质量问题出现，要根据不同的情况，找出最可能导致问题产生的原因并加以解决。

检查内容：凹凸压印图文的轮廓清晰程度，压印位置的套准误差，压印图案的层次立体感，压印部位有没有斑点，纸张有没有破裂现象等。

● 重点、难点

①各种凹凸压印质量问题的检验；

②问题原因的分析与判断。

知识拓展

1. 立体烫印

现在很多印刷品对产品的外观要求很高，常常既需要进行凹凸压印，又需要进行烫印，在这样的情况下出现了立体烫印技术，即凹凸压印和烫印在同一次上机加工时完成，所用的烫印版同时也是凹凸压印版。

2. 金属凸版

凹凸压印用的凸版，大多是用石膏或者聚氯乙烯在凹版的作用下，模压出来的，现在也有的工厂是采用铜、锌等金属制作凸版，用腐蚀或雕刻的方法，加工出坚硬耐磨、抗压强度较高且不易变形的凸版。

技能知识点考核

1. 填空题

（1）凹凸压印制版时常用的凸版材料有________和________。

（2）烫印的版材用铜版或者锌版，厚度不低于________ mm。

（3）普通电化铝通常包括________层结构。

（4）UV 上光指光油可在________照射下快速固化。

（5）覆膜后产品放置________ h，产品质量应当无变化。

2. 选择题

（1）不是覆膜检验方法的是以下哪个？（　　）

A. 撕揭法　　B. 压折法　　C. 摩擦法　　D. 烘烤法

（2）A 级铜版纸印刷品上光后的表面光泽度应该比未上光增加（　　）以上。

A. 30%　　B. 40%　　C. 50%　　D. 60%

（3）局部上光多用（　　）的方法完成。

A. 涂布　　B. 粉刷　　C. 喷涂　　D. 印刷

（4）现在烫印用的材料多为（　　）。

A. 纯金箔　　B. 电化铝　　C. 粉箔　　D. 色箔

（5）烫印材料与烫印基材间的结合牢度要≥（　　）。

A. 60%　　B. 70%　　C. 80%　　D. 90%

（6）烫印与压凹凸图文与印刷图文的套准允差≤（　　）。

A. 0. 1mm　　B. 0. 2mm　　C. 0. 3mm　　D. 0. 4mm

3. 判断题

（1）凹凸压印时，多是先制作凹版，再用它制作凸版。（　　）

（2）烫印时同批同色色差要≤5。（　　）

（3）电化铝上能呈现金属光泽的主要是染色层。（　　）

（4）从环保方面考虑，上光比覆膜的污染要严重。（　　）

（5）开窗覆膜和干式覆膜的生产工艺是一样的。（　　）

（6）干式覆膜多用水溶性黏合剂，通过烘道让水分挥发。（　　）

4. 简答题

（1）什么是开窗覆膜？

（2）覆膜的检验方法有哪些？

（3）什么是 UV 上光？

（4）烫印电化铝的结构是怎样的？

（5）CY/T 60—2009 标准中对烫印的质量要求是什么？

（6）什么是立体烫印？

第七单元

ISO 9001质量认证体系

综观国际印刷市场，为了增加企业竞争力，各企业正纷纷获得 ISO 认证。同时，在国内印刷市场，ISO 认证也得到多数印刷企业的关注，而且最近几年对这个标准体系认证的认可度越来越高，所以在印刷企业中推行 ISO 认证至关重要。

能力目标

1. 能够协助企业，完成质量认证体系文件的编制；
2. 能够配合职能部门进行企业的内审；
3. 能够配合专业审核机构进行企业的外审。

知识目标

1. 掌握 ISO 9001 的基本概念；
2. 理解 ISO 9001 质量认证体系实现的具体要求。

学时分配建议

8 学时（授课 4 学时，实践 4 学时）

项目　ISO 9001 在印刷中的应用

知识点

知识点 1　了解 ISO 9001 质量认证体系

一、认识 ISO 9000

1. 国际标准化组织（ISO）

ISO 是一个组织的英语简称，其全称是“International Organization for Standardization”，即为“国际标准化组织”，成立于 1947 年 2 月 23 日，总部设在日内瓦。ISO 宣称的宗旨是：在世界上促进标准化及其相关活动的发展，以便于商品和服务的国际交流，在智力科学、技术和经济领域开展合作。其主要活动是制定国际标准，协调世界范围的标准化工作。

2. 质量管理和质量保证标准化技术委员会（ISO /TC 176）

随着各国质量保证标准的迅速发展，由于各国的情况不同，因此在质量管理和质量保证的要求存在较大的差异。为了国际贸易的需要，特别是对质量保证的概念和质量保证要求的内容，极需有一个统一的准则。

1979 年，国际标准化组织（ISO）成立了第 176 技术委员会（ISO /TC 176）即品质管理和品质保证技术委员会，负责制定质量管理和质量保证的国际标准，以便对管理活动的通用特性进行标准化。

3. ISO 9000 族标准的产生及发展变化

1986 年，ISO /TC 176 发布了 ISO 8402：1986《质量管理和质量保证　术语》；1987 年发布了 ISO 9000：1987《质量管理和质量保证标准　选择和使用指南》、ISO 9001：1986《质量体系　设计、开发、生产、安装和服务的质量保证模式》、ISO 9002：1987《质量体系　生产、安装和服务的质量保证模式》、ISO 9003：1987《质量体系　最终检验和试验的质量保证模式》以及 ISO 9004：1987《质量管理和质量体系要素指南》。这 6 项国际标准通称为 1987 版 ISO 9000 系列国际标准。

1990 年，ISO /TC 176 技术委员会开始对 ISO 9000 系列标准进行修订，于 1994 年发布了 ISO 8402：1994、ISO 9000—1：1994、ISO 9001：1994、ISO 9002：1994、ISO 9003：1994 和 ISO 9004—1：1994 年共 6 项国际标准，通称为 1994 版 ISO 9000 族标准。

2000 年，ISO /TC 176 对 1994 版的 ISO 9000 族标准进行了修订，发布了 2000 版 ISO 9000 族标准，其中的 4 个核心标准：ISO 9000：2000《质量管理体系　基础和术语》、ISO 9001：2000《质量管理体系　要求》、ISO 9004：2000《质量管理体系　业绩改进指南》、ISO 19011：2000《质量和环境审核指南》和 1 个其他标准 ISO 10012《测量控制系统》。

2005 年 8 月开始，ISO /TC 176 对 2000 版 ISO 9000 族标准又进行了修订，发布了 2008

版 ISO 9000 族标准。其中：ISO 9000：2005《质量管理体系 基础和术语》取代了 ISO 9000：2000《质量管理体系 基础和术语》；ISO 9001：2008《质量管理体系 要求》于 2008 年 11 月 15 日发布，取代了 ISO 9001：2000《质量管理体系 要求》。2008 版 ISO9000 族标准包括：四个核心标准、一个支持性标准、若干个技术报告和宣传性小册子。其中的 4 个核心标准《GB/T 19000—2008 idt ISO9000：2005 质量管理体系 基础和术语》《GB/T 19001—2008 idt ISO9001：2008 质量管理体系 要求》《GB/T 19004—2009 idt ISO9004：2009 质量管理体系 业绩改进指南》《GB/T 19011—2003 idt ISO19011：2002 质量和（或）环境管理体系审核指南》。

2008 版 ISO9001《质量管理体系 要求》国际标准于 2008 年 11 月 15 日正式发布，中国国家标准 GB/T 19001—2008 是中国标准化研究院负责起草，于 2008 年 12 月 30 日发布，于 2009 年 3 月 1 日实施，同等采用 ISO 9001：2008《质量管理体系 要求》英文版。一般以“GB/T 19001—2008/ISO 9001：2008”、“GB/T 19001—2008/ISO 9000：2005”表示。自 2009 年 11 月 15 日起，认证机构不得再颁发 2000 版标准认证证书，2010 年 11 月 15 日起，任何 2000 版标准认证机构证书均属无效。

二、ISO 9001：2008 质量认证体系标准简介

本标准能用于内部和外部（包括认证机构）评定组织满足顾客、适用产品的法律法规和组织自身要求的能力。ISO9001：2008 质量认证体系主要包括八大内容，即范围、引用标准、术语和定义、质量管理体系、管理职责、资源管理、产品实现、测量分析和改进。

ISO 9001：2008 体系认证遵循八大管理原则：

1. 以客户为关注焦点

组织依存于顾客。因此，组织应理解顾客当前的和未来的需求，满足顾客要求，争取超越满足顾客要求期望。顾客是每一个组织存在的基础，因此组织应把顾客要求放在第一位。组织应调查研究顾客的需求和期望，并把它转化为质量要求，采取有效措施使其实现。这个指导思想不仅领导要明确，还要在全体员工中贯彻。

2. 领导作用

领导者确立组织的宗旨及方向的一致性。他们应当创造并保持使员工能充分参与实现组织目标的内部环境。领导作用，即最高管理者具有决策和领导一个组织的关键作用。为了营造一个良好的环境，最高管理者应建立质量方针和质量目标，确保关注顾客要求，确保建立和实施一个有效的质量体系，确保应有的资源，并随时将组织运行的结果与目标比较，根据情况决定实现质量方针、目标的措施，决定持续改进的措施。在领导作风上还要做到透明、务实和以身作则。

3. 全员参与

各级人员乃组织之本，只有他们的充分参与，才能使他们的才干为组织获益。全体员工是每个组织的基础。组织的质量管理不仅需要最高管理者的正确领导，还有赖于全员的参与。所以，要对员工进行质量意识、职业道德、以顾客为关注焦点的意识和敬业精神的教育，还要激发他们的积极性和责任感。

4. 过程方法

将活动和相关的资源作为过程进行管理，可以更高效地得到期望的结果。过程方法的原则不仅适用于某些简单的过程，也适用于由许多过程构成的过程网络。在应用于质量管理体

系时，2008 版 ISO 9001 族标准建立了一个过程模式。此模式把管理职责、资源管理、产品实现及测量、分析和改进作为体系的四大主要过程，描述其相互关系，并以顾客要求为输入，提供给顾客的产品为输出，通过信息反馈来测定的顾客满意度，评价质量管理体系的业绩。

5. 管理的系统方法

将相互关联的过程作为系统加以识别、理解和管理，有助于组织提高实现目标的有效性和效率。在 ISO 9001 族标准的 2. 3 中列出了建立和实施质量管理体系的八个步骤，包括：确定顾客的需求和期望，建立组织的质量方针、目标，确定过程和职责，确定和提供资源，确定过程的有效性和效率的方法并用来测定现行过程的有效性和效率，防止不合格并消除产生原因的措施，建立和应用过程以持续改进质量管理体系。这种建立和实施质量管理体系的方法，既可以用于新建体系，也可用于现有体系的改进。此方法的实施可在三方面收益：一是提供对过程能力及产品可靠性的信任；二是为持续改进打好基础；三是导致顾客满意，最终结果是组织获得成功。

6. 持续改进

持续改进整体业绩是组织的一个永恒的目标。在质量管理体系中，改进指产品、过程及体系有效性和效率的提高。持续改进应包括：了解现状，建立目标，寻找、评价和实施解决办法，测量、验证和分析结果，把更改纳入文件等活动。

7. 基于事实的决策方法

有效的决策者是建立在数据和信息的分析基础上。以事实为依据做决策，可防止决策失误。在对信息和资料做科学分析时，统计技术是最重要的工具之一。统计技术可用来测量、分析和说明产品和过程的变异性。统计技术可以为持续改进的决策提供依据。

8. 与供方互利的关系

组织与供方是相互依存的，互利的关系可增强双方创造价值的能力。供方提供的产品将对组织向顾客提供满意的产品可能产生重要的影响，因此处理好与供方的关系，影响到组织能否持续稳定地提供顾客满意的产品。对供方不能只讲控制，不讲合作互利。特别对关键供方，更要建立互利关系，这对组织和供方都是有利的。

知识点 2　质量管理体系建立的步骤

GB/T 19001—2008 质量管理体系标准为印刷厂提供了一个有效管理模式，使印刷厂能依照其方针，对产品质量进行管理，并持续改进其质量绩效。印刷厂要实施质量管理体系，要按照 GB/T 19001—2008 质量管理体系标准的要求，同时结合本企业的规模、性质和自身的特点，在印刷厂确定的范围内建立质量管理体系。

质量管理体系的建立和实施分五个阶段：前期准备、体系策划、体系建立、体系试运行和体系审核和评审，每个阶段又分为若干具体步骤。

一、前期准备阶段

1. 思想准备

贯彻质量管理体系标准是实行科学管理、完善管理结构、提高管理能力的需要。组织各级领导统一思想认识，做好思想准备，才能自觉而积极地推动质量管理体系的建立工作，严格依据 GB/T 19001—2008 逐步建立和强化质量管理的监督制约机制、自我完善机制，完善和规范本组织管理制度，保证组织活动或过程科学、规范地运作，从而提高产品或服务质量，更好地满足顾客需求。

2. 组织培训

质量体系建立和完善的过程，是始于教育，终于教育的过程，也是提高认识和统一认识的过程，教育培训要分层次，循序渐进地进行。

第一层次为决策层，包括党、政、技术领导。主要培训内容包括：

①通过介绍质量管理和质量保证的发展和本单位的经验教训，说明建立、完善质量体系的迫切性和重要性。

②通过 ISO 9001 族标准的总体介绍，提高按国家标准建立质量体系的认识。

③通过质量体系要素讲解，明确决策层领导在质量体系建设中的关键地位和主导作用。

第二层次为管理层，重点是管理、技术和生产部门的负责人以及与建立质量体系有关的工作人员。此层次的人员是建设、完善质量体系的骨干力量，起着承上启下的作用，主要培训内容包括：质量管理知识以及 GB/T 19001 的产生及发展；有关 GB/T 19001 的知识；实施质量管理体系认证对印刷厂的作用和意义；建立和实施质量管理体系中对各级干部的要求。

第三层次为执行层，即与产品质量形成全过程有关的作业人员。对这一层次人员主要培训与本岗位质量活动有关的内容，包括在质量活动中应承担的任务，完成任务应赋予的权限，以及造成质量过失应承担的责任等。比如：有关 GB/T 19001 的知识；与本组织相关的质量法律法规；初始质量评审的内容与要求；质量管理体系的策划；质量管理体系文件的编制；质量管理体系试运行的要求。

第四层次为员工，培训的主要内容包括：质量管理知识；GB/T 19001 的知识；组织建立质量管理体系的意义。

3. 建立体系运行机构

（1）建立体系工作机构

一般由最高管理者担任体系建立工作机构负责人，管理者代表担任副职，质量体系建立工作涉及的职能部门负责人担任机构成员。

体系工作机构的任务是策划和领导质量管理体系建立工作，包括制定质量方针和质量目标、依据质量管理体系分配部门的质量职责、审核体系文件、协调处理体系运行中的问题。

（2）任命管理者代表和确定质量管理工作主管部门

管理者代表由最高管理者以正式文件任命并明确其职责权限，代表最高管理者承担质量管理方面的职责，行使质量管理方面的权利。

管理者代表应是本组织最高管理层成员，具有领导能力和协调能力，有履行管理者代表职责和权力的条件和渠道；熟悉本组织的业务；能较好地理解 GB/T 19001 族标准及其要求，并且切实能够实际履行职责。

质量管理工作主管部门协助管理者代表根据体系工作机构决策，具体组织落实质量管理体系的建立和运行。

（3）成立质量管理体系文件编写小组

选择经过文件编写培训、有一定管理经验和较好的文字能力的、来自质量管理体系责任部门的代表组成文件编写小组。

4. 分析评价现有质量管理体系

印刷厂要建立质量管理体系，首先需评价现有的质量管理体系。通过一系列信息的收集、调查研究和分析，识别适用的法律法规，对印刷厂的管理现状进行评审，以确定印刷厂当前的质量管理状况，以此作为建立质量管理体系的基础。

（1）评价的内容

①识别出决定本印刷厂产品质量的关键控制环节，并规定出关键过程和需要确认的过程。

②获取并确定印刷厂适用的、与质量相关的法律法规。

③收集并整理印刷厂现行的、与质量管理相关的管理制度，评价现有质量管理制度的有效性，并策划其与 GB/T 19001 相融合的方案。

④评价本印刷厂过去发生的质量事故。

（2）对现有管理制度的分析

①印刷厂现行的机构设置、职责划分的合理性、充分性。

②印刷厂主要的业务流程的合理性和有效性。

③现行的质量管理程序、制度的适用性和充分性。

④对以往质量事故及违规事件进行调查和分析。

⑤印刷厂的质量考核制度与管理办法。

⑥印刷厂对供方及合同方的质量控制的现行管理制度。

⑦印刷厂在产品的质量性能以及其他与质量相关的业务方面取得竞争优势的机会等。

（3）其他相关的管理制度。

除了上述有关质量控制方面的管理制度外，在其他方面的一些原有管理制度也与质量管理体系的建立和实施有关。例如：

①有关技术改造计划，应作为设定质量管理体系目标的依据之一。

②印刷厂原有的组织机构和职责的规定是建立质量管理机构和职责的基础。

③与重要质量岗位有关的能力要求、培训需求以及培训计划，应在建立和实施质量管理体系时充分考虑。

④质量管理方面对外公关宣传、外部投诉的处理，应与质量管理体系中的信息交流相结合。

⑤印刷厂原有的各种文件编制、审批、发放和作废的管理制度，应在建立文件控制程序时充分考虑。

⑥质量绩效的定期检查制度应纳入质量管理体系中的监测和测量中。

⑦与质量有关的奖惩制度，应考虑纳入不符合、纠正措施和预防措施中。

二、质量管理体系策划阶段

1. 质量方针

质量方针是组织的质量宗旨和质量方向，是质量管理体系的纲领，它要体现出本组织的目标及顾客的期望和需要。制定和实施质量方针是质量管理的主要职能。

2. 质量目标

质量目标是质量方针的具体化，是“在质量方面所追求的目的”。

3. 组织机构及职责设计

质量管理体系是依托组织机构来协调和运行的。质量管理体系的运行涉及内部质量管理体系所覆盖的所有部门的各项活动，这些活动的分工、顺序、途径和接口都是通过本组织机构和职责分工来实现的，所以，必须建立一个与质量管理体系相适应的组织结构。为此，需要完成以下工作：

①分析现有组织结构，绘制本组织“行政组织机构图”。

②分析组织的质量管理层次、职责及相互关系，绘制“质量管理体系组织机构图”，说明本组织的质量管理系统。

③将质量管理体系的各要素分别分配给相关职能部门，编制“质量职责分配表”。

④规定部门质量职责；管理、执行、验证人员质量职责。

⑤明确对质量管理体系和过程的全部要素负有决策权的责任人员的职责和权限。

4. 资源配置

资源是质量管理体系有效实施的保证。包括依据标准要求配置各类人员和基础设施，在对所有质量活动策划的基础上规定其程序和方法以及规定工作信息获得、传递和管理的程序和方法等。

二、质量管理体系建立阶段

1. 编制质量管理体系文件

质量管理体系的实施和运行是通过建立贯彻质量管理体系的文件来实现的。通过质量管理体系文件贯彻质量方针；当情况改变时，保持质量管理体系及其要求的一致性和连续性；作为组织开展质量活动的依据，质量管理体系文件为内部审核和外部审核提供证据；质量管理体系文件可用以展示质量管理体系，证明其与顾客及第三方要求相符合。

主要工作内容有：编写质量管理手册；编写程序文件（包括 GB/T 19001—2008 要求的 6 个程序文件）；支持性文件（包括质量规范、操作岗位的作业指导书、各岗位人员任职要求、进货检验规程、各工序检验规程、产品出厂检验规程等）。

2. 质量管理体系文件的审核、批准、发布

质量管理体系文件应分级审批。质量手册应由最高管理者审批；程序文件应由管理者代表批准；作业指导书一般由该文件业务主管部门负责人审批；跨部门/多专业的文件由管理者代表审批。文件审批后，需正式发布，并规定实施日期。以宣传和培训的形式，使组织中所有人员理解质量方针和质量管理体系文件中规定的有关内容，在质量管理体系运行前，可以通过考试检查员工对有关内容的了解和理解情况。

四、质量管理体系试运行阶段

完成质量管理体系文件后，要经过一段试运行，检验这些质量管理体系文件的适用性和有效性。组织通过不断协调、质量监控、信息管理、质量管理体系审核和管理评审，实现质量管理体系的有效运行。

五、质量体系审核和评审阶段

1. 审核和评审

质量体系审核在体系建立的初始阶段往往更加重要。在这一阶段，质量体系审核的重

点，主要是验证和确认体系文件的适用性和有效性。

审核与评审的主要内容一般包括：

①规定的质量方针和质量目标是否可行。

②体系文件是否覆盖了所有主要质量活动，各文件之间的接口是否清楚。

③组织结构能否满足质量体系运行的需要，各部门、各岗位的质量职责是否明确。

④质量体系要素的选择是否合理。

⑤规定的质量记录是否能起到见证作用。

⑥所有职工是否养成了按体系文件操作或工作的习惯，执行情况如何。

⑦最高管理者主持召开管理评审，确认体系的适宜性和有效性，提出改进意见，实施整改。

2. 质量管理体系的调整和完善

内审和管理评审可以帮助发现质量管理体系策划中不符合质量管理体系标准或操作性不强之处。一方面应纠正体系中的不合格项，另一方面要修改文件。

3. 质量管理体系资格认证

体系试运行3个月后，即可向认证机构提出认证申请，迎接认证审核。

知识点3　印刷企业质量管理体系文件的编制

一、质量管理体系文件构成

质量管理体系文件一般由三部分组成：质量手册；质量体系程序文件；支持性文件（包括作业指导书、报告、表格等）。

质量手册是证实和描述质量体系的主要文件，它阐述了组织的质量方针，规定了质量体系的基本结构，对质量体系作了纲领性和概括性的描述。质量手册应包含或引用质量体系程序。

质量管理体系程序文件为执行质量活动规定了具体的方法，它处于质量体系文件结构中的第二层。因此，质量体系程序起到一种承上启下的作用，对上它是质量手册的展开和具体化，使得质量手册中原则性和纲领性的要求得到展开和落实，对下它应引出相应的支持性文件，包括作业指导书和记录表格等。

支持性文件是指那些详细的作业文件，在质量体系文件结构中处于第三层，它是质量体系程序的进一步展开和细化。支持性文件包括作业指导书、报告、表格等，它通常以规范、工艺、操作规程、技术标准、图纸和记录表格等形式出现。支持性文件在质量体系文件中所占数量最多、涉及面广，它针对与质量有关的各项活动规定了具体的技术要求和实施细节，因此，它是质量体系运行的基础，印刷厂在建立质量体系时，千万不能忽视支持性文件的补充和完善。

二、质量手册编制的基本程序

1. 成立领导小组

编制质量手册涉及组织结构、职责权限的划分及调整理顺，以及各生产、服务过程环节、质量活动内容的控制办法，是一项十分复杂的系统工程。要使这项工作有计划、有步骤、按期、按质、按量地完成，就必须加强组织领导。尤其是组织管理者，具有不可推卸的责任。管理者不参与手册编写这件事本身，就已经违背了标准的规定。自然也不是要管理者事必躬亲，可成立质量手册（质量文件）编写领导小组，其成员由各主管领导组成，其主要任务是：

①成立手册编写小组，任命组长，挑选、决定编写人员名单。编写小组采取专、兼结合的方式较好，由 3 ~5 人组成专兼结合的手册编写组。

②决定质量手册的编写要求和基本原则。

③决定质量手册编写计划及进度。

④审定手册总体方案及纲目。

⑤解决编制过程所需经费及必要资源。

⑥最终审定手册，提交领导批准。

2. 编写步骤

（1）学习和培训

编写人员名单确定后，应就如下一些内容，进行学习和培训：

①GB/T 19001 系列标准基础知识培训。

②我国标准化工作导则的有关规定。

质量手册是企业标准，应遵守我国标准化工作导则中有关标准编写和出版的规定。因而要在培训中，对编写人员进行标准化知识教育，重点学习和掌握 GB 1. 1—1987《标准化工作导则标准编写的基本规定》。

③与质量管理及建立质量管理体系有关的国家质量法规、法令、政策、条例等，国内外有关质量审核认证的大纲等文件。

④全面质量管理的新理论、新概念、新方法。

⑤国内外同行组织及通过质量管理体系认证组织的质量手册资料。

（2）组织现状调查

在经过培训学习，掌握了有关质量手册编写的基本知识之后，下一步就要充分调查、了解组织目前现状。内容包括：

①组织规模、性质。

②组织质量水平，生产量水平。

③组织所处的环境。

④组织质量管理发展的历史，其中的经验教训。

⑤组织原有规章制度、质量文件的收集、归纳和整理。

虽然编写者为组织职员，对组织状况基本了解，但根据编制质量手册的需要，进行一次组织现状调查，还是很有必要的，尤其是原有质量文件的收集和整理，更是非做不可的。

（3）决定 ISO 9001 标准条款的删减

决定编写质量手册以后，下一步就要决定是采用该标准的全部内容还是删减部分条款、是否需要增加内容等。该系列标准允许各单位根据实际情况进行剪裁，确定采用程度。比如某组织没有设计职能，就可以取消该条款；某组织在安全卫生方面有特殊要求，虽然标准中没有该项内容，也应该加上去。总之，根据组织质量管理和质量保证工作的需要来决定。

（4）分工编写

将采用的标准条款展开，分解成为一项项具体的质量活动和质量工作，再对各项活动和工作确定负责部门和配合部门，这项工作称为职能分工，最后形成职能分工表。一般来说，职能分工表中的责任部门就是该项活动相关文件的编写部门。按确定的体系及时间进度要求，各部门的兼职编写人员分头编写本部门承担的文件内容。对于综合性的条款要求，一般由质量管理部门（专职编写人员）编写。

（5）统一汇总

在分头编写过程中，专职编写人员应给予指导，按期收集各编写人员的草稿后，进行统稿。统稿时发现的问题，应与编写者协调解决，有时可能要经过几个反复。

（6）讨论草案，试点运行

把完成的质量手册草案交由质量手册编写领导小组讨论审批，针对领导小组提出的意见进行修改。无异议后，由管理者签发试运行指令，试行质量手册。为了慎重起见，也可先在小范围内试点，总结试点经验后，再全面试行。

（7）总结试运行经验，正式运行

跟踪试运行结果，总结经验教训，进行相应修改，将完成的正式稿送交领导小组讨论审批。无异议后，由组织管理者签发正式运行指令。

至此，质量手册的编写工作全部完成。但这项工作不可能一劳永逸，还要根据组织内外环境变化情况，定期进行修改、完善，使质量手册始终能适应组织经营发展的需要。

知识点 4　印刷企业质量管理体系审核

印刷企业体系文件编写好并实施一段时间后，按照体系建立的步骤，要由管理者代表主持实施管理体系的内部审核，发现文件中、操作中不适宜的地方，采取纠正措施和预防措施，并进行跟踪验证。将内部审核的结果以书面形式报最高管理者，最高管理者主持召开管理评审，确认体系的适宜性和有效性，提出改进意见，实施整改。体系试运行 3 个月后，即可向认证机构提出认证申请，迎接认证审核。

一、审核的定义

对获得审核证据并对其进行客观的评价，以确定满足审核准则的程度所进行的系统的、独立的并形成文件的过程，称为审核。

审核分为内部审核和外部审核。

1. 内部审核

有时又称第一方审核，用于内部目的，对印刷厂来说是由印刷厂自己或以印刷厂的名义进行，可作为印刷厂自我合格的声明的基础。

（1）内审的目的

一是检查管理体系对标准的符合性、体系运行及体系持续改进的有效性；二是改进和保持管理体系的管理活动，是自我完善、自我改进的机制；三是作为外审前的准备，为了能顺利通过外审，许多印刷厂在接受外审之前先进行内审，以发现存在的问题并及时进行改进，以保证能顺利通过外审。

（2）内审员与内审组

①内审组长的职责：确保审核有效地实施与完成。审核组长的职责与活动包括：与管理者代表商定审核准则和范围；组建审核组。在人员的选用上，应确保客观性和公证性，审核

员不审自己的工作；指定审核计划，必要时应与受审部门和审核组成员进行磋商；将最终审核计划传达到有关领导、审核组和受审核部门；设法解决审核中出现的问题；在审核计划规定的时间内向有关人员清晰准确地汇报审核情况，并对管理体系的改进提出意见。

②内审员的职责：根据内审组长的指导，支持审核组长开展工作；在审核范围内客观、高效、富有成效地计划与开展指定的工作；充分收集与分析有关的审核证据以确定审核发现，并进而做出关于质量管理体系审核结论；在审核组长的指导下准备工作文件；将审核发现形成文件；保管好与审核有关的文件；如有要求应予以归还；协助编写审核报告。

（3）内部审核的一般程序

①管理体系内部审核准备，制定审核计划；组成审核组；收集并审阅有关文件；编制检查表；通知受审核部门并约定具体的审核时间。

②编制检查表：为了提高审核的有效性和效率，审核员一般应根据分工准备现场审核的检查表，检查表内容的多少，取决于被审核部门的工作范围、职能、抽样方案及审核要求和方法。

③现场审核的实施：

a. 召开首次会议　首次会议是由审核组长召开的一次会议，目的是向受审方介绍此次审核的目的和做法。包括：确定计划，共同认可审核进度表；简要介绍审核中采用的方法和程序；发现不符合时开列不符合报告，要求受审核确认不符合事实和提出纠正计划；确认末次会议的日期和时间。

b. 进行现场审核　首次会议后立即转入现场审核。现场审核时审核员寻找客观证据的过程，是整个审核工作中最重要的环节。

④不符合项的确定和不符合报告的编写：

管理体系在建立和实施中可能出现三类不符合，即：

a. 体系性不符合　管理体系文件与有关的法律、法规、质量管理标准等的要求不符。

b. 实施性不符合　未按文件规定实施。

c. 效果性不符合　管理体系文件规定是符合标准或其他文件要求的，已确实实施了，但由于实施不够认真或某些偶发原因而导致效果未能达到规定要求，这种不符合称为效果性不符合。

d. 不符合报告的编写内容：

受审核部门及负责人姓名；

审核员姓名；

审核依据；

不符合事实的描述；

不符合类型；

建议采取的纠正、预防措施计划及完成日期；

纠正、纠正措施、预防措施完成情况及验证。

⑤审核结果的汇总分析。

⑥召开末次会议：末次会议应由审核组长主持，参加者应签到。末次会议应有记录并保存归档。

在末次会议上，审核组长应说明不符合报告的数量和分类，并按重要程度依次宣读这些不符合报告并要求部门负责人认可事实（在不符合报告签名），尽快提出纠正、纠正措施、预防措施计划的建议。

在末次会议上，审核组长还应澄清或回答受审部门提出的问题，并告诉受审核部门审核报告发送的日期。

⑦编写审核报告：审核报告是说明审核结果的正式文件，应由审核组长亲自编写或在审核组长指导下编写，审核报告应如实地反映审核的气氛和内容，审核报告应标有日期和审核组长的签名。报告的内容主要包括：

- 审核的目的和范围；
- 审核组成员的受审核部门名称及其负责人；
- 审核的日期；
- 审核所依据的文件；
- 不符合项的观察结果；
- 管理体系运行有效性的结论性意见；
- 审核报告的分发清单。

管理体系内部审核报告应经管理者代表或其指定的负责人批准后分发至有关的领导和部门。

（4）纠正措施

审核组在现场审核中发现不符合项时，除要求受审部门负责人确认不符合事实外，还要求他们调查分析造成不符合的原因，有的放矢地提出纠正措施的建议，其中包括完成纠正措施的期限。

受审核部门负责人提出的纠正措施的建议首先要经过审核组的认可。受过审核员认可的纠正措施还要经过管理者代表的批准。

管理体系内部审核中对纠正措施计划的实施期限一般规定为 15 天，即发现总是应立即在 15 天内完成。具体期限视各单位情况而定。

纠正措施实施中，应保存有关记录。

审核组应对纠正措施实施情况进行跟踪。纠正措施完成后，审核员应对纠正措施完成情况进行验证。验证的内容包括：

①计划是否按规定日期完成；

②计划中的各项措施是否都已完成；

③完成后的效果如何；

④实施情况是否有记录可查，记录是否按规定编号并妥为保存；

⑤如引起程序修改，是否通知了管理部门按文件控制规定办理了修改批准和发放手续并加以记录。该程序是否已坚持执行。

审核员验证并认为措施计划确已完成后，在不符合报告验证一项中签字。这项不符合项就算得到了纠正，没有类似问题再发生，纠正措施有效，问题就算了结。

2. 外部审核

包括“第二方审核”和“第三方审核”。第二方审核是由印刷厂的相关方（如顾客）或由其他人员以相关的名义进行的。第三方审核是由外部独立的组织进行。这类组织是对 GB/T 19001 要求的符合性提供认证或注册的机构。与第一方、第二方之间没有直接的经济利害关系，以体现认证的公正性和客观性，提供符合要求的认证或注册。

二、质量管理体系认证审核

1. 印刷企业申请质量体系认证的一般程序

①填报申请表。印刷企业按认证机构的规定填报申请表，交认证机构审阅。

②认证机构预备性考察，了解申请企业的规模、特性和要求，商定认证日程。

③申请方确定审核范围及条款删减，并征得认证机构同意。

④双方签订合同，核定评定费用。

⑤申请方提交证实文件。

⑥认证机构审核质量体系文件，提出修改意见。

⑦进行初次审核的一阶段现场审核。由认证机构委派一个审核组，到印刷企业实施初审的一阶段现场审核，确定审核范围，提出现场发现的“观察项”及整改意见、文件审核修改意见，双方商量整改期限，商定初次审核的二阶段现场审核时间。

⑧初审的二阶段现场审核。由认证机构委派一个审核组，到印刷企业实施初审的二阶段现场审核，经过现场审核，得出现场审核结论，提出不符合项，要求受审核方整改，并将现场审核结论通知受审方。

⑨在规定的时间内，申请方将整改材料提交审核组。经验证合格后，交认证机构。

⑩批准认证注册，颁发证书。

⑪监督审核。认证证书有效期三年，在有效期内，认证机构每年进行一次现场监督审核。检查获证企业质量管理体系保持情况，若发现有重大问题，可责令整改或暂停及注销管理体系证书。

⑫再认证。质量管理体系注册有效期届满之前，获证企业向认证机构提出再认证申请，认证机构将进行下一周期的审核。获证企业体系有变更时，要事先向认证机构通报。

2. 印刷企业在提交认证申请前应准备的文件和资料

①营业执照。申请认证的审核范围要在营业执照的经营范围内，该营业执照要通过年度检验。

②印刷经营许可证。申请认证的审核范围要在印刷经营许可证的经营范围内，该印刷经营许可证已通过发证机关的年度检验。

③质量管理手册。

④质量管理体系程序文件。

⑤支持性文件清单；记录清单。

⑥内部审核材料（已完成内审，内审中发现的不合格项已纠正，措施有效）。

⑦管理评审材料（已进行管理评审，管理评审的输入资料齐全，已提出改进意见，并已安排落实）。

⑧质量目标、分解质量目标完成情况汇总。

⑨自质量管理手册、程序文件发布之日起，组织执行体系文件中规定的各种要求的证据，有些以记录的形式体现。

⑩印刷与食品直接接触的食品包装装潢印刷品的印刷厂，如纸杯印刷。要提供带有“QS”标识的食品生产许可证。

⑪从事涉密印刷、条码印刷、商标印刷等的印刷厂应按照《印刷业管理条例》的规定提供相应的资质证明材料。

⑫印制防伪票证、防伪标识的印刷厂要提供经过年检的国家质检总局批准颁发的《工业产品生产许可证》。

任务一　印刷企业质量手册编写

- 任务背景

某印刷企业要通过质量管理体系认证审核，协助编制管理手册。

- 任务要求

能够掌握编制质量手册的基本内容，正确编制质量手册。

- 任务分析

质量手册的基本结构：质量手册封面；目录；颁布令；管理者代表任命书；质量方针、质量目标批准令；前言；范围；引用标准；术语和定义；组织机构图、职责分配表；质量体系描述；质量手册管理；支持性信息的附录。质量手册的编制应包括它的基本结构中涵盖的内容。

- 重点、难点

质量手册的内容

一、质量手册编制的目的和作用

质量手册是阐明一个组织的质量目标、质量管理体系和质量实践的文件。它是质量管理体系作概括的表述，是质量管理体系文件中的主要文件，也是在实施和保持质量管理体系的过程中应长期遵循的纲领性文件。

在组织内部，质量手册是内部实施质量管理的基本法规。它由组织最高管理者批准发布。质量手册作为组织内部有权威的文件，为各项质量管理活动提供了统一的标准和共同的行为准则。质量手册系统、原则地规定了各项质量职责和程序，以协调体系的运行和为质量审核提供依据，保证质量管理体系的有效性。质量手册对外是组织质量保证能力的文字表述，以使供方和第三方确信，本组织的技术和管理能力能保证承制产品（服务）的质量达到规定的要求。

二、质量手册各章节内容

质量手册一般由概述、正文和补充三部分构成。各构成部分包含的内容：

1. 概述

①封面：包括文件编号、手册名称、公司名称、发布实施日期等。

②批准页：批准页为质量手册的发布令，一般由组织最高管理者签字发布，其内容包括简要说明质量手册的重要性及各部门的实施要求，以及何年何月何日起实施。

③目录：各章节的题目和页码。

④前言：企业基本情况，如公司名称（工商登记证的全称）、地址、规模、通讯方式、发展概况、所获荣誉等。

⑤质量手册的管理：说明质量手册是由哪个部门负责编制，谁负责审批、更改、发放、保管、作废等如何控制。

⑥术语和缩写：关于质量管理方面的术语，应采用ISO 9000：2005《质量管理体系　基础和术语》中的定义。

2. 正文

（1）组织机构

在这部分要明确本单位的机构设置，分条款地阐明影响到质量的各管理、执行和验证的职能部门的职责、权限以及隶属和工作关系。该部分一般可先画出组织总的结构图，再进一步画出质量管理组织结构图，然后分条款阐述与质量有关的主要部门的职责、职权等关系。

（2）质量职能

以职能分工表的形式，将各质量管理体系要求分配到各个部门。即每一项质量活动确定负责部门和配合部门，明确职责，避免无人负责和相互推诿。

（3）质量管理体系要求

这是正文中主要的部分。要对所依据标准的各条要求，就如何进行管理和控制一一予以阐述，手册中各项内容的先后顺序尽可能与标准内容顺序一致，以便对照。编制手册时必须注意覆盖标准要求，不能随意取舍又不加任何说明。

3. 补充部分

包括附录和附加说明。附录部分在于补充说明正文的内容，如组织结构图、质量职能展开表以及质量手册涉及的其他图表等；附加说明一般包括：质量手册的起草单位、起草人等需要说明的事项。

请参照范本为调研一个印刷企业，为其撰写一份质量手册。

范本见附录1。

任务二　印刷企业程序文件编写

- 任务背景

某印刷企业要通过质量管理体系认证审核，协助编制程序文件。

- 任务要求

能够掌握编制程序文件的基本内容，正确编制程序文件。

- 任务分析

质量体系程序文件的内容通常应包括：活动的目的和范围；做什么和谁来做；何时、何地和如何做；应使用什么材料、设备和文件；如何对活动进行控制和记录。质量手册的编制应包括它的基本结构中涵盖的内容。在质量体系程序文件中通常不涉及纯技术性的细节，这些纯技术性的细节一般在作业指导书中加以描述。由于质量体系程序文件是质量手册的支持性文件，是质量手册中的原则性要求的进一步展开和落实，因此，编制质量体系程序文件必须以质量手册为依据，符合质量手册的有关规定和要求，并从质量体系的整体出发，进行系统编制。

- 重点、难点

程序文件的内容

一、质量管理体系程序文件编制的原则

1. 程序文件的内容必须同质量手册的规定要求相一致

程序文件是质量手册的支持性文件。因此，程序文件实际上是对质量手册规定的进一步展开、落实和细化。

程序文件的编写要考虑质量管理体系的整体性、系统性，即要把各项质量活动加以充分展开，使所有的程序文件充分体现质量手册的规定和要求，同时也要注意处理好各个程序文件之间的关系，使它们既是一个单独的逻辑上独立的部分，同时各程序文件相互又构成一个有机的整体，充分落实和实施质量管理体系所要求的各项质量活动。程序文件编写还要处理好质量活动发生过程中各个部门之间的联系，规定好各部门之间的接口问题，真正使程序文件中规定的各项活动能够协调进行。

2. 程序文件应简练、准确，具有很强的可操作性的要求

程序文件编写应力求简明，用词要准确，避免赘述。要清楚地规定整个质量活动在实施过程中的每一步骤和环节，相关部门的责任及其义务。即使是没有从事过此项工作的人通过程序文件也能清楚地了解此项质量活动的内容和过程，并能很快地明确按其流程应该做什么和怎样去做的要求。

3. 程序文件不涉及纯技术性的细节问题

程序文件是质量活动的具体实施方法和步骤，在实施某项质量活动时，不会涉及一些技术细节和工作细节，这些细节一般情况下由支持性文件来确定。

二、质量管理体系程序文件编制的内容

程序文件的编写内容都包括哪些方面，具体有什么要求，这是在编写过程中首先碰到的问题。程序应阐明影响质量的管理人员、操作人员、验证和审核人员的责任、权力和相互关系，说明各种不同活动实施方法，使用的文件和所进行的控制，因此程序文件编写要对质量活动进行准确的叙述，并对质量活动中所涉及的责任、权力和相互关系作出规定。文件的内容主要是规定质量活动应做什么，即实施的方法和步骤，而不是叙述如何做的具体细节。这些细节在作业指导书等支持性文件中予以规定。

程序文件编写要用“6 问 5W1H 分析法”来规定该项质量活动的目的（Why）为什么做、(What）做什么、职责（Who）谁来做、在何时（When）做、何地（Where）做，如何(How）做即采用什么方法做。包括采用什么设备、工具、文件，以及如何控制、记录，等等。对于质量活动所涉及的文件应注明文件名称。

三、质量体系程序文件的章节结构

为了便于编制和协调，同时也便于实施和管理，组织所编制的所有的质量体系程序都应按统一的表达形式进行陈述。质量体系程序章节结构推荐：①目的；②范围；③术语（若需要）；④职责；⑤工作程序；⑥相关/支持性文件；⑦质量记录表格。

在质量体系程序文件各章节中，建议规定以下有关内容：

①在“目的”部分，应说明该程序的控制目的、控制要求。

②在“范围”部分，应指出该程序所规定的内容和所涉及的控制范围。

③在“术语”部分（若需要），应给出与该程序有关的术语及其定义（特别是专用

术语）。

④在“职责”部分，应规定实施该程序的主管部门/人员的职责以及各相关部门/人员的职责。

⑤在“工作程序”部分，主要应规定以下 9 方面内容：

- 确定需开展的各项活动及实施步骤；
- 明确所涉及的人员；
- 规定具体的控制要求和控制方法；
- 确定开展各项活动的时机；
- 给出所需的设备、设施及要求；
- 规定例外情况的处理方法；
- 引出所涉及的相关支持性文件；
- 明确质量记录的填写和保存要求；
- 列出所使用的记录表格等。

⑥在“相关/支持性文件”部分，应列出与本程序有关的相关文件/支持性文件。

⑦在“质量记录表格”部分，应给出有关的质量记录名称或附上相应的空白表格。

四、规定应制定的程序文件

一个单位需要编制多少个程序文件应从本组织的实际出发，以质量管理体系要求三级展开表为基础，经过认真分析后提出。确定程序文件目录一般由质量管理部门组织其他相关部门讨论，由各个部门依据 ISO 9000 标准，按照质量管理体系的要求提出程序文件目录，然后由质量管理部门协调并统一确定。在 2008 版国际标准条款中有六处明确提到了程序文件，即文件控制程序、质量记录控制程序、内部审核程序、不合格品控制程序、纠正措施程序、预防措施程序。

以上所提到的程序文件是标准特别提出的，但实际仅有上述六个程序肯定是不够的。在具体编写时，组织可根据自己的情况，确定程序文件数量，列出程序文件清单。编制程序清单是协调质量手册与程序文件使之保持一致的重要环节，也是协调各部门之间关系的重要环节，因此务必做好此项工作。

参照如下范本为某一调研的印刷企业撰写一份生产设备控制程序。

范本见附录 2。

任务三 印刷企业质量体系支持性文件的编写

- 任务背景

某印刷企业要通过质量管理体系认证审核，协助编制质量体系支持性文件。

- 任务要求

能够掌握编制质量体系支持性文件的基本内容，正确编制质量体系支持性文件。

- 任务分析

印刷企业质量体系支持性文件主要有作业指导书、规范、外来文件等。各印刷企业结合自己的基本设施情况、人员能力、产品特点，编写符合自身实际的支持性文件。

- 重点、难点

质量体系支持性文件的内容

一、作业指导书编写

作业指导书是对质量手册、质量计划或程序文件的补充，以阐明具体有要求为主，是使质量管理体系可能实施的关键信息。作业指导书主要对现场工作人员的操作步骤和要求提出具体的指导，如工序作业指导书、检验或试验指导书，等等。

一般作业指导书需要统一格式，其内容包括：

（1）作业目的

作业目的是指完成此项工作所应达到的目标和结果，也就是为什么要进行此项作业。完成此作业要达到的技术指标等。

（2）作业前的准备和确认事项

作业前的准备和确认工作一般包括：设备的状态确认、作业图纸和工作指令的确认、各种基准的确认和作业前应准备的工具、作业台的整理等。

（3）作业流程

作业流程是指导完成该项作业标准化的作业顺序及步骤。作业流程规定了每一步骤的具体操作要求和操作内容，等等。

（4）作业注意事项

作业注意事项是指完成每个作业步骤应注意的问题，并且要写上由于不注意以上的要求可能发生的不良现象。

（5）其他注意事项及特殊事项

主要是写处理异常的程序以及对于关键问题、特殊需求确认的规定。

（6）工作图

如有必要可以附上工作图，在作业指导书中的正文部分，适当地穿插必要的图示加以说明。

印刷企业一般对每个工序制定各自的作业指导书，用以规范操作行为。

二、关于规范的编写

规范是阐明要求的文件，完全取决于产品或组织。印刷企业是根据印刷行业相关标准，结合自身生产情况和监测能力，编制原材料、半成品、成品的检验规范，监测设备的自校规范，外加工产品的检验规范等。

三、关于外来文件的编写要求

应当在质量管理体系文件中明确哪些是外来文件并对其进行控制。外来文件可包括顾客的图样、规范、法律和法规要求、标准、规章和维护手册。一般以《外来文件清单》的形式体现。

四、印刷企业质量管理体系的部分支持性文件

岗位职责与权限；印前制作及 CTP 制版作业指导书；PS 版晒版机作业指导书；烤版机

作业指导书；CTP 制版机作业指导书；胶印机作业指导书；拼版作业指导书；UV 机作业指导书；折页机作业指导书；骑马订机作业指导书；配页机作业指导书；叉车作业指导书；锅炉作业指导书；产品性能检测指导书；产品出货检验指导书；产品出货管理规程；货运管理规程；电子文件管理流程；主要设备操作规程等。各印刷厂需结合自身的基本设施情况、人员能力、产品特点，编写符合自身实际的支持性文件。

参照如下范本为某一调研的印刷企业撰写一份平版胶印的作业指导书。

范本见附录 3。

任务四　印刷企业质量记录的编写

- 任务背景

某印刷企业要通过质量管理体系认证审核，协助编制质量记录。

- 任务要求

能够掌握编制质量记录的基本内容，正确编制质量记录的文件。

- 任务分析

按照 ISO9001：2008 标准，必须要有的记录有 21 个。而印刷企业可以根据本单位情况，在满足上述记录的前提下适当增加必要的质量记录。

- 重点、难点

质量记录文件的内容

一、质量记录的作用

在 ISO 9001：2005《质量管理体系　基础和术语》标准的 3. 7. 6 条中对记录的定义为："阐明所取得的结果或提供所完成活动的证据的文件。"也就是说，质量记录是为证明满足质量要求的程度或为质量体系的要素运行的有效性提供客观证据，也是为已完成的活动或达到的结果提供客观证据的文件。质量记录是质量体系文件的一个组成部分，通常质量活动会产生质量记录，因此记录的确立、编制和管理对质量体系的运行会产生重大影响。

在 ISO 9001：2005《质量管理体系　基础和术语》标准的 3. 7. 6 条的注 1 中明确了记录的作用，"记录可用于文件的可追溯性活动，并为验证、预防措施和纠正措施提供证据。"因此，在设计记录表格式时，对表中的各项内容的设置要考虑到追溯性要求和记录的可利用价值。

记录在管理体系运行中是非常重要的信息源，是否能利用好这些信息，取决于记录表格式设计中的信息量是否能满足追溯和分析的需要，取决于记录填写的真实性。信息的有效利用是管理体系有效运行的一种表现。

二、质量体系记录的内容

按照 ISO 9001：2008 标准，必须要有的记录有 21 个。

①管理评审记录（5. 6. 1）（实际包括了管理评审输入记录和管理评审输出记录）；

②教育、培训、技能和经验的记录（6. 2. 2e）；

③为实现过程及其产品满足要求提供证据所需的记录门（7. 1d）；

④与产品有关的要求的评审结果及评审所引起的措施的记录（7.2.2）；
⑤设计和开发输入记录（7.3.2）；
⑥设计和开发评审记录（7.3.4）；
⑦设计和开发验证记录（7.3.5）；
⑧设计和开发确认记录（7.3.6）；
⑨设计和开发更改记录（7.3.7）；
⑩供方评价记录（7.4.1）；
⑪生产和服务提供过程的确认记录（7.5.2d）；
⑫产品唯一性标识记录（7.5.3）；
⑬顾客财产记录（7.5.4）；
⑭监视和测量装置校准记录（7.6a）；
⑮监视和测量设备不符合要求时对以往测量结果有效性的评价记录（7.6）；
⑯校准和验证（检定）结果的记录（7.6）；
⑰内部审核及其结果的记录（8.2.2）；
⑱指明有权放行产品以交付给顾客的人员的记录（8.2.4）；
⑲不合格性质以及随后所采取的任何措施，包括所批准的让步的记录（8.3）；
⑳采取纠正措施的结果的记录（8.5.2e）；
㉑采取预防措施的结果的记录（8.5.3d）。

印刷企业可以根据本单位情况，在满足上述记录的前提下适当增加必要的质量记录。

三、质量记录的内容

质量记录一般应包含：

（1）记录名称

质量记录的名称应简洁明了，准确地体现所要记录的对象或记录的内容。例如：进货检验记录。

（2）记录编号

质量记录应进行统一编号以便进行控制，常用的编号包括记录代号、记录分类号、版本号、顺序号等。组织可根据自己的具体情况设计质量记录编码系统。

（3）记录内容

按记录对象要求，确定记录表格和记录内容，并要求在实际操作中认真填写。

（4）记录人员

在记录表上设计好记录人员签写栏，包括操作人员、检验人员、技术人员、管理人员或有关审核人员等。

（5）记录时间

一般情况下，年、月、日的填写设计在记录表的首部或尾部。时、分、秒的填写设计在记录栏目中，根据活动程序的时间进行准确的填写。

以上主要讲述了记录表中通常包含的内容，每个组织可以根据自己不同的需要和实际情况，灵活进行编制。总的原则是能够准确、充分地记录证实质量活动的过程和结果。

四、记录的保存和归档

记录应妥善保存，要针对不同的记录规定不同的保存期限。记录的保存期限标准没有统一的要求，应视需要自行决定。记录要有标识，标识可分为：分类编号，分级编号，分部门编号和统一编号。编号方法可以用英文字母或阿拉伯数字表示，目的是使使用者一看便知记录是什么类别的。每种记录要有自身的序号，以便查询。记录的归档，可按规定时间间隔收集、按部门收集及按类别收集。印刷企业应编制记录清单和记录存档索引以便管理和检索。

参照如下范本为某一调研的印刷企业撰写一份来料检验记录。范本见附录4。

技能知识点考核

1. 填空题

（1）对印刷企业而言，组织是指__________；供方是指__________和__________。

（2）一个组织的质量管理体系文件一般包括__________、__________和__________三个部分。

（3）印刷企业的审核分为______________和______________。

（4）在质量管理体系文件中，__________是证实和描述质量体系的主要文件。

（5）印刷企业如果要向认证机构提出认证审核，必须先进行__________。

2. 选择题

（1）质量方针内容应包括（　　）。

A. 质量目标　　B. 对顾客的承诺

C. 制订评价质量目标的框架　　D. 以上全部

（2）质量目标应是（　　）。

A. 可测量的　　B. 可度量的

C. 包含满足产品的要求　　D. A + C

（3）顾客的要求包括（　　）。

A. 合同订单形式

B. 电话要货

C. 任何方式的包括产品性能、功能和交付的要求

D. A + B

（4）设计输入包括（　　）。

A. 完成时间的要求　　B. 设计中的任务分派

C. 以前类似设计的信息　　D. A + B

（5）标识、搬运、包装、储存和防护的活动（　　）。

A. 目的是使产品能按期交付

B. 目的是保护产品交付前不损坏

C. 只适用于最终产品

D. B + C

（6）过程确认（　　）。

A. 对每个过程都需要做

B. 必须做过程鉴定

C. 对使用后问题才显示的过程要做

D. A + C

3. **判断题**

（1）质量计划指对产品实现过程进行策划后形成的文件。(　　)

（2）适用时经顾客批准，在所有的规定活动未圆满完成可放行产品。(　)

（3）设计更改应由原设计人员进行并经验证确认和批准。(　　)

（4）组织对长期与其供货且质量稳定的供方可免于评价。(　　)

（5）设计和开发的确认是通过提供客观证据认定产品能够满足规定的使用要求或已知的预期用途。(　　)

（6）质量手册不应包含或引用质量体系程序。(　　)

（7）由于印刷企业产品的不同特点，可以对标准的某些条款进行删减。(　　)

4. **简答题**

（1）质量管理体系程序文件的主要内容包括哪些？

（2）质量手册编写的主要内容是什么？

（3）一个印刷企业如何进行质量体系内部审核？

（4）质量体系记录的主要内容是什么？

（5）按照 ISO 9001：2008 中“8. 2. 4 产品的监视和测量”的要求，你认为印刷企业应提供哪些文件作为证据？

（6）印刷企业申请质量体系认证的程序是什么？

附录 1

××印刷有限公司

管　理　手　册

编　　号：__________
版 本 号：__________
编　　制：__________
审　　批：__________

××××年××月××日发布　　××××年××月××日实施

<table>
<tr><td colspan="3">××印刷有限公司</td></tr>
<tr><td>文件名称</td><td>文件编号</td><td>版本：</td></tr>
<tr><td rowspan="2">管理手册</td><td></td><td>修订号</td></tr>
<tr><td>生效日期：　　年　月　日</td><td>页码：共　页　第　页</td></tr>
</table>

发 布 令

为了完善本公司的质量/环境管理/有害物质过程管理体系，规范公司质量、环境与 HSF 管理制度；确保公司环境、产品质量、与 HSF 能力在满足顾客及适用的法律法规要求的同时得到持续改进；提高企业综合竞争能力；根据 ISO9001：2008 质量管理体系标准，ISO14001：2004 环境管理标准与 IECQ－QC080000 电器、电子元件及产品有害物质过程管理体系（简称 IECQ－HSPM 体系）的标准和要求，编制《××印刷有限公司管理手册》。

本手册是公司质量管理/环境管理/有害物质过程管理体系纲领性文件，是实现公司质量/环境/HSF 方针与目标的基本准则。《××印刷有限公司管理手册》F－01 版于二〇一二年三月一日正式实施，公司所有职能部门和全体员工必须认真学习，切实贯彻执行。最后郑重声明：本公司生产的电子类包装产品均为 HSF 产品。

总经理：____________

××××年××月××日

××印刷有限公司

文件名称	文件编号	版本：
管理手册		修订号
	生效日期：　　年　月　日	页码：共　页　第　页

任　命　书

为了全面推行ISO9001：2008质量管理体系/ISO14001：2004环境管理体系及IECQ－QC080000电器、电子元件及产品有害物质过程管理体系，特任命××为××印刷有限公司质量/环境及有害物质过程管理体系管理者代表。其职责是：

1. 确保本公司质量/环境及有害物质过程管理体系得到建立、实施和保持；

2 定期向公司最高管理者报告质量管理体系、环境管理体系、有害物质过程管理体系的运行情况和各项业绩，以供管理评审和作为体系持续改进的基础；

3. 确保环境管理体系相关的要求和职责在组织内得到沟通和理解。

4. 确保HSF相关的要求和职责在组织内得到沟通和理解。

5. 确保在整个供应链内提高与HSF相关的要求和职责的意识。

总经理：____________

××××年××月××日

××印刷有限公司		
文件名称	文件编号	版本：
管理手册		修订号
	生效日期：　　年　月　日	页码：共　页　第　页

目　　录

××印刷有限公司

文件名称	文件编号	版本：
管理手册		修订号
	生效日期：　　年　月　日	页码：共　页　第　页

第一部分　修改记录

版本号	修改页码	修改摘要	审批者	更改日期
A－02	第11页	原准时交货率80%，现改为95%。	管理者代表	2004年01月13日
B－01	所有页码	质量目标、部门职责、组织架构。	总经理	2004年06月01日
C－01	所有页码	质量目标、组织架构、部门职责。	总经理	2005年08月15日
D－01	所有页码	增加IECQ－QC080000体系要求。	总经理	2006年10月10日
E－01	所有页码	合并ISO 14001：2004体系要求。	总经理	2008年06月01日
F－01	相关页码	ISO 9001 2000质量管理体系版本升级为2008版；研发中心更名为技术中心，生产技术部更名为生产部，更新管理目标。	总经理	2009年03月01日
F－02	第2、3、8页	变更管理者代表和公司地址	总经理	2009年4月27日

××印刷有限公司		
文件名称	文件编号	版本：
管理手册		修订号
	生效日期：　　年　月　日	页码：共　页　第　页

第二部分　受控副本发放清单

发放副本编号	持有者	发放日期	备　注
01	总经理	2009 年 04 月 27 日	发放电子文档
02	副总经理	2009 年 04 月 27 日	发放电子文档
03	生产总监	2009 年 04 月 27 日	发放电子文档
04	财务经理	2009 年 04 月 27 日	发放电子文档
05	综合管理部经理	2009 年 04 月 27 日	发放电子文档
06	营业部经理	2009 年 04 月 27 日	发放电子文档
07	生产部经理	2009 年 04 月 27 日	发放电子文档
08	技术中心经理	2009 年 04 月 27 日	发放电子文档
09	品质管理部主任	2009 年 04 月 27 日	发放电子文档
10	物控部主任	2009 年 04 月 27 日	发放电子文档
11	储运部主任	2009 年 04 月 27 日	发放电子文档
12	制版车间主管	2009 年 04 月 27 日	发放电子文档
13	印刷车间主管	2009 年 04 月 27 日	发放电子文档
14	后加工车间主管	2009 年 04 月 27 日	发放电子文档
15	凹印模切车间主管	2009 年 04 月 27 日	发放电子文档
16	装订车间主管	2009 年 04 月 27 日	发放电子文档
17	纸箱车间主管	2009 年 04 月 27 日	发放电子文档
18	设备管理室主管	2009 年 04 月 27 日	发放电子文档
19			
20			
21			
22			
23			

注：自本手册 F－01 版本起，如无特别需要，本手册受控副本只发放电子文档。

第三部分　公司简介

略。

工厂地址：
电　　话：
传　　真：
邮政编码：

××印刷有限公司

文件名称	文件编号	版本：
管理手册		修订号
	生效日期：　年　月　日	页码：共　页　第　页

第四部分　管理手册的控制

1.0　目的

通过对本手册进行控制，确保手册得到及时更新、发放与保管，并能够有效实施。

2.0　适用范围

适用于本公司各个职能部门及本手册的持有者。

3.0　职责

3.1　品质管理部负责本手册的实施和修订。

3.2　管理者代表负责对本手册的审核。

3.3　总经理负责对本手册的审批。

3.4　手册持有人负责本手册副本的妥善保管，并负责传达手册内的各种要求及保证公司管理手册的贯彻执行。

3.5　文控中心负责原版的保存及副本的发放及控制。

4.0　程序概述

4.1　管理手册版本控制：本手册版本号在手册之面页及每一页的右上角显示。

4.2　受控副本

4.2.1　本手册的受控副本均配有单一的注册编号。

4.2.2　本手册只发放给已注册的持有人。

4.2.3　当本手册有任何更新时，只有受控副本的持有人才能得到更新之受控副本。

4.3　非受控副本

4.3.1　发放给外部团体或个人使用的非受控副本只能作推广及展示公司质量/环境/HSF管理水平的用途。

4.3.2　非受控副本由文控中心在其面页加盖“非受控文件”印章。

4.3.3　当本手册有更新时，非受控副本不会得到任何更新。

4.4　发放控制

4.4.1　文控中心依照本手册发放清单进行手册发放及控制。

4.4.2　非受控副本应有总经理的批准才能发给文件申请者，其发放登记记录在《文件分发签收一览表》。

4.4.3　当手册持有人因故离开公司，则应将手册交回文控中心。

4.5　更改控制

4.5.1　任何部门因质量/环境/HSF体系改变或公司经营产品有改变或公司组织结构有

改变，可提出修改《管理手册》，但必须由申请部门填制《文件修订/废止申请单》。

4.5.2　本手册任何更改必须经管理者代表审核，总经理批准。

4.5.3　手册修改由文控中心负责执行。个别字词的修改可用划线修改法（此时不改变版本），其他更改应改变每页的修订号，但不用更改手册的版本号。

4.5.4　如手册版本号没有更改，文控中心只发放更改过之章节副本给每一注册副本持有人，作废的章节副本应由文控中心收回，由文控中心按相关程序进行处理。

4.5.5　当对手册的修改超过三分之二的章节时，或对手册进行系统性修改或对体系做出调整时或标准更新时，应按 GY. COP4. 2 -1《文件与资料控制程序》的要求进行手册版本更新，并重新发放。

4.5.6　所有最新及作废的手册正本由文控中心负责保存。

4.6　周期性审查：品质管理部每年度定期组织有关人员对本管理手册进行周期性的审查，确保公司管理手册的符合性、适宜性、有效性。

5.0　相关文件

GY. COP4. 2 -1《文件与资料控制程序》

注：以下内容略。

附录 2

×××××有限公司

文件名称	文件编号	版本：
环境监测、测量与合规性评价控制程序		修订号：
	生效日期	页码：共 3 页

修订/版本	更改内容	生效日期
02/A	组织架构调整，相关内容修改。	2009 - 10 - 10
03/A	增加研发中心。	2009 - 06 - 01
01/B	ISO9001 升级为 2008 版；研发中心更名为技术中心；生产技术部更名为生产部。	2009 - 03 - 30

发放范围：■总经理 ■财务部 ■生产总监 ■综合管理部
■营业部 ■生产部 ■技术中心 ■品质管理部
■储运部 ■物控部 ■胶印车间 ■后加工车间
■凹印车间 ■制版车间 ■纸箱车间 ■设备管理室
■装订车间

编制：__________ 日期：__________	审批：__________ 日期：__________

1.0 目的

核对和判断环境质量是否符合国家标准，评价、分析有重大环境影响的行为，以及法律法规遵循情况，为分析环境表现的变化趋势提供依据。

2.0 适用范围

适用于公司对可能具有重大环境影响过程的关键特性进行监测测量的管理。

3.0 职责

3.1 品质管理部文控中心：负责编制环境监测检测计划，负责对公司环境进行检查和对相关部门进行考核。

3.2 综合管理部：负责联络、配合政府环境监测机构对公司进行环境监测；测量公司的废水、废气、噪声排放情况；对工业废水的例行监控；对资源、能源使用情况进行监控。

3.4 管理者代表：负责对环境表现趋势、法律法规的遵守情况组织评估。

4.0 名词定义（无）

5.0 作业程序

5.1 监测、检测计划的制订

5.1.1 品质管理部文控中心每年制订监测、检测计划，并报管理者代表审核，呈报总经理批准。

5.2 污染物排放的监测和测量

5.2.1 综合管理部每年联系环保检测机构对公司的噪声、污水、废气的排放情况等作一次全面的监测，并保留监测报告。

5.2.2 综合管理部每年组织公司的机动车辆送交通部门进行年检，以保证车辆的尾气排放符合法规要求，并保留检测报告。

5.2.3 当监测结果超过法律规定，出现不符合时按照《纠正、预防和持续改进程序》进行处理。

5.3 目标、指标的监测和测量

5.3.1 品质管理部文控中心对环境目标、指标和方案的实施情况按其计划表的进度要求进行验证，并保存验证结果记录，记录保存于方案检查表中。

5.3.2 检查、验证的内容是责任部门对达到目标指标的具体措施的执行、落实情况，及目标指标量化参数的达标情况。

5.3.3 如发现偏离或与目标、指标不符合时，必须加以分析提出纠正措施，并对纠正措施的实施进行跟踪记录，直至偏离及不符合消失，具体按照《纠正、预防和持续改进程序》执行。

5.4 运行控制的监测和测量

5.4.1 综合管理部每六个月按照环境管理制度和岗位操作规程进行监督检查，检查结果填入《环境方案检查表》。

5.4.2 对检查中出现的不符合，提出纠正措施，按照《纠正、预防和持续改进程序》执行。

5.5 法律、法规和其他要求符合性的评价

5.5.1 品质管理部文控中心组织各部门对法律、法规和其他要求的遵循情况随时进行监督检查，并每年全面检查评价一次。

5.5.2 监测、测量法律、法规和其他要求的符合性时，要针对法律、法规和其他要求

的条文标准或内容要求，逐一检查，监测结果填入《法律、法规及其他要求一览表》。

5.5.3　监测和测量结果与法律法规和其他要求条文标准或内容要求出现不符合或错误时（指未遵循、遵循不彻底或遵循错误时），按照《纠正、预防和持续改进程序》执行。

6.0　支持文件

《GY. COP7.5—5 环境运行控制程序》

《GY. COP7.5—9 能源资源控制程序》

《GY. COP7.5—6 化学品控制程序》

《GY. COP7.5—7 废弃物控制程序》

《GY. COP8.3—2 应急准备及响应控制程序》

《GY. COP5.4—3 目标、指标、管理方案控制程序》

《GY. COP8.5—1 纠正、预防和持续改进程序》

7.0　表格

《GY010—A 环境监测、监控计划》

《GY011—A 环境整改要求书》

《GY028—C 法律、法规及其他要求一览表》

《GY008—A 环境方案检查表》

附录3

××印刷厂

文件名称		文件编号		版本：
印前制作及CTP制版作业指导书				生效日期：
作表		审核	批准	
发放范围	品质管理部、生产部、研发中心、制版车间			

1.0 目的

规范印前制作及CTP制版的操作规程，确保印前制作及CTP制版质量。

2.0 适用范围

适用于印前制作及CTP制版的相关活动。

3.0 职责

3.1 制版车间主管负责确保本文件得到有效实施并及时更新。

3.2 制版车间制作人员、制版人员负责按照本文件要求作业。

4.0 名词解释

样稿：即为由制版车间打印、营业员确认并交给技术中心作为下单用的打印稿

5.0 作业程序

5.1 制作

5.1.1 客户资料的接收。

5.1.1.1 电子档邮件传送：将客户通过电子邮件发送过来的资料存档。

5.1.1.2 使用光盘传送：制作室人员收到客户或跟单员的光盘后，使用反电子文件拷贝保存在相应的文件夹中，并将光盘归还。

5.1.2 资料检查：按照下表检查项目对资料进行检查。

步骤	检查项目	步骤	检查项目
1	图像模式检查	4	色彩管理
2	图像分辨检查	5	字体检查
3	颜色模式	6	尺寸、出血位

5.1.3 制作修改：文件检查后打出清样，标上文件信息（包括文件名、尺寸、颜色、页数等），交由客服人员，客服人员对清样确认后签名下单，若有少量需要修改的，直接在清样上标注，下单后由制作人员修改；若改动较大，则由制作员修改后重新打印数码样，由营业确认后用于下单。

5.2 CTP拼版

5.2.1 制作员把制作好的文件格式更改为ps、eps或pdf格式，传至Fileserver/输出文件，彩盒文件需附上刀模（刀模线专色叠印）。同时将生产工程单、确认稿交CTP技术员。

5.2.2 CTP技术员按要求进行拼版，拼版方式分两种：

5.2.2.1 通过包装拼版：

eps 文件→包装拼版→输出 PS 文件→流程规范化→HP 蓝纸样→检查校对→出 CTP 版。

5.2.2.2 上流程折手拼版：

ps、eps 或 pdf 文件→规范化→折手→HP 蓝纸样→检查校对→出 CTP 版。

5.2.3 对有丝印工艺等工序的资料，还需单独打印一张带丝印位置的打印稿，并出丝印胶片。

5.2.4 按生产工程单上的纸张规格进行拼版，并须加上角线、T 字线、色标、拉规线、控制条、防混料色标等标记，具体参见拼版模式。

5.2.5 在 Acrobat 预览检查各色版是否正确，叠印、陷印是否正确。

5.3 出蓝纸或数码样

CTP 拼好版后打印大张蓝纸或数码样，自行检查后交由校对人员检查，检查项目如下：

1. 文件内容正确
2. 刀模正确
3. 排版尺寸与开料尺寸相符
4. 排位正确，出血正确
5. 料号、版本号、GY 号、盒编号
6. 角线、十字线（T 字线）、拉规、色标、防混料色标
7. 咬口、版尾、纸边留位
8. 叠印与陷印
9. 版面信息齐全（作业名/大版名/书贴或印张/版面/日期/GY 码）
10. 成型后色位吻合
11. 折手正确
12. 版芯一致（天头/地脚/切口/订口留位）
13. 页码位置正确
14. 页眉页脚奇偶对应
15. 贴标正确
16. 底大面小
17. 折标十字
18. 贴标
19. 有跨页的接图正确

5.4 输出

5.4.1 检查蓝纸无误后把文件发送至 Vx9600CTP；

5.4.2 检查版材是否选择正确；

5.4.3 检查介质和左空是否设置正确（介质大小横向 -3 纵向 -2）；

5.4.4 在 Vx9600CTP 再次预览色版是否正确。

5.5 曝光、显影、上保护胶

5.5.1 检查显影条件是否符合条件（具体参照《Vx9600 日常操作维护规范》）；

5.5.2 补充的保护胶与水 1:3 的比例配好后进行使用；

5.5.3　按照 Vx9600CTP 中热文件夹所设置的版材上版，装版时对照显示屏尺寸与所装印版的尺寸是否相符。

5.6　检查印版

5.6.1　对照贴样、蓝纸，检查：

1. 检查测控条上网点值是否正常
2. 咬口是否正确
3. 版面是否干净，是否有脏点、白点；
4. GY 号、料号是否与蓝纸一致；
5. 文字、图案是否齐全，有无漏色漏文字情况

5.6.2　在版上做好标识，标明工单、色版名称。

5.7　安全及环境要求：

5.7.1　任何人员进入 CTP 出版区须穿工鞋或套鞋套，以保持周围卫生环境；

5.7.2　CTP 出版时，注意用双手拿取 PS 版，以防止 PS 版边缘划伤手指。

6.0　相关文件

GY. COP8. 2—3《过程检验程序》

GY. COP7. 5—2《过程控制程序》

7.0　相关表格（无）

附录 4

培训记录表

编号：　　　　　　　　　　　　　　　　　　　　　　　　　　　　第　页/共　页

培训时间			培训地点		
培训主题			主讲人		
主办部分			课时安排		
姓名	部门	岗位及职务	姓名	部门	岗位及职务
培训效果评价 评价人					

编制：人力资源部　　　　　　　　　　　　　　　　　　　　　　　　领导签字：

主要参考文献

[1] 郑元林. 印刷品质量检测 [M]. 北京：化学工业出版社，2010

[2] 何晓辉. 印刷质量控制与检测 [M]. 北京：印刷工业出版社，2009

[3] 刘世昌. 印刷品质量检测与控制 [M]. 北京：印刷工业出版社，2000

[4] 李晓东. 胶印质量控制技术 [M]. 北京：印刷工业出版社，2006

[5] 陈世军. 印刷品质量检测与控制 [M]. 北京：印刷工业出版社，2008

[6] 崔建成. 电脑印前设计从入门到精通 [M]. 北京：中国电力出版社，2007

[7] 张苏. 电脑印前技术完全手册（第二版）[M]. 北京：人民邮电出版社，2007

[8] 李文育. 印前制作工艺及设备 [M]. 北京：中国轻工业出版社，2008

[9] 穆健. 实用电脑印前技术 [M]. 北京：人民邮电出版社，2008

[10] 郝景江. 印前工艺 [M]. 北京：印刷工业出版社，2008

[11] Herschel L. Apfelberg Michale J. Apfelberg 著. 印刷质量管理 [M]. 北京：印刷工业出版社，2007

[12] 印刷工业出版社编辑部. CTP 技术进阶 [M]. 北京：印刷工业出版社，2011

[13] 杨保育. 晒版与打样工艺 [M]. 北京：印刷工业出版社，2007

[14] 周玉松. 印刷包装专业实训指导书 [M]. 北京：中国轻工业出版社，2008

[15] 金银河. 印刷工艺 [M]. 北京：中国轻工业出版社，2007

[16] 潘杰. 现代印刷机原理与结构 [M]. 北京：化学工业出版社，2003

[17] 柯成恩. 印后装订工艺 [M]. 北京：化学工业出版社，2007

[18] 金银河. 印后加工 1000 问 [M]. 北京：印刷工业出版社，2005

[19] 王淮珠、张海燕. 平装混合工精装混合工 [M]. 北京：印刷工业出版社，2000

[20] 李文育. 印后加工技术与设备 [M]. 北京：中国轻工业出版社，2009

[21] 唐万有、蔡圣燕. 印后加工技术 [M]. 北京：中国轻工业出版社，2001

[22] GB9851. 1—88，印刷技术术语基本术语 [S]

[23] HG/T 2694—2011，阳图型 PS 版 [S]

[24] HG/T 2171—2007，阴图型 PS 版 [S]

[25] HG/T 4009—2008，瓦楞纸板印刷用柔性树脂版 [S]

[26] CY/T9—1994，电子雕刻凹版技术要求及检验方法 [S]

[27] GB/T 12707—1999，印刷产品质量评价与分等导则 [S]

[28] CY/T5—1999，平版印刷品质量要求及检验方法 [S]

[29] CY/T 27—1999，装订质量要求及检验方法—精装 [S]

[30] CY/T 28—1999，装订质量要求及检验方法—平装 [S]

[31] CY/T 7. 7—1991，印后加工质量要求及检验方法 覆膜质量要求及检验方法 [S]

[32] CY/T 7. 8—1991，印后加工质量要求及检验方法 烫箔质量要求及检验方法 [S]

[33] 张珂，马立田. 印刷企业实施质量、环境管理体系认证指南 [M]. 北京：印刷工业出版社，2010

印刷包装专业　新书/重点书

本科教材

1. 印刷原理与工艺——普通高等教育“十一五”国家级规划教材　魏先福主编　16开　36.00元　ISBN 978-7-5019-8164-9 .

2. 印刷材料学——普通高等教育“十一五”国家级规划教材　陈蕴智主编　16开　47.00元　ISBN 978-7-5019-8253-0.

3. 印刷质量检测与控制——普通高等教育“十一五”国家级规划教材　何晓辉主编　16开　26.00元　ISBN 978-7-5019-8187-8.

4. 包装印刷技术——普通高等教育“十一五”国家级规划教材　国家级精品教材　许文才编著　16开　49.00元 ISBN 978-7-5019-8134-2 .

5. 包装机械概论——普通高等教育“十一五”国家级规划教材　卢立新主编　16开　43.00元　ISBN 978-7-5019-8133-5.

6. 数字印前原理与技术（带课件）——普通高等教育“十一五”国家级规划教材　刘真等著　16开　32.00元　ISBN 978-7-5019- 7612-6.

7. 包装机械——普通高等教育“十一五”国家级规划教材　孙智慧　高德主编　16开　48.00元　ISBN 978-7-5019-7150-3.

8. 数字印刷——普通高等教育“十一五”国家级规划教材　姚海根主编　16开　28.00元　ISBN 978-7-5019-7093-3.

9. 包装工艺技术与设备——普通高等教育“十一五”国家级规划教材　金国斌主编　16开　44.00元　ISBN 978-7-5019-6638-7.

10. 包装材料学（带课件）——“十二五”普通高等教育本科国家级规划教材　国家精品课程主讲教材　王建清主编　16开　42.00元　ISBN 978-7-5019-6619-6.

11. 印刷色彩学（带课件）——普通高等教育“十一五”国家级规划教材　刘浩学主编　16开　40.00元　ISBN 978-7-5019-6434-7.

12. 包装结构设计（第三版）（带课件）——“十二五”普通高等教育本科国家级规划教材　国家精品课程主讲教材　孙诚主编　16开　52.00元　ISBN 978-7-5019-6434-5.

13. 印后加工技术——普通高等教育“十一五”国家级规划教材　唐万有主编　16开　32.00元　ISBN 978-7-5019-6289-1.

14. 特种印刷技术——普通高等教育“十一五”国家级规划教材　智文广主编　16开　45.00元　ISBN 978-7-5019-6270-9.

15. 包装英语教程（第三版）（带课件）——普通高等教育包装工程专业“十二五”规划教材　金国斌　李蓓蓓　编著　16开　48.00元　ISBN 978-7-5019-8863-1.

16. 数字出版——普通高等教育“十二五”规划教材　司占军　主编　16开　38.00元　ISBN 978-7-5019-9067-2.

17. 印刷色彩管理（带课件）——普通高等教育印刷工程专业“十二五”规划教材　张霞编著　16开　35.00元　ISBN 978-7-5019-8062-8.

18. 包装CAD——普通高等教育包装工程专业“十二五”规划材料　王冬梅主编　16开　28.00元　ISBN 978-7-5019-7860-1.

19. 包装概论——普通高等教育“十一五”国家级规划教材　蔡惠平主编　16开　22.00元　ISBN 978-7-5019-6277-8.

20. 印刷工艺学——普通高等教育印刷工程专业“十一五”规划教材　齐晓堃主编　16开　38.00元　ISBN 978-7-5019-5799-6.

21. 印刷设备概论——北京市高等教育精品教材立项项目　陈虹主编　16开　52.00元　ISBN 978-7-5019-7376-7.

22. 包装动力学（带课件）——普通高等教育包装工程专业“十一五”规划教材　高德　计宏伟主编　16开　28.00元　ISBN 978-7-5019-7447-4.

23. 包装工程专业实验指导书——普通高等教育包装工程专业“十一五”规划教材　鲁建东主编　16开　22.00元　ISBN 978-7-5019-7419-1.

24. 包装自动控制技术及应用——普通高等教育包装工程专业“十一五”规划教材　杨仲林主编　16开　34.00元　ISBN 978-7-5019-6125-2.

25. 现代印刷机械原理与设计——普通高等教育印刷工程专业“十一五”规划教材　陈虹主编　16开　50.00元　ISBN 978-7-5019-5800-9.

26. 方正书版/飞腾排版教程——普通高等教育印刷工程专业“十一五”规划教材　王金玲等编著　16开　40.00元　ISBN 978-7-5019-5901-3.

27. 印刷设计——普通高等教育“十二五”规划教材　李慧媛主编　大16开　38.00元　ISBN 978-7-5019-8065-9.

28. 包装印刷与印后加工——“十二五”普通高等教育本科国家级规划教材　许文才主编　16开　45.00元
ISBN 7-5019-3260-3.

29. 药品包装学——高等学校专业教材　孙智慧主编　16开　40.00元　ISBN 7-5019-5262-0.

30. 新编包装科技英语——高等学校专业教材　金国斌主编　大32开　28.00元　ISBN 978-7-5019-4641-8.

31. 物流与包装技术——高等学校专业教材　彭彦平主编　大32开　23.00元　ISBN 7-5019-4292-7.

32. 绿色包装（第二版）——高等学校专业教材　武军等编著　16开　26.00元　ISBN 978-7-5019-5816-0.

33. 丝网印刷原理与工艺——高等学校专业教材　武军主编　32开　20.00元　ISBN 7-5019-4023-1.

34. 柔性版印刷技术——普通高等教育专业教材　赵秀萍等编　大32开　20.00元　ISBN 7-5019-3892-X.

高等职业教育教材

35. 印前图文信息处理（带课件）——教育部高职高专印刷与包装专业教学指导委员会双元制示范教材　诸应照主编　16开　42.00元　ISBN 978-7-5019-7440-5.

36. 包装印刷设备（带课件）——教育部高职高专印刷与包装专业教学指导委员会双元制示范教材　国家精品课程主讲教材　余成发主编　16开　42.00元　ISBN 978-7-5019-7461-0.

37. 包装工艺（带课件）——教育部高职高专印刷与包装专业教学指导委员会双元制示范教材　吴艳芬等编著　16开　39.00元　ISBN 978-7-5019-7048-3.

38. 现代胶印机的使用与调节（带课件）——教育部高职高专印刷与包装专业教学指导委员会双元制示范教材　周玉松主编　16开　39.00元　ISBN 978-7-5019-6840-4.

39. 印刷材料（带课件）——教育部高职高专印刷与包装专业教学指导委员会双元制示范教材　艾海荣主编　16开　39.00元　ISBN 978-7-5019-6762-9.

40. 印刷包装专业实训指导书——教育部高职高专印刷与包装专业教学指导委员会双元制示范教材　周玉松主编　16开　29.00元　ISBN 978-7-5019-6335-5.

41. 印刷设备——普通高等教育“十一五”国家级规划教材　潘光华主编　16开　26.00元　ISBN 7-5019-5773-6.

42. 印刷色彩控制技术（印刷色彩管理）——全国高职高专印刷与包装专业教学指导委员会规划统编教材　国家精品课程主讲教材　魏庆葆主编　16开　35.00元　ISBN 978-7-5019-8874-7.

43. 运输包装设计——全国高职高专印刷与包装专业教学指导委员会规划统编教材　曹国荣编著　16开　28.00元　ISBN 978-7-5019-8514-2 .

44. 印刷色彩——全国高职高专印刷与包装类专业“十二五”规划教材 朱元泓 等编著 16开 49.00元 ISBN 978-7-5019-9104-4.

45. 现代印刷企业管理——全国高职高专印刷与包装类专业“十二五”规划教材 熊伟斌 等主编 16开 40.00元 ISBN 978-7-5019-8841-9.

46. 包装材料性能检测及选用（带课件）——全国高职高专印刷与包装专业教学指导委员会规划统编教材 国家精品课程主讲教材 郝晓秀主编 16开 22.00元 ISBN 978-7-5019-7449-8.

47. 包装结构与模切版设计（带课件）——全国高职高专印刷与包装专业教学指导委员会规划统编教材 国家精品课程主讲教材 孙诚主编 16开 48.00元 ISBN 978-7-5019-7040-7.

48. 纸包装设计与制作实训教程——全国高职高专印刷与包装类专业教学指导委员会规划统编教材 曹国荣编著 16开 22.00元 ISBN 978-75019-7838-0.

49. 数字化印前技术——全国高职高专印刷与包装专业教学指导委员会规划统编教材 赵海生等编 16开 26.00元 ISBN 978-7-5019-6248-6.

50. 设计应用软件系列教程 IllustratorCS——全国高职高专印刷与包装专业教学指导委员会规划统编教材 向锦朋编著 16开 45.00元 ISBN 978-7-5019-6780-3.

51. 包装材料测试技术——全国高职高专印刷与包装专业教学指导委员会规划统编教材 林润惠主编 16开 30.00元 ISBN 978-7-5019-6313-3.

52. 书籍设计——全国高职高专印刷与包装专业教学指导委员会规划统编教材 曹武亦编著 16开 30.00元 ISBN 7-5019-5563-8.

53. 包装概论——全国高职高专印刷与包装专业教学指导委员会规划统编教材 郝晓秀主编 16开 18.00元 ISBN 978-7-5019-5989-1 .

54. 印刷色彩——高等职业教育教材 武兵编著 大32开 15.00元 ISBN 7-5019-3611-0.

55. 印后加工技术——高等职业教育教材 唐万有 蔡圣燕主编 16开 25.00元 ISBN 7-5019-3353-7.

56. 印前图文处理——高等职业教育教材 王强主编 16开 30.00元 ISBN 7-5019-3259-7.

57. 网版印刷技术——高等职业教育教材 郑德海编著 大32开 25.00元 ISBN 7-5019-3243-3.

58. 印刷工艺——高等职业教育教材 金银河编 16开 27.00元 ISBN 978-7-5019-3309-X.

59. 包装印刷材料——高等职业教育教材 武军主编 16开 24.00元 ISBN 7-5019-3260-3.

60. 印刷机电气自动控制——高等职业教育教材 孙玉秋主编 大32开 15.00元 ISBN 7-5019-3617-X.

61. 印刷设计概论——高等职业教育教材/职业教育与成人教育教材 徐建军主编 大32开 15.00元 ISBN 7-5019-4457-1.

中等职业教育教材

62. 印前制版工艺——全国中等职业教育印刷包装专业教改示范教材 王连军主编 16开 54.00元 ISBN 978-7-5019-8880-8.

63. 平版印刷机使用与调节——全国中等职业教育印刷包装专业教改示范教材 孙星主编 16开 39.00元 ISBN 978-7-5019-9063-4.

64. 印刷概论（带课件）——全国中等职业教育印刷包装专业教改示范教材 唐宇平主编 16开 25.00元 ISBN 978-7-5019-7951-6.

65. 印后加工（带课件）——全国中等职业教育印刷包装专业教改示范教材 刘舜雄主编 16开 24.00元 ISBN 978-7-5019-7444-3.

66. 印刷电工基础（带课件）——全国中等职业教育印刷包装专业教改示范教材 林俊欢 等编著 16开 28.00元 ISBN 978-7-5019-7429-0.

67. 印刷英语（带课件）——全国中等职业教育印刷包装专业教改示范教材 许向宏编著 16开 18.00元 ISBN 978-7-5019-7441-2.

68. 最新实用印刷色彩（附光盘）——印刷专业中等职业教育教材 吴欣编著 16开 38.00元

ISBN 7-5019-5415-5.

69. 包装印刷工艺·特种装潢印刷——中等职业教育教材　管德福主编　大32开　23.00元　ISBN 7-5019-4406-7.

70. 包装印刷工艺·平版胶印——中等职业教育教材　蔡文平主编　大32开　23.00元　ISBN 7-5019-2896-7.

71. 印版制作工艺——中等职业教育教材　李荣主编　大32开　15.00元　ISBN 7-5019-2932-7.

72. 文字图像处理技术·文字处理——中等职业教育教材　吴欣主编　16开　38.00元　ISBN 7-5019-4425-3.

73. 印刷概论——中等职业教育教材　王野光主编　大32开　20.00元　ISBN 7-5019-3199-2.

74. 包装印刷色彩——中等职业教育教材　李炳芳主编　大32开　12.00元　ISBN 7-5019-3201-8.

75. 包装印刷材料——中等职业教育教材　孟刚主编　大32开　15.00元　ISBN 7-5019-3347-2.

76. 印刷机械电路——中等职业教育教材　徐宏飞主编　16开　23.00元　ISBN 7-5019-3200-X.

研究生

77. 印刷包装功能材料——普通高等教育"十二五"精品规划研究生系列教材　李路海编著　16开　46.00元　ISBN 978-7-5019-8971-3.

科技书

78. 包装产业与循环经济——"十一五"国家重点图书出版规划项目　李沛生编著　异16开　35.00元　ISBN 978-7-5019-6759-9.

79. 科技查新工作与创新体系　江南大学编著　异16开　29.00元　ISBN 978-7-5019-6837-4.

80. 数字图书馆　江南大学著　异16开　36.00元　ISBN 978-7-5019-6286-0.

81. 纸包装结构设计（第二版）　孙诚编著　异16开　35.00元　ISBN 978-7-5019-5216-8.

82. 现代实用胶印技术——印刷技术精品丛书　张逸新主编　16开　40.00元　ISBN 978-7-5019-7100-8.

83. 计算机互联网在印刷出版的应用与数字化原理——印刷技术精品丛书　俞向东编著　16开　38.00元　ISBN 978-7-5019-6285-3.

84. 印前图像复制技术——印刷技术精品丛书　孙中华等编著　16开　24.00元　ISBN 7-5019-5438-0.

85. 复合软包装材料的制作与印刷——印刷技术精品丛书　陈永常编　16开　45.00元　ISBN 7-5019-5582-4.

86. 现代胶印原理与工艺控制——印刷技术精品丛书　孙中华编著　16开　28.00元　ISBN 7-5019-5616-2.

87. 现代印刷防伪技术——印刷技术精品丛书　张逸新编著　16开　30.00元　ISBN 7-5019-5657-X.

88. 胶印设备与工艺——印刷技术精品丛书　唐万有等编　16开　34.00元　ISBN 7-5019-5710-X.

89. 数字印刷原理与工艺——印刷技术精品丛书　张逸新编著　16开　30.00元　ISBN 978-7-5019-5921-1.

90. 图文处理与印刷设计——印刷技术精品丛书　陈永常主编　16开　39.00元　ISBN 978-7-5019-6068-2.

91. 印后加工技术与设备——印刷工程专业职业技能培训教材　李文育等编　16开　32.00元　ISBN 978-7-5019-6948-7.

92. 平版胶印机使用与调节——印刷工程专业职业技能培训教材　冷彩凤等编　16开　40.00元　ISBN 978-7-5019-5990-7.

93. 印前制作工艺及设备——印刷工程专业职业技能培训教材　李文育主编　16开　40.00元　ISBN 978-7-5019-6137-5.

94. 包装印刷设备——印刷工程专业职业技能培训教材　郭凌华主编　16开　49.00元　ISBN 978-7-5019-6466-6.